全国高职高专规划教材

环境管理

陈志刚 主编

中国环境出版集团·北京

图书在版编目（CIP）数据

环境管理/陈志刚主编. —北京：中国环境出版集团，2022.8（2025.1 重印）
全国高职高专规划教材
ISBN 978-7-5111-5196-4

Ⅰ. ①环… Ⅱ. ①陈… Ⅲ. ①环境管理—高等职业教育—教材 Ⅳ. ①X32

中国版本图书馆 CIP 数据核字（2022）第 116856 号

责任编辑　孟亚莉
封面设计　宋　瑞

出版发行　中国环境出版集团
（100062　北京市东城区广渠门内大街 16 号）
网　　址：http://www.cesp.com.cn
电子邮箱：bjgl@cesp.com.cn
联系电话：010-67112765（编辑管理部）
010-67112735（第一分社）
发行热线：010-67125803，010-67113405（传真）

印　　刷　北京中科印刷有限公司
经　　销　各地新华书店
版　　次　2022 年 8 月第 1 版
印　　次　2025 年 1 月第 2 次印刷
开　　本　787×960　1/16
印　　张　17
字　　数　286 千字
定　　价　49.00 元

前　言

自党的十九大以来，环境管理体制不断改革完善，环境管理制度推陈出新，增补、修订、更新了较多有关环境管理的法律、法规和标准，为满足环境管理相关教学及培训的需要，编写此书，旨在帮助读者对环境管理获得更为全面和系统的认识。

本书按环境管理法律手段、行政手段、经济手段、技术手段、教育手段分设章节进行编排；在相关章节处配备二维码，通过扫码可获得50 多项电子资源，包括政府官网、行政文件、实时数据、动态指数、即时新闻等资料，可作为教学参考；本书文字简洁，注重知识技能传授，适用于高职环境专业的教学和相关培训。

本书由金华职业技术学院陈志刚主编。参编人员如下：曾小梅参编第 1 章，陈玲参编第 2 章，毛轶、夏良参编第 3 章，金祝年、张婕参编第 4 章，陈晓、陈玉红参编第 5 章，赵旻参编第 6 章。感谢金华职业技术学院环安部教师团队的支持。

由于编者水平有限，书中难免出现错误和纰漏，敬请读者予以批评指正。联系邮箱：365755994@qq.com。

编　者

2022 年 2 月

目　录

第 1 章　环境管理概述

1.1　环境管理内涵

各级生态环境行政主管部门官网（地方以浙江和金华为例）

党的十九大报告明确指出："提高污染排放标准，强化排污者责任，健全环保信用评价、信息强制性披露、严惩重罚等制度。构建政府为主导、企业为主体、社会组织和公众共同参与的环境治理体系。""完善生态环境管理制度，统一行使全民所有自然资源资产所有者职责，统一行使所有国土空间用途管制和生态保护修复职责，统一行使监管城乡各类污染排放和行政执法职责。"当前，我们迫切需要建立环境管控的长效机制，让环境管控发挥绿色发展的导向作用，有效引导企业转型升级，推进技术创新，走向绿色生产。

环境管理依据国家的环境法律法规政策，运用行政、法律、经济、技术、教育等手段，培育环保意识，调控人们行为，控制污染，协调经济、社会发展同环境保护之间的关系，促进区域社会的可持续发展。

环境管理的核心是对人的管理。以往我们过多地强调物化管理，即强调管理污染源和环保设施。而污染源的污染物是由于人为活动排放的，环保设施是在人的管理下运行的。因此，人是产生各种环境问题的根源，环境管理的核心应该是对人的管理，要动用各种手段限制人们损害环境质量的行为。这里所说的"人"包括自然人和人的团体（企事业单位）。

环境管理的重点是次生环境问题。所谓环境问题，是指由于人类活动或自然因素的干扰引起环境质量下降、环境系统结构损毁，从而对人类及其他生物的生存发展造成影响和破坏的问题。环境问题包括环境污染和生态破坏等。其中，原生环境问题（第一类环境问题）是指自然因素造成的环境问题，而次生环境问题

（第二类环境问题）是指人类活动引起的环境问题。次生环境问题具有经常性、连续性、全面性、持续增长性等特点，同时是可防可控的，是环境管理的重点。

环境管理是一个动态过程。环境管理的对象和措施在不断变化。人们对环境质量的要求不断提高，自然生态环境状态不断变化，环境管理措施也与时俱进，环境管理需要动态化设计和实施。

环境管理是国家管理的重要组成部分。环境保护是我国的基本国策。党的十九大报告中“环境”和“生态”这两个词条就出现了数十次之多。党的十九大报告共分 13 个部分，其中一部分与生态环境保护密切相关，报告指出，加快生态文明体制改革，建设美丽中国。此外，在报告的许多论述中都涉及环保。比如，在社会主义现代化奋斗目标和我国社会主要矛盾的论述中，都增加了环境的因素。在历次国家机构改革中，环境保护行政主管部门职能不仅没有被“简减”，反而在不断加强。

环境管理需要国际合作。环境是人类共有的，比如说全世界共同拥有唯一的大气环境。环境管理需要各国各地区采取协调合作的行动，特别是对于那些全球性的环境问题。因此，环境管理是国际外交的一部分。

1.2 环境管理历程

环境管理的形成与发展是同人们对环境问题的认识过程相关联的，环境管理历程大致可分为四个阶段：

1.“自然保护”环境管理阶段（20 世纪 30 年代以前）

环境公害事件出现之前，人们把工厂鳞次栉比、烟囱高耸林立等现象作为近代工业发达与社会进步的象征。工业革命带来煤烟型污染，当时人们只会对燃煤加以限制，而没有采取任何治理大气污染的措施，更谈不上进行环境管理。

这一阶段还未提出环境管理的概念。当然，朴素的自然环境管理意识自古就有。比如我国古代，周文王颁布的《伐崇令》被誉为“世界最早的环境保护法令”，其规定：“毋坏室，毋填井，毋伐树木，毋动六畜，有不如令者，死无赦。”此外，周代还制定了保护自然资源的“野禁”和“四时之禁”。秦朝的《田律》可以说是迄今为止保存最完整的古代环境保护法律文献，它有一部分专门讲述资源与环境保护，包括古代生物资源保护的方方面面。《唐律》则具体规定了保护自然环境和生活环境的措施及对违反者的处罚标准。最早的“环保局”是古代中国的“虞衡”，“虞”是山林川泽资源保护的监督机构，“衡”是山林川泽资源保护的执行机构。《逸周书·大聚解》则说，“春三月，山林不登斧，以成草木之长；夏三月，川泽不入网罟，以成鱼鳖之长”。

2.“污染治理”环境管理阶段（20世纪30—70年代初）

20世纪30年代以后，环境污染逐渐由局部性问题扩展为区域性问题，以“八大公害”为典型的污染公害事件连续出现，这迫使工业发达国家采取污染治理措施，主要是采用污染物的净化处理技术。这是最初的污染单项治理阶段，但是问题并没有因此解决，污染仍然继续加重，公害事件不断发生。

这个时期的环境管理原则是“谁污染、谁治理”，环境管理成了治理污染的代名词，把环境问题作为一个技术问题对待，以治理污染为主要管理手段。在法律上，发达国家颁布了一系列的防治污染的法令条例，环境保护法律体系初步形成。在理论研究上，形成了早期的环境科学的基本形态。

这一时期的工作对于减轻现实污染、缓解环境与人类之间的尖锐矛盾，起到了很大的作用，也取得了不少技术成果。但是，因为没有从产生环境问题的根源入手，并未能从根本上解决环境问题。

3.“经济刺激”环境管理阶段（20世纪70—80年代末）

1972年6月5日，联合国召开第一次人类环境会议，环境保护成为全球的共识。此时的环境管理思想和原则就变为“外部性成本内部化”，即设法将环境污染的成本内在化到产品的成本中去，使环境污染和破坏的成本在一定程度上由经济开发建设行为担负。

把环境问题看作经济问题，以经济刺激的“奖罚”为主要管理手段。对自然资源进行价值核算，运用收费、税收、补贴等经济手段以及法律、行政的手段进行环境管理，成为这一阶段的主要研究内容和管理方法，它被认为是最有希望解决环境问题的途径。环境规划、环境经济学、环境法学等得到较好的发展。

这一阶段环境管理学已经形成并逐步得以发展完善，环境管理的必要性被越来越多的人所接受。但是，实践表明，对现行的经济运行机制进行修补不能从根本上解决环境问题。

4.“协调发展”环境管理阶段（20世纪80年代末以后）

1992年6月3日，联合国召开环境与发展大会。此时，人们认识到环境问题是人类社会在“人定胜天”和“征服自然”等传统自然观和发展观支配下的发展行为造成的必然结果。在这种发展观念和发展模式发生偏差的情况下，一切管理手段都是苍白的、无济于事的。要真正解决环境问题，必须改变人类的发展观。

所以，应该把环境问题作为一个发展问题，以协调经济发展与环境保护关系为主要管理手段。发展不能仅局限于经济发展，不能把社会经济发展与环境保护割裂开来，更不应对立起来，发展应是社会、经济、人口、资源和环境的协调发展和人的全面发展。环境管理的思想和原则也应该作相应的改变，环境管理是为了可持续发展。

1.3 环境管理基本理论

1.3.1 生态学理论

生态学家通过长期研究总结了许多规律和定律。美国的小米勒总结出生态学“三定律”，一是多效应原理：任何行动都不是孤立的，对自然界的任何侵犯都具有无数效应，其中许多效应是不可逆的；二是相互联系原理：每一种事物无不与其他事物相互联系和相互交融；三是勿干扰原理：人类生产的任何物质均不应该对地球上自然的生物地球化学循环有任何干扰。我国生态学家马世骏提出了生态学“五规律”，即相互制约和相互依赖的互生规律、相互补偿和相互协调的共生规律、物质循环转化的再生规律、相互适应与选择的协同进化规律和物质输入输出的平衡规律。陈昌笃则提出六条生态学一般规律：物物相关、相生相克、能流物复、负载定额、协调稳定和时空有宜。这些自然生态环境的规律总结，对环境管理有很好的参考价值和指导意义。

（1）物物相关。物物相关是指自然界中各种事物之间有着相互联系、相互制约、相互依存的关系，因此要充分考虑自然状态的人为改变会带来什么样的后果。1963年美国气象学家爱德华•罗伦兹说：“南美洲亚马孙河流域热带雨林中的一只蝴蝶，偶尔扇动几下翅膀，可以在两周以后引起美国得克萨斯州的一场龙卷风。”

（2）相生相克。生态系统中，每个物种都占据一定的位置，物种之间相互依赖、彼此制约、协同进化。因此对物种的灭绝要关注，对新物种的引进也要慎重。许多环境因素之间存在相生相克的关系，需要统筹兼顾系统应对。

（3）能流物复。物质不灭，不停循环；而能量单向流动，不断逸散。因此，污染物会通过物质循环进行扩散，可以利用物质守恒原理分析污染物的迁移转化。提高能源利用率、节能减排在环保上是一个问题的两个方面。

（4）负载定额。生态系统越稳定，提供资源的能力越强，抵抗外来冲击的能力越强。但是负载有限，生态系统的调节能力是有限的，过度的索取和过度的外部干扰会造成生态破坏。因此污染物排放不能超过环境容量，开发不能超过资源承载力。

（5）协调稳定。只有结构功能相对协调的生态系统才能稳定运行，强调协调共生，而不是某一物种消灭另一物种。生物种类越多，生态系统稳定性越强。因此，要尽量保持自然环境的生物多样性。

（6）时空有宜。不同的时间，不同的地方，有不同的生态环境，生态系统随着时空条件而变化。因此，环境管理要讲时效性，要因地制宜，实事求是。

生态学的研究对象是一般生物，着重研究自然环境因素和生物的相互关系。环境科学则以人类为主要研究对象，把环境与人类生存发展之间的相互影响作为一个整体来研究。因此，生态学的一些基本原理自然也适用于环境科学和环境管理学。

1.3.2 可持续发展理论

1980年，世界自然保护联盟在《世界自然资源保护大纲》中提出：必须研究自然的、社会的、生态的、经济的以及利用自然资源过程中的基本关系，以确保全球的可持续发展。1981年，美国《建设一个可持续发展的社会》中提出：以控制人口增长、保护资源基础和开发再生资源实现可持续发展。1987年，世界环境与发展委员会出版《我们共同的未来》，系统阐述了可持续发展思想。

1992年6月，联合国在里约热内卢召开的环境与发展大会上通过了以可持续发展为核心的《里约环境与发展宣言》《21世纪议程》等文件。随后，中国政府编制了《中国21世纪人口、环境与发展白皮书》，首次把可持续发展战略纳入我国经济和社会发展的长远规划。1997 年，党的十五大把可持续发展战略确定为我国“现代化建设中必须实施”的战略。而 2002 年党的十六大则把“可持续发展能力不断增强”作为全面建设小康社会的目标之一。

可持续发展定义：既满足当代人的需要，又不对后代人满足其需要的能力构成危害的发展。这里所说的“当代人”和“后代人”都是指人类群体，不是指某个个人或特定的某部分人。

可持续发展的三大原则：

（1）公平性原则。包括本代人之间的公平、代际间的公平和资源分配与利用的公平。可持续发展是一种机会、利益均等的发展，它既包括同代区域间的均衡发展，即一个地区的发展不应以损害其他地区的发展为代价；也包括代际间的均衡发展，即既满足当代人的需要，又不损害后代的发展能力。该原则认为人类各代都处在同一生存空间，他们对这一空间中的自然资源和社会财富拥有同等享用权，他们应该拥有同等的生存权。因此，可持续发展把消除贫困作为重要问题提出来，要予以优先解决，要给各国、各地区的人，世世代代的人以平等的发展权。可持续发展符合社会主义实践要求，也符合共产主义理想信念。

（2）持续性原则。人类经济和社会的发展不能超越资源和环境的承载能力，即在满足需要的同时必须有限制因素，发展的概念中包含着制约的因素。主要限制因素有人口数量、环境、资源，以及技术状况和社会组织。最主要的限制因素是人类赖以生存的物质基础：自然资源与环境。因此，持续性原则的核心是人类的经济和社会发展不能超越资源与环境的承载能力，将人类的当前利益与长远利益有机结合，可持续性地稳定发展。

（3）共同性原则。可持续发展是超越文化与历史的限制来看待全球问题的，所讨论的问题是关系到全人类的问题，所要达到的目标是全人类的共同目标。虽然国情不同，实现可持续发展的具体模式不可能是唯一的，但是公平性原则、协调性原则、持续性原则是相同的，只有全人类共同努力，才能实现可持续发展的总目标，从而将人类的局部利益与整体利益结合起来。

生态环境和资源的可持续性是人类社会实现可持续发展的基础，要求我们保持生态平衡、防治环境污染、资源合理开发与永续利用。经济的可持续发展是人类社会可持续发展的条件，要求我们生产力合理布局、优化经济结构、物资供需平衡。重视科学技术对可持续发展的决定性作用，发挥其积极作用，控制其消极因素。建立可持续发展的社会是人类社会发展的终极目标，要求我们控制人口增长、消除贫困、社会发展、分配公正、利益均衡。

可持续发展是环境管理的目的，可持续发展的要求是环境管理的内容。可持续发展的具体要求包括在社会经济发展的同时，保持人类生态系统的平衡，对可更新资源的开发利用速度不超过其更新速度，对不可更新资源的开发利用速度不超过其可更新替代物的开发速度，污染物的排放不超过当地的环境容量等。美国新奥尔良的城市建设就是非可持续发展的典型反例之一。

1.4　环境管理的职能、原则和内容

各级生态环境行政主管部门职责职能（地方以浙江、金华为例）

1.4.1　环境管理的职能

环境管理是个复杂的系统工程。环境管理的职责与功能包括计划职能、组织职能、监督职能、协调职能和服务职能。

（1）计划职能。通过分析环境管理对象的现状，预测其变化趋势，确立短期或长期的环境保护目标，确定实现目标的对策和措施，编制环境保护计划，定期检查总结计划的执行情况等。如生态环境行政管理部门编制并监督实施重点区域、流域、海域、饮用水水源地生态环境规划，制订并监督实施污染物排放总量控制计划等。

（2）组织职能。为了实现环境保护目标，对环保工作进行合理地组织、分工和协作安排。包括建立合理的环境保护组织机构，确定相关部门的环保职责范围并给予相应的权力，确定各部门之间的领导与协作关系，配备、使用、培训环境保护工作人员并建立奖惩机制等。如企业环境管理体系的建立、运行。

（3）监督职能。对环境保护工作进行监督检查，对环境质量、环境污染防治等进行监督管理。环境管理监督工作包括两方面内容：一是对环境管理组织的监督，主要从执法水平和执法规范两个方面开展系统内部的监督，主要由生态环境保护督察机构等负责；二是对企事业单位环境保护工作、污染排放、生态破坏的监督，主要由各地环境保护综合执法机构负责。

（4）协调职能。协调环境保护工作中各种横向和纵向关系及其联系的职能。宏观层面上要协调经济、社会、环境保护的关系，微观层面上要协调各区域、各领域、各部门、各层次、各企事业单位的需求和经济利益的关系。环境管理工作过程中更多地体现为协调共赢。

（5）服务职能。管理就是服务，环境管理服务于经济建设和社会发展。政府环境管理部门要为经济部门、企业提供环境保护方面的服务和指导，包括污染防治技术、环境法律法规、清洁生产指导和 ISO 14000 等。

以上是主要着眼于生态环境行政主管部门的职能。企事业单位内部环境管理的职能也应该包括上述计划、组织、监督、协调、服务等方面职能，还应该包括污染预防、污染治理、排污交税等重要内容。

1.4.2 环境管理基本原则

1. 全过程控制原则

环境管理不能局限于某领域、某过程，需要对人类社会活动的全过程进行管理控制。环境管理要关注环境问题的前因后果及全过程，以及全方位的各种影响因素。要积极推进产品生命周期管理。产品的生命周期包括原材料开采、生产加工、运输分配、使用消费、废弃处置。以往的环境管理只对生产过程给予关注，其他过程的环境影响被忽视，需要改进为以产品生命周期管理思想为指导、面向全过程的环境管理。

环境管理全过程控制概念的拓展：一是管理内容的综合集成，不仅仅对人类社会行为进行管理，还包括对环境系统的保护和建设；二是管理对象的综合集成，环境管理以社会经济环境组成的复合生态系统为对象，是对所有人类行为对象的管理；三是管理手段的综合集成，包括经济、法律、技术、行政、教育等手段。

2.“双赢”原则

所谓“双赢”，是指处理利益冲突时，注意使各方获利，不能牺牲一方的利益去保障另一方的利益。在处理环境问题时，要追求既保护环境，又促进经济发展的目标和方案。“双赢”原则的环境管理工作中，规则是最重要的，其次才是技术和资金。其规则和准则源于环境保护法律法规和政策。

1.4.3 环境管理的内容

1. 从环境管理的领域范围划分

自然资源管理：自然资源的合理开发和保护，包括可更新资源的恢复和扩大再生产（永续利用），以及不可更新资源的节约高效利用。自然资源管理包括：水资源的保护与开发利用；土地资源的管理与可持续利用；森林资源的培育保护管理与可持续发展；海洋资源的可持续开发与保护；矿产资源的合理开发利用与保护；草地资源的开发利用与保护；生物多样性保护、能源的合理开发利用与保护等。

区域环境管理：包括城市环境管理、流域环境管理、地区环境管理、海洋环境管理等。基于自然环境和社会环境存在明显的区域性差异，因地制宜、加强区域环境管理是环境管理的基本原则之一。选择有利于环境的发展模式，建立和谐的经济社会环境复合生态系统，是区域环境管理的主要任务。

行业环境管理：包括工业、农业、交通运输、商业、医疗等各行各业的环境管理等。环境问题由于行业性质和污染因子的差异存在明显的行业性特征，针对不同行业进行专业性环境管理很有必要。行业环境管理还可以继续细分，如化工行业环境管理、水泥行业环境管理等。

2. 从环境管理的性质用途划分

环境管理工作内容包括环境监测、环境评价、环境规划、环境统计、排污收费、生态环境综合行政执法、环境行政复议、环保设施竣工验收、危险废物管理、排污许可管理、排污权交易、环境质量管理、污染源管理、建设项目环境管理、环境风险管理等。

1.5 环境管理手段

环境管理手段体系的建立对于实施可持续发展战略，实现环境效益、经济效益和社会效益的统一具有重要意义。各种环境管理手段功能不同，应用于环境保护具体工作所产生的效果也可能不同。当然环境管理手段之间是相互联系、相互配合、协同作用的。

1.5.1 法律手段

法律手段是指环境管理者代表国家和政府，依据环境法律法规所赋予的权力对人们的行为进行管理。法律手段是环境管理最基本的手段，是其他手段的保障和支撑，明确规定允许做什么、禁止做什么、要求做什么。

环境管理法律手段的特征有强制性、权威性、规范性、共同性、持续性。环境法的实施，坚持"以事实为依据，以法律为准绳""在法律面前人人平等"的原则。环境管理的法律手段包括公力实施（国家实施）：行政机关、司法机关、监察机关等依法行使权力；私力实施（公民实施）：公民个人或公民组织依法实施，包括依法参与意见、决策，依法进行检举、控告，依法正当防卫等。

1.5.2 行政手段

行政手段是指生态环境行政主管机构以命令、指导、规定等形式作用于直接管理对象的一种手段。环境管理行政手段具有四方面的特征：权威性、强制性、具体性和无偿性。

我国现行的环境管理行政手段包括颁布和推行环境政策、制定和推行环境标准、推行环境管理制度、罚款、责令改正、责令停业、责令关闭、责令拆迁、限期整改等。

1.5.3 经济手段

经济手段是指管理者依据国家的环境经济政策和法规，运用价格、成本、税收、收费、罚款等经济杠杆规范人们的各类行为。例如，排污收税制度、排污权交易、生态补偿费、减免税制度、补贴政策、贷款优惠政策等。

环境管理经济手段具有三方面特征。利益性是其根本特征，核心是把经济行为主体的环境责任和经济利益结合起来；间接性特征指国家运用经济手段间接干预排污等不环保行为和生产方式；有偿性特征：遵循等价交换原则，谁开发谁保护、谁利用谁补偿、谁破坏谁恢复、谁污染谁治理。

1.5.4 技术手段

环境管理技术手段是通过提高环保的科学和技术水平，促进环境与社会经济的协调发展，包括环境监测技术、环境规划技术、环境预测技术、环境评价技术、环境决策技术、污染治理技术、生态保护技术、环境统计技术、污染源管理技术、环境质量管理技术等。

环境管理技术手段是科学技术和管理技术的综合体现，是在环境保护实践中产生和完善的实用技术。我们要构建以政府为主导、企业为主体、社会组织和公众共同参与的生态环境治理体系。

1.5.5　教育手段

教育手段是指运用各种形式开展环境保护宣传教育，提高人们的环境意识，增加人们环保知识，包括学历教育，即高等院校培养专业的环境保护人才；基础教育，即在中、小学开展的环保科普教育；公众教育，即通过新闻媒体在社会上对公众开展环保教育；成人教育，即在职岗位的环保培训或继续教育。

环境管理教育手段的特征有：后效性，环境意识的提高需要一个较长的过程；广泛性，受教育者广泛；非程序性，环境教育内容各异并且形式多样。

【资料 1.1　北京官厅水库事件】

1971 年初春，作为北京水源地的官厅水库突然出现了大面积的死鱼，由此引发了各种议论和猜测，也惊动了中央政府。在周恩来总理等人的授权下，政府组织力量开展了大范围的深入调查。调查发现，官厅水库的水已被严重污染，其污染源为水库上游地区的工厂（农药厂、磷肥厂等）。

官厅水库事件是我国 20 世纪 70 年代环境状况的一个缩影，其根本原因是我国当时实行的重工业优先发展战略，重生产轻生活，还未有环境保护的概念。这次事件给我国的现代环境保护事业带来了深远影响，直接促成了环境管理的“三同时”制度、环境科研、环境监测等体系的开启。该事件在全国产生很大影响，很多地方相继开展了河流和水库的污染调查，如对蓟运河、鸭绿江、长江、黄河、松花江等的污染调查。为解决官厅水库事件而成立的“官厅水库水源保护领导小组”可以追溯为我国现代最早的环境保护组织。

【资料 1.2 联合国人类环境会议】

联合国人类环境会议于 1972 年 6 月 5—16 日在瑞典斯德哥尔摩举行。这是第一次探讨全球环境保护战略的国际会议。会议通过了《联合国人类环境会议宣言》（以下简称《宣言》），呼吁各国政府和人民为维护改善人类环境共同努力，提出和总结了 7 个共同观点、26 项共同原则。我国石油工业部副部长唐克带队参加会议，与会者曲格平等成为中国第一代环境保护工作者。同年的第 27 届联合国大会，把每年的 6 月 5 日定为“世界环境日”。

《宣言》的 7 个共同观点包括：由于科学技术的迅速发展，人类空前规模地改造和利用环境；改造环境不当会给人类和人类环境造成无法估量的损害；保护和改善人类环境是关系全球幸福和经济发展的重要问题；在发展中国家，环境问题大多数是由发展不足造成的；在工业化国家里，环境问题一般与工业化和技术发展有关；人口的自然增长给保护环境带来了一些问题；为现代人和子孙后代保护和改善人类环境，已成为人类一个紧迫的目标，要求人民和团体以及企业和各级机关承担责任，各级政府应承担最大责任，国与国应广泛合作。

【思考题】

1. 上网搜索抄录学生各自生源所在地生态环境行政主管部门的工作职能，仔细阅读分析，用自己的语言给环境管理下一个简单的定义。

2. 环境管理的目的是什么？

3. 环境管理的重点和核心分别是什么？如何理解？

4. 可持续发展关于资源开发利用的要求是什么？

5. 生态系统的负载是有限的，我们应该怎么做？

第 2 章　环境管理的法律手段

环境管理应该依法依规。法律手段是环境管理最基本的手段，是其他手段的保障和支撑；同时又被称为“最终手段”，案件经法律手段处理后便画上了句号。

环境法是为了协调人类与自然环境之间的关系，保护和改善环境资源，进而保护人体健康和保障经济社会的可持续发展，而由国家制定或认可并由国家强制执行的调整人们在开发、利用、保护和改善环境资源的活动中所产生的各种社会关系的行为规范的总称。

环境法对现实生活发生作用，是通过其法律规范对有关的社会关系加以确认和调整，为有关法律主体设定某种权利、义务和法律责任，并凭借国家的强制力，追究违法者的法律责任，从而保障权利的行使和义务的履行，进而达到保护环境资源、保障和促进可持续发展的目的。一般而言，空气、水体、土壤、矿产、森林、草原、野生动植物等环境要素，企事业单位、工程设施、机械设备等污染源，各种污染物质，各种环境保护装置、设施，以及与环境资源的开发、利用、保护与改善有关的行为等，均可以成为环境法律关系的客体。

狭义的环境管理法律手段是指通过司法途径解决环境问题。

2.1　环境保护法律体系

环保法律

环境保护法律体系是由有关开发、利用、保护和改善环境资源的各种法律规范共同组成的相互联系、相互补充、内部协调一致的统一整体。其类型可以从不同角度进行划分，例如，按照国别来分，包括中国环境法和外国环境法；按照法律规范的主要功能来分，包括环境污染预防法、环境行政管理法和环境纠纷处理法等。环境保护法律体系由宪法关于环境保护的规定、环境保护基本法、环境保护单行法、环境标准以及其他部门法中有关环境保护的法律规范、我国缔结或参加的有关环境保护的国际条约、国际公约等组成。

2.1.1 宪法关于环境保护的规定

宪法是国家的根本法，宪法对环境保护的规定是制定其他环境保护法律法规的基础。所有其他环境保护法律形式都要依据其确定的基本原则，不可相抵触。我国宪法关于环境保护的规定包括：

“第九条　矿藏、水流、森林、山岭、草原、荒地、滩涂等自然资源，都属于国家所有，即全民所有；由法律规定属于集体所有的森林和山岭、草原、荒地、滩涂除外。国家保障自然资源的合理利用，保护珍贵的动物和植物。禁止任何组织或者个人用任何手段侵占或者破坏自然资源。”

“第二十六条　国家保护和改善生活环境和生态环境，防治污染和其他公害。国家组织和鼓励植树造林，保护林木。”

2.1.2 环境保护基本法

《中华人民共和国环境保护法》是中国环境保护的基本法。该法确立了经济建设、社会发展与环境保护协调发展的基本方针，规定了各级政府、一切单位和个人保护环境的权利和义务。我国环境保护法律体系如表 2.1 所示。

表 2.1　我国环境保护法律体系

<table>
<tr><td colspan="19">宪法（环保相关内容）</td></tr>
<tr><td colspan="13">环境保护基本法（《环境保护法》）</td><td colspan="4">其他部门法</td><td colspan="2">国际法</td></tr>
<tr><td colspan="8">环境保护单行法</td><td colspan="5">自然资源法</td><td rowspan="2">民法</td><td rowspan="2">刑法</td><td rowspan="2">行政法</td><td rowspan="2">经济法</td><td rowspan="2">国际法</td><td rowspan="2">国际公约</td></tr>
<tr><td rowspan="2">《大气污染防治法》</td><td rowspan="2">《水污染防治法》</td><td rowspan="2">《噪声污染防治法》</td><td rowspan="2">……</td><td rowspan="2">《土壤污染防治法》</td><td rowspan="2">《海洋环境保护法》</td><td rowspan="2">《环境影响评价法》</td><td rowspan="2">《清洁生产促进法》</td><td rowspan="2">《草原法》</td><td rowspan="2">《矿产资源法》</td><td rowspan="2">《森林法》</td><td rowspan="2">《水法》</td><td rowspan="2">《土地管理法》</td></tr>
<tr><td colspan="4">环保相关条款</td><td colspan="2">环保相关条款</td></tr>
<tr><td colspan="19">环境保护行政法规</td></tr>
<tr><td colspan="5">环境保护地方性法规</td><td colspan="5">环境保护部门规章</td><td colspan="9">环境保护标准</td></tr>
<tr><td colspan="19">环境保护地方政府规章</td></tr>
</table>

1979年9月，第五届全国人大常委会第十一次会议原则通过并公布试行《中华人民共和国环境保护法（试行）》。1989年12月，颁布《中华人民共和国环境保护法》。2014年4月修订，2015年1月1日起施行。作为中国环境保护的基本法，该法修订以后，其他法律和这部法律不一致的，先后也进行修改。2014版《环境保护法》有以下4个亮点：

（1）建立公共监测预警机制。根据《环境保护法》第四十七条，“政府应当建立环境污染公共监测预警机制，组织制定预警方案；环境受到污染，可能影响公众健康和环境安全时，依法及时公布预警信息，启动应急措施”，减缓污染危险。“十三五”以来，空气质量预报等工作顺利开展。国务院生态环境主管部门会同国务院气象主管机构等有关部门和国家大气污染防治重点区域内有关省、自治区、直辖市人民政府，建立重点区域重污染天气监测预警机制，统一预警分级标准。可能发生区域重污染天气的，及时向重点区域内有关省、自治区、直辖市人民政府通报，以便采取应对措施。省、自治区、直辖市、设区的市人民政府生态环境主管部门会同气象主管机构等有关部门建立本行政区域重污染天气监测预警机制。

（2）环境公益诉讼主体扩大。《环境保护法》还扩大了环境公益诉讼的主体，凡依法在设区的市级以上人民政府民政部门登记、专门从事环境保护公益活动连续5年以上且信誉良好的社会组织，都能向人民法院提起环境公益诉讼。

（3）划定生态保护红线。《环境保护法》首次将生态保护红线写入法律。要求国家在重点生态保护区、生态环境敏感区和脆弱区等区域，划定生态保护红线，实行严格保护。《全国生态保护“十三五”规划纲要》提出，加快划定生态保护红线，到2020年基本建立生态保护红线制度。按照自上而下和自下而上相结合的原则，各省（区、市）在科学评估的基础上划定生态保护红线，并落地到水流、森林、山岭、草原、湿地、滩涂、海洋、荒漠、冰川等生态空间。

2021年8月，北京市生态环境局发布了《北京市生态环境准入清单（2021年版）》。北京市生态环境准入清单基于“三线一单”编制成果，以生态保护红线、环境质量底线、资源利用上线为约束，立足首都城市战略定位，严格落实法律法规及国家地方标准，从空间布局约束、污染物排放管控、环境风险防控、资源利用效率4个方面提出生态环境准入要求。该准入清单结构为“1+5+776”，即1个全市总体的生态环境准入清单；5个功能区（首都功能核心区、中心城区、城市副中心及通州其他区域、平原新城、生态涵养区）；776 个环境管控单元。全市准入清单以国家和北京市的法律法规标准文件为依据，适用于全市。五大功能区生态环境准入清单以规划为依据，编制不同功能区的准入要求。环境管控单元生态环境准入清单以 776 个环境管控单元为基本空间单元，针对各单元的生态环境特征及管理要求编制准入清单。

（4）“按日计罚”无上限。《环境保护法》规定，“企业事业单位和其他生产经营者违法排放污染物，受到罚款处罚，被责令改正，拒不改正的，依法作出处罚决定的行政机关可以自责令改正之日的次日起，按照原处罚数额按日连续处罚”。惩罚力度加大，不计上限，兼有制裁和督促改正的效果，这些措施提高了企业的违法成本，促使企业及时改正，可以有效遏制连续性违法行为。2014 年 12 月 19 日环保部公布《环境保护主管部门实施按日连续处罚办法》，自 2015 年 1 月 1 日起施行。

“按日计罚”适用范围：超过国家或者地方规定的污染物排放标准，或者超过重点污染物排放总量控制指标排放污染物的；通过暗管、渗井、渗坑、灌注排放污染物或者篡改、伪造监测数据，或者不正常运行防治污染设施等逃避监管的方式排放污染物的；排放法律、法规规定禁止排放的污染物的；违法倾倒危险废物的。地方性法规可以根据环境保护的实际需要，增加按日连续处罚的违法行为的种类。环保主管部门应当在送达责令改正违法行为决定书之日起三十日内，以暗查方式组织对排污者违法排放污染物行为的改正情况实施复查。排污者拒绝、阻挠环境保护主管部门实施复查的认定为拒不改正。

【“按日计罚”安徽省首单】2015 年 4 月 17 日及 5 月 22 日，六安市环境保护局发现某企业的玻璃生产线 B 线生产时，玻璃窑炉排放的烟气颗粒物超标，执法人员于 5 月 25 日对该企业下发整改通知书，要求该企业立即停止违法排污行为，并作出了罚款 20 万元的决定。然而 6 月 15 日，六安市环境保护局对该企业进行复查时，发现排污仍旧超标。环保部门决定对该企业实施按日连续处罚，每日罚款数额为 20 万元，计罚日数为 2015 年 5 月 26 日至 6 月 15 日，共计 21 天，累计罚款数额为 420 万元。

“按日计罚”的由来：原来的污染处罚规定不够严厉，不足以有效阻遏污染，不能起到处罚的警示作用。比如，中海油曾一个月内 3 次发生海陆环境污染事故，却无法有效处罚。蓬莱 19-3 油田 2011 年 6 月初发生溢油事故，840 km^2 海面受到污染，11 家环保组织问责中海油等相关方。但是，我国当时的《海洋环境保护法》规定，进行海洋石油勘探开发活动造成海洋环境污染的，处以 3 万元以上 20 万元以下罚款。

【例】A 企业超标排放污染物，9 月 5 日当地环保局下达责令停止违法行为通知书，并处罚款 10 万元。A 企业边生产边整改，3 天后恢复正常生产。根据企业检测数据，10 日、11 日都达标排放。13 日环保局复查，发现 A 企业排放还是超标。于是环保局责令停产并发出第二份按日计罚的罚单。请问罚款额应该是多少？

解：从 9 月 6 日开始计罚，企业自测数据未经核实不予认可。

“按日计罚”罚款额：10 万元 × 8=80 万元

《环境保护主管部门实施按日连续处罚办法》第十一条规定，“排污者在环境保护主管部门实施复查前，可以向作出责令改正违法行为决定书的环境保护主管部门报告改正情况，并附具相关证明材料。”

2.1.3　环境保护单行法

我国针对特定的环境保护对象或特定环境要素制定颁布了多项环境保护专门法以及与环境保护相关的资源法，包括《水污染防治法》《大气污染防治法》《固体废物污染环境防治法》《噪声污染防治法》《清洁生产促进法》《海洋环境保护法》《森林法》《草原法》《渔业法》《矿产资源法》《土地管理法》《水法》《野生动物保护法》《水土保持法》《农业法》等。

近年来，新发布、新修订的污染防治法较多，如《噪声污染防治法》（2021 年修订）、《固体废物污染环境防治法》（2020 年修订）、《土壤污染防治法》（2018 年发布）、《大气污染防治法》（2018 年修正）、《水污染防治法》（2017 年修正）。

1. 《大气污染防治法》

《大气污染防治法》于 1987 年 9 月 5 日发布，自 1988 年 6 月 1 日起实施；1995 年 8 月 29 日第一次修正；2000 年 4 月 29 日第一次修订；2015 年 8 月 29 日第二次修订；2018 年 10 月 26 日第二次修正。2018 年版《大气污染防治法》有以下亮点：

环保法律

（1）突出大气环境质量改善主线。《大气污染防治法》通篇围绕大气质量改善目标这个主线展开，明确提及“大气环境质量”达36次之多，体现了环境质量要与老百姓切身感受相符的立法思路，为大气污染防治工作全面转向以质量改善为核心提供了法律保障。规定了地方政府对辖区大气环境质量负责、生态环境部对省级政府实行考核、未达标城市政府应当编制限期达标规划、上级生态环境部门对未完成任务的下级政府负责人实行约谈和区域限批等一系列制度措施。

（2）加强标准控制。《大气污染防治法》新增“大气污染防治标准和限期达标规划”章节并前置，规范大气污染质量标准、污染物排放标准制定行为，以及标准运用和落实。要从实际出发，根据我国经济社会发展的实际情况，制定大气污染防治标准，完善相关制度。

（3）坚持抓主要矛盾和源头治理。《大气污染防治法》第四章“大气污染防治措施”中，对加强燃煤、工业、机动车船、扬尘、农业等大气污染的综合防治作出具体规定。另外，为在源头解决机动车大气污染问题，规定：一是“制定燃油质量标准，应当符合国家大气污染物控制要求”；二是“石油炼制企业应当按照燃油质量标准生产燃油”。又如，在加强燃煤污染防治方面：一是明确要求“优化煤炭使用方式，推广煤炭清洁高效利用，逐步降低煤炭在一次能源消费中的比重”；二是明确“国家推行煤炭洗选加工，降低煤炭的硫分和灰分，限制高硫量、高灰分煤炭的开采”；三是明确“国家禁止进口、销售和燃用不符合质量标准的煤炭，鼓励燃用优质燃煤”；四是“加强民用散煤的管理”；五是加强对燃煤供热锅炉的管理；六是对工业锅炉进行规范；七是对燃煤电厂和其他燃煤单位提出排放控制要求。

（4）强化重点区域联防联控和重污染天气应对。《大气污染防治法》要求“推行区域大气污染联合防治，对颗粒物、二氧化硫、氮氧化物、挥发性有机物、氨等大气污染物和温室气体实施协同控制”，对“建立重污染天气监测预警体系”作出明确规定。由国家建立重点区域大气污染联防联控机制，统筹协调区域内大气污染防治工作，如《京津冀及周边地区2019—2020年秋冬季大气污染综合治理攻坚行动方案》。

（5）加大了处罚力度。《大气污染防治法》的条文有129条，其中法律责任条款30条，规定了大量具体的、有针对性的措施，并有相应的处罚责任。丰富了处罚种类，如行政处罚中有责令停业、关闭，责令停产整治，责令停工整治，没收，取消检验资格，治安处罚等，具体的处罚行为和种类接近90种，提高了《大气污染防治法》的可操作性和针对性。取消了罚款“最高不超过 50 万元”的封顶限额，同时增加了“按日计罚”的规定。造成大气污染事故的，对直接负责的主管人员和其他直接责任人员可以处上一年度从本单位取得收入 50%以下的罚款。对造成一般或者较大大气污染事故的企业，按照污染事故造成直接损失的 1 倍以上 3 倍以下计算罚款；对造成重大或者特大大气污染事故的，按污染事故造成的直接损失的 3 倍以上 5 倍以下计罚。

2.《水污染防治法》

环保法律

《水污染防治法》于 1984 年 5 月发布；1996 年 5 月 15 日第一次修正；2008 年 2 月 28 日修订；2017 年 6 月 27 日第二次修正，自 2018 年 1 月 1 日起施行。2017 版《水污染防治法》有以下亮点：

（1）建立河长制。2017 版《水污染防治法》将地方实践数年的河长制写进第一章“总则”第五条表示，“省、市、县、乡建立河长制，分级分段组织领导本行政区域内江河、湖泊的水资源保护、水域岸线管理、水污染防治、水环境治理等工作。”河长制是河湖管理工作的一项制度创新，河长制被写入法律有利于强化党政领导对水污染防治和水环境治理的责任。从实践效果来看，河长制在各地施行成果显著，党政领导的个人责任也将被纳入考核中。

（2）实施排污许可制度。2017 版《水污染防治法》修改了国家实行排污许可制度的相关规定，第二十一条表明，排污单位所获取的排污许可证上要明确水污染物种类、浓度、总量等内容。经过多年地方实践，全国性的排污许可证申领和发放行动统一展开，拉开“一证式”监管序幕。排污许可证制度全面推广之际迎来《水污染防治法》的修改，可谓是“双管齐下”，从顶层设计方面实现对接。这是进一步规范我国工业污水排放的举措，也是根据水污染治理工作进度作出的政策调整，完善了相关法律体系。

（3）加大处罚力度。2017 版《水污染防治法》根据《环境保护法》的要求加大了处罚力度。例如，其第八十三条规定，以不正常运行水污染防治设施等逃避监管的方式排放水污染物的、超标超总量排放水污染物的，责令改正或者责令限制生产、停产整治；并处十万元以上一百万元以下的罚款；情节严重的，报经有批准权的人民政府批准，责令停业、关闭，与旧法“责令限期改正，处应缴纳排污费数额 1 倍以上 3 倍以下的罚款”“责令限期治理，处应缴纳排污费数额 2 倍以上5倍以下的罚款”的条款相比，处罚力度大大加强了。

（4）逐步向水环境综合治理靠拢。从河长制的确立到建立联防联控机制，我国环境治理的大方向正朝着综合防治转变。2017版《水污染防治法》第二十八条添加了构建流域水环境保护联合协调机制要求，实行“四个统一”措施，即统一规划、统一标准、统一监测、统一防治。另外，2017版《水污染防治法》第二十九条还增添了相关部门展开流域环境资源承载能力监测、评价要求，旨在维护流域生态环境功能。

3.《土壤污染防治法》

《土壤污染防治法》于2018年8月31日通过，自2019年1月1日起施行。这是我国首次制定专门的法律来规范防治土壤污染，依法保护土壤环境，是保障人民群众“吃得放心、住得安心”的民生工程。《土壤污染防治法》有以下亮点：

环保法律

（1）强化源头预防。《土壤污染防治法》第三章“预防和保护”要求土地使用权人从事土地开发利用、企业事业单位和其他生产经营者从事生产经营活动等，都要采取有效措施，减少和防止土壤污染。按照工业企业生产活动、农业生产活动等不同的特点，有针对性地规定不同的预防措施，规定了加强对未污染土壤的保护，重点保护未污染的耕地、林地、草地、水源地，对于永久基本农田则要求进行严格保护。

（2）明确责任。《土壤污染防治法》合理配置了土壤污染责任人、土地使用权人和政府三者之间的责任，落实企业主体责任，强化污染治理责任，明确政府及其相关部门的监管责任。同时，还赋予监管部门查封、扣押等权力，规定土壤污染责任人负有实施土壤污染风险管控和修复的义务。土壤污染责任人无法认定的，土地使用权人应当实施土壤污染风险管控和修复，土地使用权人为此可以申请土壤污染防治基金，集中用于土壤污染风险管控和修复。地方人民政府及其有关部门可以根据实际情况组织实施土壤污染风险管控和修复。

（3）严惩重罚制度。《土壤污染防治法》对25种违法行为设定了法律责任，由生态环境部门进行处罚。最高罚款额达200万元。该法规定对违法向农用地排污，或者不按照规定采取风险管控措施或实施修复，情节严重的可以实施拘留。对未按照规定进行风险管控或修复等违法行为，实行“双罚制”，既对违法企业给予处罚，也对企业有关责任人员予以罚款。对严重的土壤污染违法行为，依法追究刑事责任等。

（4）风险管控和分类管理。《土壤污染防治法》规定要通过普查、详查、调查、监测、风险评估等措施和途径，掌握土壤污染的状况和变化趋势，为风险管控打好基础。同时，根据土地的不同用途和污染程度，规定了不同的应对措施、管理手段和管理要求，分类实施以有效地防范和应对土壤污染。

（5）全过程管控。《土壤污染防治法》规定对土壤污染防治工作的各环节、全过程进行监管。通过普查、调查、详查、监测、现场检查等，对于地块可能存在污染风险的，要进行土壤污染情况的调查。此外，该法还根据各个不同环节规定了不同措施，明确采取措施的主体和应达到的效果。

（6）敏感用地特别管理。《土壤污染防治法》加强了对敏感用地的准入管理，规定土壤用途要变更为住宅、公共管理和公共服务用地的，变更之前要进行污染情况调查。列入建设用地风险管控和修复名录的地块，不得作为住宅、公共管理和公共服务用地，从而从源头上保障人民群众住得安心、安全。

（7）坚持水土一家、水土共治。《土壤污染防治法》要求加强对地下水污染的防治，明确土壤污染情况调查报告要包括地下水是否受到污染等内容，风险评估报告要包括地下水污染范围等内容。对于农用地地块的土壤污染，影响或者可能影响地下水水源安全的，要制订防治污染方案，采取相应的保护措施等。

《土壤污染防治法》提出土壤污染风险管控新标准。1995 年的《土壤环境质量标准》不再适用。土壤中污染物含量等于或者低于风险筛选值时，健康风险可以忽略。土壤中污染物含量超过风险管制值时，对人体健康通常存在不可接受风险。土壤污染物含量介于筛选值和管制值之间时，农用地应当采取农艺调控、替代种植等安全利用措施，降低农产品超标风险；建设用地应当开展进一步评估，判断是否需要开展风险管控或治理修复。

《土壤污染防治法》被认为是“最强”污染防治法，因为该法一方面要求对土壤污染进行风险管控和修复，另一方面还要追究相关人员的污染责任。大气、水污染防治法针对污染行为主要是处罚，没有对污染者提出修复的要求。而土壤污染修复的义务是从调查开始的，调查发现污染，进一步风险管控，然后进行修复。人们可能会认为《土壤污染防治法》中对土壤污染行为的处罚力度小，对行政罚款没有规定特别巨大的数额，而实际上责任人去做风险管控和修复是一笔非常大的支出。行政处罚是在此基础之上再作处罚。

《浙江省土壤污染防治工作方案》明确提出目标：到 2020 年，全省土壤污染加重趋势得到初步遏制，受污染耕地安全利用率达到 91%左右，污染地块安全利用率达到 90%以上。到 2030 年，土壤环境质量稳中向好，受污染耕地安全利用率、污染地块安全利用率均达到 95%以上。

按照 2016 年发布的《土壤污染防治行动计划》（“土十条”）的要求，我国到 2020 年土壤环境风险得到基本管控。2030—2050 年实现土壤质量稳中向好，21 世纪中叶最终实现土壤环境的全面改善。按照城市场地修复、耕地治理、矿地治理三大类细分市场估算，在谨慎、中性、乐观的假设情形下，土壤修复市场规模或将分别达到 1.9 万亿元、3.7 万亿元、5.6 万亿元。

4.《噪声污染防治法》

2021 年 12 月 24 日，第十三届全国人大常委会第三十二次会议通过了《噪声污染防治法》，自 2022 年 6 月 5 日起施行。原《环境噪声污染防治法》同时废止。其亮点如下：

环保法律

（1）重新界定噪声污染。《噪声污染防治法》第二条规定：“本法所称噪声，是指在工业生产、建筑施工、交通运输和社会生活中产生的干扰周围生活环境的声音。本法所称噪声污染，是指超过噪声排放标准或者未依法采取防控措施产生噪声，并干扰他人正常生活、工作和学习的现象”。也就是说，针对有些领域产生噪声但没有噪声排放标准的情况，将“未依法采取防控措施”产生噪声干扰他人正常生活、工作和学习的现象也界定为噪声污染。

（2）扩大适用范围。为维护最广大人民群众的根本利益，将工业噪声扩展到生产活动中产生的噪声；增加对城市轨道交通、机动车“炸街”、乘坐公共交通工具、饲养宠物、餐饮等噪声扰民行为的管控；将一些原来仅适用城市的规定扩展至农村地区。

（3）分类加强防治。噪声污染分为工业噪声污染、建筑施工噪声污染、交通运输噪声污染和社会生活噪声污染。关于工业噪声，增加排污许可管理，规定噪声敏感建筑物集中区域禁止新建排放噪声的工业企业等方面的内容。关于建筑施工噪声，增加噪声污染防治费用列入工程造价、制订落实噪声污染防治实施方案、优先使用低噪声施工工艺和设备等方面的内容。关于交通运输噪声，增加规定制定交通基础设施工程技术规范，应当明确噪声污染防治要求，建设经过噪声敏感建筑物集中区域的高速公路、城市高架、铁路和城市轨道交通线路等，应当符合有关交通基础设施工程技术规范以及标准要求；明确禁止驾驶拆除或者损坏消声器、加装排气管等擅自改装的机动车以轰鸣、疾驶等方式造成噪声污染，并规定相应的法律责任；补充完善民用航空器噪声污染防治等方面的内容。关于社会生活噪声，补充完善邻里噪声、娱乐健身噪声、室内装修噪声、设施设备噪声、商业经营噪声、体育餐饮场所噪声等方面的内容。

（4）针对性防治社会生活噪声。关于广场舞等娱乐健身噪声，法律规定在街道、广场、公园等公共场所组织开展娱乐、健身等活动，应当遵守公共场所管理者有关活动区域、时段、音量等规定，采取有效措施，防止噪声污染；不得违反规定使用音响器材产生过大音量。关于室内装修噪声，法律规定对已竣工交付使用的住宅楼、商铺、办公楼等建筑物进行室内装修活动，应当按照规定限定作业时间，采取有效措施，防止、减轻噪声污染。关于商业经营场所高音喇叭播放广告，给周边群众造成困扰问题，法律规定禁止在商业经营活动中使用高音广播喇叭或者采用其他持续反复发出高噪声的方法进行广告宣传；对商业经营活动中产生的其他噪声，经营者应当采取有效措施，防止噪声污染。

（5）形成噪声防治合力。《噪声污染防治法》规定，因为特殊需要必须夜间施工作业的，应当取得“地方人民政府住房和城乡建设、生态环境主管部门或者地方人民政府指定的其他部门”的证明；明确“地方人民政府生态环境主管部门会同公安机关”可以划定禁止机动车行驶和使用声响装置的路段和时间、“由公安机关交通管理部门依法设置相关标志、标线”；规定对噪声敏感建筑物集中区域的社会生活噪声扰民行为劝阻、调解无效的，可以向“负有社会生活噪声污染防治监督管理职责的部门或者地方人民政府指定的部门”报告或投诉；明确对建设单位建设噪声敏感建筑物不符合民用建筑隔声设计相关标准要求的行为，由“县级以上地方人民政府住房和城乡建设主管部门”进行处罚。

（6）强化源头预防。《噪声污染防治法》增加规定：“生态环境保护规划应当明确噪声污染防治目标、任务、保障措施等内容”；“国家推进噪声污染防治标准体系建设”；规定“建设噪声敏感建筑物，应当符合民用建筑隔声设计相关标准要求，不符合标准要求的，不得通过验收、交付使用”。

5.《固体废物污染环境防治法》

环保法律

《固体废物污染环境防治法》于1995年10月发布，自1996年4月1日起施行。2020年4月29日第二次修订，自2020年9月1日起施行。

新修订的《固体废物污染环境防治法》明确固体废物污染环境防治坚持减量化、资源化和无害化原则。强化政府及其有关部门监督管理责任，明确目标责任制、信用记录、联防联控、全过程监控和信息化追溯等制度，明确国家逐步实现固体废物零进口。从具体方面看，该法完善了工业固体废物污染环境防治制度。强化产生者责任，增加排污许可、管理台账、资源综合利用评价等制度。

在生活垃圾分类方面，《固体废物污染环境防治法》明确国家推行生活垃圾分类制度，确立生活垃圾分类的原则。统筹城乡，加强农村生活垃圾污染环境防治。规定地方可以结合实际制定生活垃圾具体管理办法。

《固体废物污染环境防治法》完善了建筑垃圾、农业固体废物等污染环境防治制度。建立建筑垃圾分类处理、全过程管理制度。健全秸秆、废弃农用薄膜、畜禽粪污等农业固体废物污染环境防治制度。明确国家建立电器电子、铅蓄电池、车用动力电池等产品的生产者责任延伸制度。加强过度包装、塑料污染治理力度。明确污泥处理、实验室固体废物管理等基本要求。

《固体废物污染环境防治法》对危险废物污染环境防治制度进行了完善，规定危险废物分级分类管理、信息化监管体系、区域性集中处置设施场所建设等内容。加强危险废物跨省转移管理，通过信息化手段管理、共享转移数据和信息，规定电子转移联单，明确危险废物转移管理应当全程管控、提高效率。

2.1.4 环境标准

生态环境标准列表

环境标准是环境保护法律体系的有机组成部分，是其中一个独立的、特殊的、重要的组成部分。环境标准是为了保障环境质量和控制污染排放按照法定程序制定的污染物限值及其监测方法规范的规定。

环境标准按照应用范围划分为二级，由国家环境标准和地方环境标准组成。地方标准和行业标准是对国家环境标准的补充和支撑。环境标准按性质和功能划分为六类：环境质量标准、环境风险管控标准、污染物排放标准、环境监测方法标准、环境管理技术规范、环境保护基础标准。

环境质量标准是以维护一定水平的环境质量，保护人群健康、社会财富和促进生态良性循环为目标，规定了环境中各类有害物质在一定时间和空间内的容许含量。它反映了人群、动植物和生态系统对环境质量的综合要求，同时也标志着在一定时期内国家为控制污染在技术上和经济上可能达到的水平。环境质量标准有《地表水环境质量标准》（GB 3838—2002）、《地下水质量标准》（GB/T 14848—2017）、《环境空气质量标准》（GB 3095—2012）、《室内空气质量标准》（GB/T 18883—2002）、《声环境质量标准》（GB 3096—2008）、《土壤环境质量　农用地土壤污染风险管控标准》（GB 15618—2018）、《生活饮用水卫生标准》（GB 5749—2006）等。

污染物排放标准是对人为污染源排入环境的污染物的浓度或数量所作出的限量规定。它包括污染物排放浓度标准和污染物排放总量标准。排放标准是为环境质量服务的。污染物排放标准有《污水综合排放标准》（GB 8978—1996）、《城镇污水处理厂污染物排放标准》（GB 18918—2002）、《啤酒工业污染物排放标准》（GB 19821—2005）、《医疗机构水污染物排放标准》（GB 18466—2005）、《纺织染整工业水污染物排放标准》（GB 4287—2012）、《大气污染物综合排放标准》（GB 16297—1996）、《锅炉大气污染物排放标准》（GB 13271—2014）、广东省《大气污染物排放限值》（DB 44/27—2001）等。

环境监测方法标准是为实现环境质量和污染物排放情况的监测分析，对采样、样品处理、分析测试、数据处理等过程进行规范的统一规定。若不对采样方法、分析方法、测定方法、实验方法、检验方法等作出统一规定，监测结果就没有可比性。监测方法标准有《水质　溶解氧的测定　碘量法》（GB 7489—1987）、《水质　悬浮物的测定　重量法》（GB 11901—1989）、《水质　总磷的测定　钼酸铵分光光度法》（GB/T 11893—1989）、《环境空气　二氧化氮的测定　Saltzman 法》（GB/T 15435—1995）、《环境空气　氮氧化物的测定　Saltzman 法》（GB/T 15436—1995）等。

生态环境管理技术规范是为规范各类生态环境保护管理工作的技术要求而制定的技术规范，包括各领域的管理技术指南、导则、规程、规范等。例如：《自然保护区类型与级别划分原则》（GB/T 14529—1993）；《火电厂建设项目环境影响报告书编制规范》（HJ/T 13—1996）；《环境空气质量功能区划分原则与技术方法》

（HJ 14—1996）等。

环境保护基础标准指在环境保护工作范围内，对有指导意义的符号、代号、指南、程序、规范等所作的统一规定。它为各种标准提供了统一的语言，是制定其他环境保护标准的基础。如《环境污染类别代码》（GB/T 16705—1996）、《制定地方大气污染物排放标准的技术方法》（GB/T 3840—1991）等。

环境风险管控标准是为保护生态环境，保障公众健康，推进生态环境风险筛查与分类管理，维护生态环境安全，控制生态环境中的有害物质和因素而制定的生态环境标准。例如：《土壤环境质量 农用地土壤污染风险管控标准（试行）》（GB 15618—2018）；《土壤环境质量 建设用地土壤污染风险管控标准（试行）》（GB 36600—2018）等。

环境标准又分为强制性环境标准和推荐性环境标准。强制性环境标准是环境保护法律法规中强制执行的标准。强制性的环境标准应视同为技术法规，具有法律强制效力，必须执行，如污染物排放标准、环境风险管控标准等。强制性标准以外的环境标准属于推荐性标准，推荐性环境标准是指导性的标准。但是，推荐性环境标准被强制性标准引用时，也必须强制执行。环境标准的编号由标准代号、标准发布顺序和标准发布年代号构成。我国目前常用的环境标准的代号如表 2.2 所示。

表 2.2　我国环境标准的代号

标准代号	标准代号含义	举例
GB	国家强制标准	《锅炉大气污染物排放标准》（GB 13271—2014）
GB/T	推荐性国家标准	《室内空气质量标准》（GB/T 18883—2002）
HJ	环境行业标准	《机动车排放定期检验规范》（HJ 1237—2021）
HJ/T	推荐性环境行业标准	《清洁生产标准　电镀行业》（HJ/T 314—2006）
DB	地方强制标准	《大气污染物排放限值》（DB 44/27—2001）
DB/T	地方推荐标准	《建设项目环境影响后评价技术导则》（DB65/T 4321—2020）

国家环境标准和地方环境标准的关系：根据《环境保护法》，对国家环境质量标准中未规定的项目，可以制定地方环境质量标准；对国家环境质量标准中已作规定的项目，可以制定严于国家环境质量标准的地方环境质量标准。对国家污染物排放标准中未作规定的项目，可以制定地方污染物排放标准；对国家

污染物排放标准中已作规定的项目，可以制定严于国家污染物排放标准的地方污染物排放标准。颁布了地方标准的地区，在国家和地方两种标准同时并存的情况下，遵守“从严原则”，一般执行地方标准。二级六类环境标准体系的组成如表 2.3 所示。

表 2.3　国家环境标准体系

	环境质量标准	生态环境风险管控标准	环境监测方法标准	生态环境管理技术规范	环境保护基础标准
国家标准	√	√	√	√	√
地方标准	√	√			

2.1.5　其他部门法中有关环境保护的法律规范

《民法典》《刑法》《行政处罚法》《劳动法》《治安管理处罚法》《农业法》等法律中以及经济法体系和企业法体系中都有关于环境保护的法律规定。

1.《民法典》中环境保护相关条款

《民法典》在第一编“总则”第九条中规定，民事主体从事民事活动，应当有利于节约资源、保护生态环境。这是规定了在民事活动当中的绿色环保原则。《民法典》是我国第一部法典化的立法，它是全国人大制定的法律，也是基本法。而《环境保护法》是全国人大常委会制定的，相比之下，《民法典》的地位更高。《民法典》共 1 260 条，其中有 18 条直接与生态环境保护有关，我们的《民法典》是一部“绿色”的民法典。

《民法典》第七编“侵权责任”的第七章，用了 7 个条款，对环境污染和生态破坏责任进行了明确。

“第一千二百二十九条　因污染环境、破坏生态造成他人损害的，侵权人应当承担侵权责任。”

“第一千二百三十条　因污染环境、破坏生态发生纠纷，行为人应当就法律规定的不承担责任或者减轻责任的情形及其行为与损害之间不存在因果关系承担举证责任。”

“第一千二百三十一条　两个以上侵权人污染环境、破坏生态的，承担责任的大小，根据污染物的种类、浓度、排放量，破坏生态的方式、范围、程度，以及行为对损害后果所起的作用等因素确定。”

“第一千二百三十二条　侵权人违反法律规定故意污染环境、破坏生态造成严重后果的，被侵权人有权请求相应的惩罚性赔偿。”

“第一千二百三十三条　因第三人的过错污染环境、破坏生态的，被侵权人可以向侵权人请求赔偿，也可以向第三人请求赔偿。侵权人赔偿后，有权向第三人追偿。”

“第一千二百三十四条　违反国家规定造成生态环境损害，生态环境能够修复的，国家规定的机关或者法律规定的组织有权请求侵权人在合理期限内承担修复责任。侵权人在期限内未修复的，国家规定的机关或者法律规定的组织可以自行或者委托他人进行修复，所需费用由侵权人负担。”

“第一千二百三十五条　违反国家规定造成生态环境损害的，国家规定的机关或者法律规定的组织有权请求侵权人赔偿下列损失和费用：（一）生态环境受到损害至修复完成期间服务功能丧失导致的损失；（二）生态环境功能永久性损害造成的损失；（三）生态环境损害调查、鉴定评估等费用；（四）清除污染、修复生态环境的费用；（五）防止损害的发生和扩大所支出的合理费用。”

2.《刑法》中环境保护相关条款

《刑法》第二编第六章第六节“破坏环境资源保护罪”中共 9 个条款，具体明确了污染环境罪、非法处置进口的固体废物罪、非法捕捞水产品罪、非法猎捕杀害珍贵濒危野生动物罪、非法占用农用地罪、非法采矿罪、非法采伐毁坏国家重点保护植物罪、盗伐林木罪、单位犯破坏环境资源保护罪的处罚规定。

《刑法》第二编第九章第四百零八条“环境监管失职罪”：“负有环境保护监督管理职责的国家机关工作人员严重不负责任，导致发生重大环境污染事故，致使公私财产遭受重大损失或者造成人身伤亡的严重后果的，处三年以下有期徒刑或者拘役。”

《刑法》第二编第三章第二百二十九条“提供虚假证明文件罪”。2020 年 12 月 26 日发布的《中华人民共和国刑法修正案（十一）》中，将刑法第二百二十九条修改为：“承担资产评估、验资、验证、会计、审计、法律服务、保荐、安全评价、环境影响评价、环境监测等职责的中介组织的人员故意提供虚假证明文件，情节严重的，处五年以下有期徒刑或者拘役，并处罚金；有下列情形之一的，处五年以上十年以下有期徒刑，并处罚金：……在涉及公共安全的重大工程、项目中提供虚假的安全评价、环境影响评价等证明文件，致使公共财产、国家和人民利益遭受特别重大损失的。有前款行为，同时索取他人财物或者非法收受他人财物构成犯罪的，依照处罚较重的规定定罪处罚。”

《刑法》第三百三十八条“污染环境罪”：“违反国家规定，排放、倾倒或者处置有放射性的废物、含传染病病原体的废物、有毒物质或者其他有害物质，严重污染环境的，处三年以下有期徒刑或者拘役，并处或者单处罚金；情节严重的，处三年以上七年以下有期徒刑，并处罚金；有下列情形之一的，处七年以上有期徒刑，并处罚金：（一）在饮用水水源保护区、自然保护地核心保护区等依法确定的重点保护区域排放、倾倒、处置有放射性的废物、含传染病病原体的废物、有毒物质，情节特别严重的；（二）向国家确定的重要江河、湖泊水域排放、倾倒、处置有放射性的废物、含传染病病原体的废物、有毒物质，情节特别严重的；（三）致使大量永久基本农田基本功能丧失或者遭受永久性破坏的；（四）致使多人重伤、严重疾病，或者致人严重残疾、死亡的。”

“严重污染环境”是认定污染环境罪的前提之一。2013 年 6 月公布的《最高人民法院、最高人民检察院关于办理环境污染刑事案件适用法律若干问题的解释》（法释〔2013〕15 号）中列举了认定“严重污染环境”的 14 项标准。2016 年 12 月发布的《最高人民法院、最高人民检察院关于办理环境污染刑事案件适用法律若干问题的解释》（法释〔2016〕29 号）则明确了应当认定为“严重污染环境”的 18 种情形（对 2013 年的 14 项标准根据司法实践情况作出完善和修改）：

（1）在饮用水水源一级保护区、自然保护区核心区排放、倾倒、处置有放射性的废物、含传染病病原体的废物、有毒物质的。

（2）非法排放、倾倒、处置危险废物三吨以上的。

（3）排放、倾倒、处置含铅、汞、镉、铬、砷、铊、锑的污染物，超过国家或者地方污染物排放标准三倍以上的。

（4）排放、倾倒、处置含镍、铜、锌、银、钒、锰、钴的污染物，超过国家或者地方污染物排放标准十倍以上的。

（5）通过暗管、渗井、渗坑、裂隙、溶洞、灌注等逃避监管的方式排放、倾倒、处置有放射性的废物、含传染病病原体的废物、有毒物质的。

（6）二年内曾因违反国家规定，排放、倾倒、处置有放射性的废物、含传染病病原体的废物、有毒物质受过两次以上行政处罚，又实施前列行为的。

（7）重点排污单位篡改、伪造自动监测数据或者干扰自动监测设施，排放化学需氧量、氨氮、二氧化硫、氮氧化物等污染物的。

（8）违法减少防治污染设施运行支出一百万元以上的。

（9）违法所得或者致使公私财产损失三十万元以上的。

（10）造成生态环境严重损害的。

（11）致使乡镇以上集中式饮用水水源取水中断十二小时以上的。

（12）致使基本农田、防护林地、特种用途林地五亩以上，其他农用地十亩以上，其他土地二十亩以上基本功能丧失或者遭受永久性破坏的。

（13）致使森林或者其他林木死亡五十立方米以上，或者幼树死亡二千五百株以上的。

（14）致使疏散、转移群众五千人以上的。

（15）致使三十人以上中毒的。

（16）致使三人以上轻伤、轻度残疾或者器官组织损伤导致一般功能障碍的。

（17）致使一人以上重伤、中度残疾或者器官组织损伤导致严重功能障碍的。

（18）其他严重污染环境的情形。

【首例污染环境罪】山西省运城市杨某独资开办了一家造纸厂，该厂自投产以来，一直没有配置污水处理设施，生产过程中产生的含有挥发酚等污染物的污水，都积存在工厂附近的坑里，靠自然蒸发、渗入地下或者排入引水渠中处理废水。1997 年 10 月上旬，该厂的污水坑决口，大量污水排入引水渠内，污染了水体，致使该市供水系统被污染，供水中断三天，公共财产遭受重大损失。该市人民法院判决被告人犯“重大环境污染事故罪”（原罪名，现改为“污染环境罪”），判处有期徒刑二年，并处罚金 5 万元人民币。

3.《治安管理处罚法》中环境保护相关条款

第三十条：“违反国家规定，制造、买卖、储存、运输、邮寄、携带、使用、提供、处置爆炸性、毒害性、放射性、腐蚀性物质或者传染病病原体等危险物质的，处十日以上十五日以下拘留；情节较轻的，处五日以上十日以下拘留。”

第三十三条："有下列行为之一的，处十日以上十五日以下拘留：（一）盗窃、损毁油气管道设施、电力电信设施、广播电视设施、水利防汛工程设施或者水文监测、测量、气象测报、环境监测、地质监测、地震监测等公共设施的。"

第五十八条："违反关于社会生活噪声污染防治的法律规定，制造噪声干扰他人正常生活的，处警告；警告后不改正的，处二百元以上五百元以下罚款。"

2.1.6　环境保护地方性法规

环境保护地方性法规是各省、自治区、直辖市根据国家环境法律法规，结合地区实际制定并经地方人大审议通过的法规，具法律效力。如《福建省环境保护条例》《青岛市生活饮用水源环境保护条例》《浙江省大气污染防治条例》等。

2.1.7　环境保护行政法规

环保行政法规是为了贯彻落实环境保护基本法、环境保护单行法而由国务院制定的法规。包括《地下水管理条例》《排污许可管理条例》《建设项目环境保护管理条例》《放射性同位素与射线装置放射防护条例》《中华人民共和国海洋倾废管理条例》《城镇排水与污水处理条例》《放射性废物安全管理条例》《规划环境影响评价条例》《全国污染源普查条例》等。

行政法规列表

2.1.8　我国缔结或参加的有关环境保护的国际条约、国际公约

包括《控制危险废物越境转移及其处置巴塞尔公约》《关于消耗臭氧层物质的蒙特利尔议定书》《联合国气候变化框架公约》《生物多样性公约》《核安全公约》《巴黎协定》等，还有同美国、日本等数十个国家签订的环境保护双边协议。

2.2　环境法律责任

所谓环境法律责任，是指环境法主体因违反其法律义务而应当依法承担的、具有强制性的否定性法律后果，按其性质可以分为环境行政责任、环境民事责任和环境刑事责任三种。

行为人违反国家或地方环境法律、法规的规定，实施某一环境行为或相关行为，造成或可能造成干扰该国家或地方的环境行政管理，污染和破坏环境，危害公共或个人之财产或人身生命或健康的安全，所依法应当承担的行政、民事和刑事法律责任，就是环境法律责任。或是一国或地区违反国际法规定、违背其应履行的环境保护国际义务，致使他国或地区的环境或国民遭受污染与破坏的危害，所应承担的国际环境法和其他相关法规定的经济赔偿责任和道义责任。

2.2.1 环境行政责任

所谓环境行政责任，是指违反环境法和国家行政法规中有关环境行政义务的规定所应当承担的行政法律责任。因环境违法而承担行政责任，但是没有犯罪。

环境行政责任构成如下。①行为违法。指行为人实施了违反《环境保护法》的行为，是必要条件。②行为人过错。行为人具有主观上故意或过失也是承担行政责任的必要条件。③行为危害后果。根据《环境保护法》的规定，危害后果不是承担行政责任的必要条件。违法行为如《环境保护法》第六十三条第一项至第四项的行为，即使没有造成危害后果，也要承担行政责任。但是，在另外一些场合，必须产生了危害后果才承担行政责任，要具体问题具体分析。④违法行为与危害后果之间具有因果关系。即违法行为与危害后果之间必须存在内在的、必然的联系，而不是表面的、偶然的联系。当然，在不以危害后果为必要条件的场合，则不存在因果关系的问题。因此，因果关系在此也是非必要条件。

环境行政责任分为环境行政处分和环境行政处罚。行政处分针对环境行政机关内部工作人员，行政处罚针对行政管理相对人。行政处分针对行政机关工作人员的违法违纪及失职行为，由与被处分人有从属关系的行政机关作出；行政处罚针对行政管理相对人违反行政法律规范的行为，由特定的和法定组织作出。行政处分的种类主要有警告、记过、记大过、降级、撤职、开除等；行政处罚的主要种类有警告、罚款、没收违法所得、没收非法财物、责令停产停业、吊销或暂扣许可证或执照、行政拘留等。

《环境保护法》对环境违法行为及其相应行政处分、行政处罚措施作出了如下规定：

（1）企业事业单位和其他生产经营者违法排放污染物，受到罚款处罚，被责令改正，拒不改正的，依法作出处罚决定的行政机关可以自责令改正之日的次日起，按照原处罚数额按日连续处罚。

（2）企业事业单位和其他生产经营者，超过污染物排放标准或者超过重点污染物排放总量控制指标排放污染物的，县级以上人民政府环境保护主管部门可以责令其采取限制生产、停产整治等措施；情节严重的，报经有批准权的人民政府批准，责令停业、关闭。

（3）建设单位未依法提交建设项目环境影响评价文件或者环境影响评价文件未经批准，擅自开工建设的，由负有环境保护监督管理职责的部门责令停止建设，处以罚款，并可以责令恢复原状。

（4）重点排污单位不公开或者不如实公开环境信息的，由县级以上地方人民政府环境保护主管部门责令公开，处以罚款，并予以公告。

（5）企业事业单位和其他生产经营者有下列行为之一，尚不构成犯罪的，除依照有关法律法规规定予以处罚外，由县级以上人民政府环境保护主管部门或者其他有关部门将案件移送公安机关，对其直接负责的主管人员和其他直接责任人员，处十日以上十五日以下拘留（情节较轻的，处五日以上十日以下拘留）：建设项目未依法进行环境影响评价，被责令停止建设，拒不执行的；违反法律规定，未取得排污许可证排放污染物，被责令停止排污，拒不执行的；通过暗管、渗井、渗坑、灌注或者篡改、伪造监测数据，或不正常运行防治污染设施等逃避监管的方式违法排放污染物的；生产、使用国家明令禁止生产、使用的农药，被责令改正，拒不改正的。

（6）环境影响评价机构、环境监测机构以及从事环境监测设备和防治污染设施维护、运营的机构，在有关环境服务活动中弄虚作假，对造成的环境污染和生态破坏负有责任的，除依照有关法律法规规定予以处罚外，还应当与造成环境污染和生态破坏的其他责任者承担连带责任。

（7）地方各级人民政府、县级以上人民政府环境保护主管部门和其他负有环境保护监督管理职责的部门有下列行为之一的，对直接负责的主管人员和其他直接责任人员给予记过、记大过或者降级处分；造成严重后果的，给予撤职或者开除处分，其主要负责人应当引咎辞职：不符合行政许可条件准予行政许可的；对环境违法行为进行包庇的；依法应当作出责令停业、关闭的决定而未作出的；对超标排放污染物、采用逃避监管的方式排放污染物、造成环境事故以及不落实生态保护措施造成生态破坏等行为，发现或者接到举报未及时进行查处的；违反《环境保护法》规定，查封、扣押企业事业单位和其他生产经营者的设施、设备的；篡改、伪造或者指使篡改、伪造监测数据的；应当依法公开环境信息而未公开的。

2.2.2 环境民事责任

所谓环境民事责任，是指公民、法人因污染或破坏环境而侵害公共财产或他人人身权、财产权或合法环境权益所应当承担的民事方面的法律责任。

环境民事责任的构成要件：①实施了致害行为。②发生了损害结果。③致害行为与损害结果之间具有因果关系。三个要件缺一不可。承担环境民事责任不一定以违法为前提。比如，污染物达标排放不违法，但是针对该污染物排放行为导致的污染损失还是要承担环境民事责任。

环境民事责任的免责：①由不可抗力造成，并且行为人及时采取了合理措施。②受害者自我致害，污染损失由受害者自身的责任所引起的，排污单位不承担责任。③第三者过错，污染损失由第三者责任所引起的，应该由第三者承担责任。

《环境保护法》第六十四条："因污染环境和破坏生态造成损害的，应当依照《中华人民共和国侵权责任法》的有关规定承担侵权责任。"《中华人民共和国侵权责任法》中规定的承担侵权责任的方式主要有停止侵害、排除妨碍、消除危险、返还财产、恢复原状、赔偿损失、赔礼道歉、消除影响、恢复名誉。

赔偿损失是环境民事责任形式中应用最广泛的一种。赔偿损失的范围，既包括财产损害赔偿，也包括对人身损害引起的财产损失赔偿；既包括直接损失，也包括间接损失。

排除妨碍（危害）也是环境民事责任形式中经常使用的。赔偿损失是事后补偿，排除妨碍（危害）则是针对环境侵害的特点所采用的典型的预防性民事责任形式。排除危害既包括对实际发生的污染危害的排除，也包括对可能发生但尚未发生的污染危害的排除。

2.2.3　环境刑事责任

所谓环境刑事责任，是指行为人因违反环境法，造成或可能造成严重的环境污染或生态破坏，构成犯罪时，应当依法承担的以刑罚作为处罚方式的法律后果。

环境刑事责任的构成要件：构成环境犯罪是承担环境刑事责任的前提条件。与其他犯罪一样，构成环境犯罪、承担环境刑事责任的要件包括犯罪主体和犯罪的主观方面、犯罪客体和犯罪的客观方面。

（1）犯罪主体。根据《环境保护法》和《刑法》的规定，关于环境犯罪的主体，已打破了“个人刑罚观”，除了达到法定年龄具备刑事责任能力的自然人外，还包括法人。

（2）犯罪的主观方面。犯罪的主观方面是指犯罪主体进行犯罪行为时的故意或过失的主观心理状态。在认定是否构成环境犯罪时，不能仅仅看社会危害性一个方面，必须强调具备犯罪的故意或过失，这是区别罪与非罪的重要界限。

（3）犯罪客体。环境犯罪侵害各种环境要素和自然资源，从而侵犯财产所有权、人身权和环境权。环境犯罪的客体具有复合客体的特征。

（4）犯罪的客观方面。犯罪的客观方面是指有污染和破坏环境及自然资源的行为及其社会危害性。环境犯罪造成的危害后果可能特别严重，往往会造成重大污染事故，致使公私财产遭受重大损失或人身伤亡的严重后果。未造成严重后果的环境违法行为通常仅追究其行政责任。危害后果是否严重是区别行政责任和刑事责任的重要依据。“严重污染环境”则承担刑事责任。

环境犯罪要承担刑事制裁的法律责任形式包括管制、拘役、有期徒刑、无期徒刑、死刑。附加刑的种类包括罚金、剥夺政治权利、没收财产。

2.2.4　三种环境法律责任的关系

环境行政责任、环境民事责任、环境刑事责任三者都是和环境保护相关的法律责任，可以单独适用，也可以同时适用。承担环境刑事责任是因为犯罪，承担环境行政责任是因为违法，承担环境民事责任则不一定是因为违法。

例如，某企业超标排放大气污染物，造成下风向农田大幅减产，损失 50 万元。企业主因为触犯“污染环境罪”被判刑，这是承担环境刑事责任；同时当地生态环境局对该厂处以罚款，这是承担环境行政责任；此外，法院判令企业赔偿农民损失，这是承担民事责任。

行政责任之“罚款”、刑事责任之“罚金”和民事责任中的“赔偿金”是有区别的：①性质不同，罚款体现行政制裁，罚金体现刑罚，赔偿金是一种补偿形式。②金额不同，罚金和罚款可以高于实际损失，赔偿金和损失等额。③损失不同，没有损失也可以处以罚金和罚款，但是不可以有赔偿金。④支付不同，罚金和罚款上交国库，赔偿金支付给受害人。

2.3 环境纠纷

环境纠纷，是指环境法律关系主体在环境与资源的保护、开发、利用和管理活动中基于其环境权利和义务而产生的争议。环境纠纷主体包括民事纠纷中的平等主体，或者是行政纠纷中的行政主体和行政相对人。

环境纠纷是一种侵权纠纷，其中若存在违法情节另行处理。环境纠纷处理的方式包括：①环境纠纷双方协商解决。②环境纠纷的调解（包括民间调解、行政调解、司法调解、联合调解等）。③环境纠纷的仲裁（限于海洋污染纠纷）。④环境纠纷的行政处理（行政复议、行政裁决、行政调解等）。⑤环境纠纷的司法解决。

环境纠纷处理的双轨制：可以先行政处理，再进行司法解决。也可以直接司法解决。其中，司法解决为最终解决办法。

环境行政调解处理，是指环境保护行政主管部门或者其他依照法律规定行使环境监督管理权的部门应当事人的请求，对环境污染赔偿责任和赔偿金额的纠纷进行调解处理的程序。环境行政调解处理既不是必经程序，也不是最终程序。环境民事纠纷当事人对行政调解处理决定不服的，可以向人民法院起诉，也可以不经过行政调解处理直接向人民法院起诉。环境行政调解处理决定没有强制执行的效力，对调解处理决定不服的，不能提起行政诉讼，而应提起以对方当事人为被告的环境民事诉讼。

环境保护正当防卫。紧急或严重的环境纠纷，环境权正受到侵害时，受害方可以正当防卫、自我救济。环境权的正当防卫：受害方自主采取措施制止侵害。

若由于正当防卫而破坏了污染源设施、影响了相关生产，不宜认定为破坏生产经营罪。

2.4 环境诉讼

环境诉讼包括环境行政诉讼、环境民事诉讼和环境刑事诉讼，是人民法院为解决环境法律关系主体提出的保护合法环境权益等问题而依法进行的审判活动。

2.4.1 环境行政诉讼

环境行政诉讼是人民法院根据对具体环境行政行为不服的公民、法人或者其他组织（环境行政相对人）的请求，在双方当事人和其他诉讼参与人的参加下，依照法定程序，审理并裁决环境行政争议案件的司法执法活动。环境行政诉讼的宗旨由两个方面组成：①维护和监督环境行政机关依法行使环境行政职权。②保护公民、法人和其他组织的合法权益。

根据环境行政争议的不同，环境行政诉讼可以分为以下几种：①行政赔偿之诉，指公民、法人或其他组织的合法权益受到环境行政机关或其工作人员的具体行政行为侵犯造成损害时，向人民法院提起的要求赔偿的诉讼。②履行之诉，针对环境行政机关存在不作为的行为，如拒绝颁发排污许可证、环评批复报告等。③司法审查之诉，指环境行政相对人认为环境行政机关的具体行政行为不合法或显失公正而要求法院进行审查的诉讼。包括环境行政变更之诉和环境行政撤销之诉。

环境行政诉讼具有以下特点：①环境行政诉讼是以行政相对人为原告，以环境行政管理机关为被告的诉讼。②环境行政诉讼由环境行政争议引发，环境行政争议是指环境行政主体与行政相对人在环境行政管理过程中发生的争议。③环境行政诉讼的核心是审查具体行政行为的合法性。④环境行政诉讼的被告范围广泛，包括环保、海洋、港务、渔政渔港、交通、水利、铁道、民航、土地、农业、林业、矿产管理机关等。

环境行政诉讼的受案范围：①对环境行政机关作出的罚款、吊销许可证和营业执照、责令限期治理、没收财物等行政处罚行为不服的。②对限制人身自由或对财产的查封、扣押、冻结等行政强制措施不服的。③认为环境行政机关无理由拒不发放有关执照、许可证或对于其申请拒绝给予答复的。④认为环境行政机关违法要求其履行义务的。⑤认为环境行政机关的行为侵犯法律、法规规定的经营自主权的。⑥申请环境行政机关履行保护环境、防治污染和其他公害，保护环境行政相对人的人身权、财产权的法定职责，环境行政机关拒绝履行或不给予答复的。

2.4.2 环境民事诉讼

环境民事诉讼是指人民法院对平等主体之间有关环境权利义务的争议，依照民事诉讼程序进行审理和裁判的活动。环境民事诉讼有以下特点：

（1）起诉资格放松了限制。按照我国《民事诉讼法》第一百二十二条规定，民事诉讼制度的原告必须是与案件有直接利害关系的主体。这种诉讼本质上属于私益诉讼。这种规定不适用于环境民事案件。因为环境问题往往不仅仅与某个人有直接利害关系，还直接影响到公众的利益。因此，《环境保护法》第五十八条规定符合条件的社会组织（如 NGO）可以向人民法院提起诉讼。

（2）无过失责任和绝对责任的适用。只要是排污造成损失就要赔偿，不论排污是否合法、是否故意。一般来说，民事责任成立需具备 4 项条件：违法行为、损害后果、违法行为与损害后果之间的因果关系、主观上有过错（故意或者疏忽）。但是，若如此操作，在某些领域会使很多受害人无法得到民事赔偿。《环境保护法》第六十四条“因污染环境和破坏生态造成损害的，应当依照《中华人民共和国侵权责任法》的有关规定承担侵权责任”。《民法典》第一千二百二十九条“因污染环境、破坏生态造成他人损害的，侵权人应当承担侵权责任”。这两条法律条文中“承担侵权责任”没有“违法”的前提，也没有“主观上过错”的前提。不违法也承担责任是“绝对责任”，无论主观上是否有过错都承担责任是“无过失责任”。

（3）举证责任的转移。一般的民事诉讼中，当事人对自己所主张的诉讼要求负有提供证据的责任，即原告举证。环境纠纷涉及环境科学、污染源管理等诸多方面的因素，受害人不容易对加害行为的非法性、加害行为与损害后果之间的因果关系等有清楚的认识。如果坚持由原告负举证责任，势必使其处于无能为力的境地，使其权益得不到有效的保障。应该实施举证责任转移。环境诉讼时原告只需举证：被告从事了污染或破坏环境行为、自己受到了损害、被告的行为与自己的损害事实之间有联系（不必因果证明）。而被告若不认罪，需具体举证：自己没有污染破坏事实，或自己的行为和原告的损害间无联系，或有其他免责条件。

（4）因果关系推定。由于环境损害因果关系的认定十分困难和复杂，坚持严密科学的因果关系证明会在事实上剥夺受害人的胜诉权。在举证责任转移的情况下，受害方只需要提供表面证据初步证明因果关系存在，可以因果关系“推定”，例如，采用“流行病统计学”等方法，“推定”因果关系的存在。例如，烟气污染下风向的农作物，调查发现作物受害范围和烟云扩散范围是一致的，据此就可以推定该烟气污染农作物情况存在。

（5）诉讼时效延长。《环境保护法》第六十六条规定：“提起环境损害赔偿诉讼的时效期间为三年，从当事人知道或者应当知道其受到损害时起计算。”这与原《民法通则》的规定相比，至少有两点不同：

一是时间长短不同。普通民事诉讼的一般诉讼时效是 2 年，而环境侵权诉讼则是 3 年。因为环境损害是一种特殊的侵害行为，具有间接性、广阔性、累积性以及损害结果的潜伏性、滞后性等特点。这些特点就使得在损害行为和损害后果之间往往存在较大的“时间差”，损害后果的出现、损害行为和损害后果之间的因果关系的认知往往需要较长的时间。现在《民法典》已经有了统一规定。

二是起算点不同。普通民事诉讼的起算点是知道或者应当知道“权利被侵害时”，而环境侵权诉讼是知道或者应当知道“受到污染损害时”。之所以如此规定，主要是因为环境损害的后果往往是渐进的、间接的，损害的对象往往是不特定的多数人，损害结果也往往由于受害者个体的差异性而不尽相同。因为很多受害人是在不知不觉中受到侵害的，权利受到损害的准确时间难以确定，因此，以“受到污染损害时”作为诉讼时效的起算点比“权利被侵害时”更具合理性。

2.4.3　环境刑事诉讼

环境刑事诉讼，是指国家司法机关在当事人及其他诉讼参与人参加下，依照法定程序，揭露和证实环境犯罪，追究环境犯罪者刑事责任的活动。包括污染型环境刑事诉讼、破坏型环境刑事诉讼、职务型环境刑事诉讼。

环境刑事诉讼是国家检察机关为追究环境犯罪人的刑事责任而向人民法院提

起的诉讼。它的起诉人只能是人民检察机关，其他机关和个人无权提起。另外，环境刑事诉讼相比环境行政诉讼和环境民事诉讼，诉讼当事人也不同。环境行政诉讼的被告只能是具有行政权的环境管理机关，环境民事诉讼的被告既可以是公民、法人，也可以是环境行政管理机关，而环境刑事诉讼的被告只能是环境犯罪的自然人或法人。

【案例 2.1　环境污染民事公益诉讼案】

某化工公司将生产过程中产生的磷石膏直接堆放在长江边长达 18 年，覆盖土地面积达 700 多亩，最深处达 125 m，造成当地生态环境损害严重，并对长江生态安全产生重大威胁。经媒体曝光后，该公司立即制定环境问题整改处置方案，并报请重庆市环保监管部门批准。2017 年 1 月，中华环境保护基金会以该公司超标排放污染物等行为违法，给当地环境带来极大破坏为由提起环境民事公益诉讼，请求判令该化工公司立即停止环境侵害行为，赔偿相应的修复费用以及生态环境服务功能损失费或采取替代性修复方式。重庆市人民检察院第三分院依法支持起诉。

重庆市第三中级人民法院一审审理中，中华环境保护基金会与该化工公司达成以下调解协议：一是该化工公司承诺严格贯彻落实重庆市及当地环保主管部门批复同意的环境问题整改处置方案，在 2019 年 12 月 31 日前完成封场、覆土、复绿等环境整治工作；二是该化工公司支付 803 700.80 元，用于本案或者本地区大气环境、水环境修复或替代性修复等公益用途。一审法院经审查认为，上述协议内容符合法律规定，不违反社会公共利益，予以确认。在一审法院监督下，该化工公司已完成调解书确定的各项义务。

【案例 2.2　个人诉政府撤销行政行为案】

经重庆市人民政府批复同意，重庆市铜梁区人民政府于 2015 年 10 月作出《关于涪江饮用水源保护区环境整治的通告》。该通告按照经批复的方案划定了饮用水水源保护区范围，规定在二级保护区内禁止从事泊船、采砂、放养家禽、网箱养殖等活动；在一级保护区内，还需禁止从事水产养殖等行为；对违反本通告的单位或个人，由环保、农业、水务等相关职能部门根据有关规定予以处理。欧某长期从事渔业养殖的水域被划入饮用水水源保护区，被禁止继续从事渔业养殖活动。欧某认为该通告侵犯其合法权利，故诉至法院请求撤销该通告。

重庆市第一中级人民法院一审认为，区政府作出被诉通告的行政目的是防止饮用水水源污染，确保广大人民群众生产、生活用水安全，并且程序并无违法之处，故被诉通告合法。欧某虽曾依法获得从事渔业养殖的行政许可，但行政许可所依据的客观情况发生重大变化，为了公共利益需要，行政机关可依法变更或者撤回已经生效的行政许可，遂判决驳回欧某的诉讼请求。重庆市高级人民法院二审维持一审判决。

【案例 2.3　伪造监测数据案】

2019 年 7 月 17 日，安徽省环境监察局联合滁州市环境监察支队、定远县环境监察大队对某橡胶股份有限公司进行现场检查时发现，该公司违规将自动监测设备停炉判定条件烟气氧含量下限值调整为 15%（相关标准和设备程序要求该值为 19%）。定远县环境监测站对锅炉水膜除尘池循环液进行采样监测，结果显示 pH 为 2.77，循环液不符合有关技术指标，达不到脱硫效果。滁州市环境监测站对锅炉烟气进行执法监测，结果显示燃煤锅炉废气出口的二氧化硫瞬时最大浓度为 850 mg/m^3，平均浓度为 801 mg/m^3，分别超过《锅炉大气污染物排放标准》（GB 13271—2014）规定限值的 1.12 倍和 1 倍。7 月 18 日，执法人员再次对该公司进行检查，发现该公司自动监测设备工控机经过人为设置，致使传输至生态环境部门自动监控系统平台的二氧化硫、氮氧化物浓度均低于 1 mg/m^3，与实际排放的污染物浓度严重不符。

该公司上述行为违反了《大气污染防治法》第十八条和第二十条第二款的规定，滁州市定远县生态环境分局根据《大气污染防治法》第九十九条第二项、第三项和《安徽省环境保护行政处罚自由裁量权细化标准》的规定，对该公司处罚款 200 万元。鉴于该公司行为涉嫌环境污染犯罪，生态环境部门根据《行政执法机关移送涉嫌犯罪案件的规定》第三条和《环境保护行政执法与刑事司法衔接工作办法》第五条的规定将该案件移送公安机关。检察机关依法对相关责任人员提起公诉，定远县人民法院于2020年12月11日以污染环境罪，判处该公司动力车间主任隋某有期徒刑一年，缓刑二年，并处罚金人民币15万元。

【思考题】

1. 简述环境保护法体系。

2. 什么是环境纠纷解决的双轨制？

3. 简述环境民事诉讼特点，举例说明其举证责任倒置。

4. 污染环境罪是如何量刑的？我国的污染环境罪犯罪现状如何？

5.《土壤污染防治法》被称为“最强”污染防治法的原因是什么？

6. 简述“按日计罚”的适用范围。

7. NGO提起环境诉讼需要符合什么条件？

8. B企业偷排污水，9月1日生态环境局下达责令停止违法通知书，并处罚款9万元。B企业不予理睬。13日生态环境局复查确定企业没有改正后，勒令停产，发出第二份“按日计罚”的罚单。请问罚款额应该是多少？写出计算式。

第 3 章　环境管理的行政手段

环境管理的行政手段是环境保护行政管理部门以命令、指示、规定等形式作用于直接管制对象的一种手段，是生态环境行政主管部门经常采用的手段。环境管理行政手段包括研究制定颁布环境政策，组织制订和实施环境计划，制定和推行环境标准，运用行政权力将某些地域划为自然保护区、重点治理区，开展环境现场执法稽查，对某些环境危害严重的企业要求限期治理甚至勒令停产、转产或搬迁，依法采取行政制约手段（如审批环境影响报告书、发放与环境保护有关的各种许可证）等。

3.1　环境方针政策

环境政策文件

环境保护方针政策是实施科学、有效的环境管理的基础和依据之一。目标确定以后，就要规划一条到达目标的路线，路线必然指向目标的方向，这就是方针；要在该路线上前行，不得越过路两边界线，同时还要保证路线畅通，为此我们所必须遵守的规则就是政策。其中，方针是原则性战略，政策是具体战术。

3.1.1　环境保护方针

（1）“三十二字”方针。环境保护“三十二字”方针：全面规划、合理布局、综合利用、化害为利、依靠群众、大家动手、保护环境、造福人民。这是我国在1972 年联合国人类环境会议上首次提出的，1973 年第一次全国环境保护会议上，该方针被确定为我国的环境保护指导方针。

（2）“三同步、三统一”的方针。“三十二字”方针对我国起步阶段的环境保护起到了积极的指导作用，但没有回答“环境保护与经济建设的关系是什么？”“如何正确处理这二者的关系？”所以，1983 年第二次全国环境保护会议提出了“三同步、三统一”方针。

三同步：经济建设、城乡建设和环境建设同步规划，同步实施，同步发展。

三统一：实现经济效益、社会效益和环境效益的统一。

其中，“三同步”是措施，“三统一”是目的。

“三同步”中前提是同步规划，关键是同步实施，目的是同步发展，强调的是环境建设。“三统一”应该是贯穿于经济建设、城乡建设、环境建设的基本原则，应该贯穿于“三同步”的始终。“三统一”强调的是环境效益。

3.1.2 环境保护基本政策

环境政策是国家为保护和改善人类环境而对一切影响环境质量的人为活动所规定的行为准则。我国现有的三大环境保护基本政策确立了我国环保工作的总纲和总则。

1.“预防为主”政策

“预防为主”就是要把消除污染、保护环境的措施，实施在经济开发和建设过程之前或之中。其基本思想是实施全过程控制，从源头上解决环境问题。其主要目的是避免走“先污染、后治理”的环境保护老路。

怎样“预防为主”？首先应该按照“三同步、三统一”的环境保护方针，把环境保护纳入国民经济和社会发展的规划之中，进行综合平衡，这是“预防为主”的先决条件；还应该将环境保护与产业结构调整、优化资源配置相结合，促进增长方式的转变，这是“预防为主”的根本保证；还应该加强建设项目环境管理（环评、“三同时”等），严格控制新污染的产生，这是“预防为主”微观管理的核心内容；当然，企业应该自觉推行清洁生产，遵守排污许可制度，这也是“预防为主”的基本工作。

2.“谁污染、谁治理”政策

我国的“谁污染、谁治理”政策和国际“污染者负担”原则是一致的，其全部含义包括污染者付费、开发者保护、利用者补偿、破坏者恢复。

“谁污染、谁治理”政策发挥了什么作用？首先，它明确了污染主体的环境责任，污染主体包括资源开发者、生产经营者和消费者等。其次，它解决了环境保护的资金问题：环境保护资金包括污染治理资金、环境建设资金和生态保护资金等。推行“谁污染、谁治理”政策，要求从以污染防治为重心转向污染防治与生态保护并重。

3. “强化管理”政策

“强化管理”政策是我国“以管促治”思想的产物，当时认为三分之一的环境问题是管理落后造成的，而且中国经济相对落后，不能靠高投入解决环境问题，当时中国科学技术也比较落后，短期内靠科技解决环境问题不太现实。

“强化管理”是三大环境政策的核心。一方面是通过强化管理解决一些不需要太多资金就能解决的环境问题，另一方面强化管理可以提高环保投资效益。其主要内容有加强环境法制建设，建立健全环境管理机构，建立健全环境管理制度等。

环境保护三项基本政策互为支撑，缺一不可，相互补充，不可替代。“预防为主”是从增长方式、规划布局、产业结构和技术政策角度来考虑的；“谁污染、谁治理”是从经济和技术角度来考虑的；“强化管理”是从环境执法、行政管理、宣传教育角度来考虑的。

中国环境政策发展历程：从基本国策到国家战略，从污染控制到生态保护，从末端治理到源头控制和全过程控制，从点源治理到流域与区域的环境治理，从以行政管理为主到以法律与经济手段为主。

3.2 环境管理体制

3.2.1 我国环境管理体制沿革

环境管理体制，是指环境管理系统的结构、组成及其运作方式，即采用怎样的组织形式以及如何将这些组织形式结合成为一个合理的有机系统，并以怎样的手段和方法来实现环境管理的任务。具体地说，环境管理体制是规定中央、地方、部门、企业在环境保护方面的管理范围、权限职责、利益及其相互关系的准则，其核心是管理机构的设置、各管理机构的职权分配以及各机构间的相互协调。环境管理体制是环境管理体系和制度，直接影响到管理的效率和效能，在整个环境管理中起着决定性作用。

中国的环境保护管理体制是在周恩来总理的倡导下建立起来的。1971 年，在原国家计委成立了环境保护办公室，中国政府机构的名称中第一次出现“环境保护”。1972 年，中国政府派代表团参加了在瑞典斯德哥尔摩召开的人类环境会议。1973 年 8 月，国务院召开了全国环境保护会议，通过了《关于保护和改善环境的若干规定（试行草案）》。1974 年 10 月 25 日，国务院环境保护领导小组正式成立，领导小组下设办公室，由国家建委代管，负责日常工作。由此开始，中国建立了专门的环保机构。

在 1982 年的国家机构改革中，国务院环境保护领导小组办公室与国家建委、国家城建总局、建工总局、国家测绘局合并，组建城乡建设环境保护部，内设环境保护局，并实行计划单列和财政、人事权的相对独立。1984 年 5 月，国务院成立环境保护委员会，其办公室设在城乡建设环境保护部，由环境保护局代行其职。1984 年 12 月，城乡建设环境保护部下属的环境保护局改名为国家环境保护局，作为国务院环境保护委员会的办事机构，仍归城乡建设环境保护部领导。

在 1988 年的政府机构改革中，国家环境保护局从城乡建设环境保护部中分离出来，成为国务院的一个直属机构。这次机构改革明确了国家环保局的重点职能是依法实施环境保护的监督管理，在此基础上拟定出 12 项基本职能，分解出 400 多条具体的工作任务和 300 多个职位，并设置了相应的机构。

1998 年，国家环境保护局升格为正部级的国家环境保护总局，标志着中国环境保护管理体制的建设进入了一个新阶段。1998 年 6 月，国务院发布了《国家环境保护总局职能配置、内设机构和人员编制规定》，设置正部级的国家环境保护总局，总局内共设置 10 个职能司厅。

2008 年设立正部级部门中华人民共和国环境保护部。

2018 年 3 月，根据第十三届全国人大第一次会议批准的国务院机构改革方案，将环境保护的职责整合，组建中华人民共和国生态环境部，不再保留环境保护部。将环境保护部的职责，国家发展改革委的应对气候变化和减排职责，国土资源部的监督防治地下水污染职责，水利部的编制水功能区划、排污口设置管理、流域水环境保护职责，农业部的监督指导农业面源污染治理职责，国家海洋局的海洋环境保护职责，国务院南水北调工程建设委员会办公室的南水北调工程项目区环境保护职责整合归并一处。

国家环境管理体制主要由立法监督机关、行政管理机关、司法机关和社会组织四大部分构成。立法监督机关、行政管理机关、司法机关属于国家管理系统，获得法律授予的对社会进行环境管理的权力和职责，它们可以称为“国家权力系统”。社会组织在权力系统之外，但也赋予了相应的权利。在国家权力系统中，每个部分都有各自具体的承担这些权力和职责的机构，例如，立法监督机关的职能主要通过人民代表大会，特别是其中的“环境与资源保护委员会”来体现；行政管理机关主要通过各级政府，特别是其中的生态环境部门来体现；司法系统则通过各级法院和检察院来体现。

经过 30 多年的努力，我国形成了“国务院统一领导、环保部门统一监管、各部门分工负责、地方政府分级负责”的管理体制，并逐步形成了“五级管理”“四级机构”的组织体系。这种管理体制对于推动我国环保事业发展确实发挥了积极的作用，特别是在我国人口多、资源少、环保工作起步晚、经济发展速度快、管理手段弱、环境意识有待提高的转轨时期，该体制是比较经济有效的。尽管该制度仍有一些问题，但制度正在不断改革完善中。

3.2.2　我国环境管理体制特点

总结环境管理体制形成过程，我国环境保护管理体制具有以下 4 个特点：

第一，立法、行政、司法和社会组织协同发挥作用。立法机构（各级人大及其常委会）的作用主要是制定环境保护法律并督促政府贯彻执行；政府运用所掌握的行政管理权力使环境保护政策变为现实行为；司法机构（主要指法院和检察院）负责处理有关环境问题的民事、行政和刑事诉讼，保障环境保护政策执行中的公正性；社会组织（包括个人）进行舆论监督、建议建言、污染举报和环境诉讼等，促进环境保护政策的实施。

第二，政府的环境行政管理是环境管理的主力军。我国生态环境保护政策中的各种具体措施，特别是各项环境管理制度，大部分是由政府部门直接操作，并作为一种行政行为通过政府体制得以实施的，这就使我国的环境保护政策具有浓厚的政府行为色彩。例如，前些年，我国在淮河、太湖等流域采取“会战式”的污染控制行动，主要方式也是动用行政系统的力量。

第三，生态环境保护由多部门分头管理。污染防治的行政监督管理权相对集中于生态环境部和各级地方政府的环境保护行政机关，基本形成了“统一管理、分工负责”的体制。而自然和资源保护职能，则分散在环保、资源、农业、林业、水利、国土等部门。

第四，司法和社会的作用有待加强。相对政府的作用而言，司法机关和社会团体、公民个人在实施环境保护政策方面力量较弱，发挥作用的空间比较有限。同时，环境法律对政府的环境保护管理权力非常重视，而对公众的环境权利或环境权益界定不足。这就限制了司法机关依法介入环境保护，也使公众参与环境保护的积极性受到影响。

3.2.3 环境行政管理体制改革

党的十八大以来，在习近平生态文明思想的指引下，我国生态环境管理体制经历了一场前所未有的革命性重塑。生态环境权责上的横向“扩权赋能”与纵向“收权压责”并举。改革卓有成效，新体制正在实践中完善。

2016 年 9 月，中共中央办公厅、国务院办公厅印发的《关于省以下环保机构监测监察执法垂直管理制度改革试点工作的指导意见》，要求试点省份要按照该指导意见要求和改革实施方案，因地制宜创新方式方法，细化举措，落实政策，先行先试，力争在 2017 年 6 月底前完成试点工作，确保“十三五”时期全面完成环保机构监测监察执法垂直管理制度改革任务，到 2020 年全国省以下环保部门按照新制度高效运行。

党的十九大后，全国实行省以下环保机构、监测监察执法机构垂直管理制度，目的是落实对地方政府的监督责任，解决地方保护主义的干预，适应统筹解决跨区域、跨流域环境问题的新要求，规范和加强地方环保机构队伍建设。各省按计划推进改革。比如，2019 年 3 月 18 日，中共浙江省委办公厅、浙江省人民政府办公厅印发《浙江省生态环境机构监测监察执法垂直管理制度改革实施方案》的通知，调整生态环境保护管理体制如下：

1. 调整市、县生态环境机构管理体制

设区市生态环境局实行以省生态环境厅为主的双重管理，为设区市政府组成部门。省生态环境厅党组负责提名设区市生态环境局局长、副局长，会同设区市党委组织部门进行考察，征求设区市党委意见后，提交设区市党委和政府按有关规定程序办理，其中局长提交设区市人大任免；设区市生态环境局党组书记、副书记、成员，征求设区市党委意见后，由省生态环境厅党组审批任免；涉及厅级干部任免的，按照相应干部管理权限进行管理。县（市、区）生态环境局调整为设区市生态环境局的派出分局，其中，县（市）和有特殊管理需要的区分局实行以设区市生态环境局为主的双重管理，领导班子成员征求县（市、区）党委意见后，由设区市生态环境局任免。严格落实开发区（高新区）等各类园区的生态环境保护和监管责任。设区市生态环境局已在各类园区设立的分局，仍为设区市生态环境局的派出机构；其他各类园区的生态环境保护管理体制改革由各设区市结合实际研究确定。

2．构建新的生态环境保护督察体系

上收市、县两级生态环境部门的生态环境监察职能，由省生态环境厅统一行使。经省委、省政府授权，省生态环境厅对省直有关部门，市、县党委和政府及其相关部门生态环境保护法律法规、标准、政策、规划执行情况，生态环境保护党政同责、一岗双责落实情况，以及生态环境保护工作和生态环境质量责任落实情况进行监督检查，并及时向省委、省政府报告监督检查结果，实现生态环境保护督察常态化、制度化、规范化。配强省生态环境厅专职负责生态环境保护督察的工作力量，加强生态环境保护督察内设机构建设。建立省生态环境保护督察专员制度，设立若干生态环境保护督察专员，按区域设置生态环境保护督察办公室，负责开展生态环境保护日常监察和重点督察。

3．调整生态环境监测管理体制

上收市、县两级生态环境质量监测事权，由省生态环境厅统一负责全省及各市、县（市、区）生态环境质量监测、调查评价和考核工作，实行生态环境质量省级监测、考核。现有设区市生态环境监测机构调整为省驻市生态环境监测机构，名称统一规范为浙江省××生态环境监测中心，由省生态环境厅直接管理，人员和工作经费由省级承担；领导班子成员由省生态环境厅任免；主要负责人任设区市生态环境局党组成员，事先应征求设区市生态环境局意见。省级生态环境监测机构主要负责生态环境质量监测工作。驻市生态环境监测机构主要负责生态环境质量监测并承担执法监测工作。县（市、区）生态环境监测机构主要职能调整为执法监测，上收到设区市，名称统一规范为××市××生态环境监测站，人员和工作经费由市级承担，具体工作接受县（市、区）生态环境分局领导，支持配合属地执法，形成生态环境监测与执法有效联动、快速响应，同时按要求做好生态环境质量监测相关工作。设区市生态环境局可根据实际情况对县（市、区）监测力量进行整合，组建跨区域生态环境监测机构。目前未设置监测机构或监测能力不足的县（市、区），其生态环境监测任务由设区市生态环境局整合现有县级生态环境监测机构承担，或由省驻市生态环境监测机构协助承担。

4. 构建生态环境保护综合执法体系

生态环境执法重心向市、县下移，强化属地执法，充实一线生态环境执法力量。县（市、区）生态环境执法队伍上收到设区市，由设区市生态环境局统一管理、统一指挥，人员和工作经费由市级承担。按照国家要求，组建生态环境保护综合执法队伍，将生态环境保护综合执法机构列入政府行政执法机构序列，依法统一行使有关执法职能。

齐抓共管的环境保护管理体制没变。按照管发展必须管环保、管生产必须管环保、管行业必须管环保的要求，制定相关部门生态环境保护责任清单。各级负有生态环境保护职责的相关部门，要认真履行生态环境保护责任，按职责开展监督管理，形成齐抓共管的工作格局，实现发展与生态环境保护的内在统一、相互促进。

3.3 环境行政执法

环境行政执法

生态环境综合行政执法是受生态环境行政主管部门领导的，一种具体的、直接的、微观的环境保护执法行为，是环境保护行政部门实施统一监督、强化执法的主要途径之一，是中国特色社会主义市场经济条件下实施环境监督管理的重要举措。

环境行政执法是日常监督执法，要突出“现场”和“处理”这两个概念，即环境行政执法是日常在环境问题现场进行的执法活动。

环境行政执法队伍的名称历经多次变更，简述环境行政执法发展历程如下：

1986—1992 年，国家环境保护局先后在广东顺德、山东威海等地开展环境监理试点，工作内容为“三查两调一收费”。

1996 年，国家环境保护局颁布《环境监理工作制度（试行）》和《环境监理工作程序（试行）》，规范环境行政执法工作。

2002年3月，国家环境保护总局发文组建环保总局环境应急与事故调查中心，属总局司级单位，对外称“环境监察办公室”，标志着环境监察力量提升为直属总局的环境执法队伍。

2002年7月1日，国家环境保护总局发文，要求全国各级环境保护局所属的“环境监理”机构，统一更名为“环境监察”机构。

2003年10月，国家环境保护总局正式组建了环境执法专职机构：环境监察局。环境监察局的主要职能集中在3个方面，即执法监督检查、排污收费和突发环境事故应急处理。国家环境保护总局还在区域层面设立了执法监督机构。

2006年7月，国家环境保护总局在全国建立5个环境督察中心。

2006年11月，国家环境保护总局环境监察局印发《全国环境监察标准化建设标准》和《环境监察标准化建设达标验收暂行办法》。

2016年9月，中共中央办公厅、国务院办公厅印发《关于省以下环保机构监测监察执法垂直管理制度改革试点工作的指导意见》，此后，各省相继推进环境监察改革。以浙江省为例：

2019年3月18日，中共浙江省委办公厅、浙江省人民政府办公厅印发《浙江省生态环境机构监测监察执法垂直管理制度改革实施方案》。

2021年12月14日，浙江省生态环境厅印发《关于加强生态环境保护综合行政执法队伍建设的实施方案》，全面推进浙江省生态环境保护综合行政执法队伍建设，加快打造生态环境保护铁军的主力军。

改革期间，原省级“环境监察总队”、地市级“环境监察支队”、县级“环境监察大队”都相继更名为“生态环境综合行政执法”队伍。

省级生态环境部门加强对市、县执法队伍的业务指导、组织协调和稽查考核；进一步理顺与统筹内设执法机构职责和执法事项，规范运行机制。设区的市级执法机构要强化综合行政执法职能，实施生态环境保护统一执法，同时要加强所辖区域内执法业务的指导、组织协调和考核评价。县级生态环境分局探索“局队站合一”运行方式。

环境行政执法具有多部门性，多部门根据生态环境相关职责行使环境执法权；环境行政执法往往具有超前性，很多时候环境执法是在环境污染或生态破坏事件发生之前进行的。

3.3.1 “十三五”期间的环境保护监督执法

1. 取得的成绩

“十三五”时期，各级生态环境执法队伍全面推进生态环境保护综合行政执法改革，推动生态环境执法工作融入主战场。构建生态环境监督执法体系迈上新台阶，推动生态环境执法队伍正式列入国家综合行政执法序列，发布《生态环境保护综合行政执法事项指导目录》（2020 年版），初步建立权责明确、边界清晰的生态环境保护综合行政执法体制。

“十三五”期间，推动生态环境法律法规落地取得新成绩。全国实施环境行政处罚案件 83.3 万件，罚款金额 536.1 亿元，分别较“十二五”期间增长 1.4 倍和 3.1 倍。联合公安部、最高人民检察院印发《环境保护行政执法与刑事司法衔接工作办法》，组织开展严厉打击危险废物环境违法犯罪行为活动，畅通“两法”衔接，切实形成执法合力。

“十三五”期间，打好污染防治攻坚战标志性战役收获新成效。持续开展大气重点区域监督帮扶，累计检查企业（点位）210 万个，帮助地方发现问题 27.2 万个，推动完成 6.2 万家涉气“散乱污”企业清理整顿；持续开展集中式饮用水水源地环境保护专项行动，完成全国 2 804 个水源地 10 363 个问题整治，累计取缔涉及水源保护区的违法排污口 6 402 个，搬迁治理工业企业 1 531 家；强力推进垃圾焚烧整治、“清废行动”及“洋垃圾专项行动”，推动 556 家垃圾焚烧发电厂、1 302 台焚烧炉实现“装、树、联”，基本实现稳定达标排放。

“十三五”期间，推进生态环境保护综合行政执法队伍建设取得新进步。生态环境保护综合行政执法队伍统一着装取得突破，连续 5 年开展“全年、全员、全过程”执法大练兵活动，培训人员近 12 万人次，实现执法人员岗位培训“全覆盖”，建成以移动执法系统为基础的生态环境监管执法平台，整合收录 130 万家污染源和 4.3 万名执法人员基础信息，初步实现执法工作和执法人员数字化管理。

2. 存在的不足

（1）体制机制尚不健全。目前生态环境保护综合行政执法改革的“前半篇文章”基本到位，但在执法职责、执法方式、执法机制、队伍管理等方面，存在一些长期困扰基层的体制机制问题，排污许可执法监管机制需进一步完善，与改革要求相比还存在一定差距，不能满足新发展阶段对生态环境执法工作的新要求。

（2）基础能力依然薄弱。全国执法队伍职业化、专业化水平偏低，从事一线执法的专业人才空缺，力量明显不足。全国用于执法的车辆数量少且多为老旧车。用于细颗粒物（$PM_{2.5}$）与臭氧（O_3）协同治理、应对气候变化等执法新领域的辅助执法仪器配备不够，现代化的执法装备匮乏。

（3）现代化水平亟待提高。全国移动执法系统应用覆盖率和规范性需进一步提高，执法信息数据的整合需要进一步加强。大数据分析应用于执法工作的机制、渠道亟待完善。

（4）发现违法问题手段不足。企业守法意识不强，部分企业以更加隐蔽的方式违法排污、逃避监管，日常执法手段难以发现环境违法问题，借助“高科技”技术手段发现环境违法问题的能力亟须加强。

（5）基础研究能力支撑不够。生态环境保护综合行政执法基础性的技术支撑体系亟待加强，对海洋生态环境、应对气候变化、农业农村、新污染物治理及生态保护等新领域执法问题的研究不深入、不系统。

3.3.2 “十四五”环境执法队伍建设规划

2021 年 12 月，为深入推进生态环境保护综合行政执法改革，进一步加强生态环境保护综合行政执法队伍建设，切实提高执法效能，着力打造生态坏境保护铁军中的主力军，生态环境部组织制定了《“十四五”生态环境保护综合行政执法队伍建设规划》。

“十四五”时期，生态环境执法任务更加艰巨，责任更加重大。为确保各项重点任务取得实效，需要全面地加强执法队伍建设。加强执法队伍建设是实现美丽中国建设目标的重要保障，是深入打好污染防治攻坚战的必要条件，是深化生态环境保护综合行政执法改革的具体要求，是打造生态环境保护铁军的重要举措。

规划目标：到 2025 年，生态环境保护综合行政执法队伍建设取得重大进展，基本实现与新时期生态环境执法工作任务相匹配，生态环境执法效能大幅提升，构建企业持证排污、政府依法监督、社会共同监督的生态环境执法监管新格局，建成机构规范化、装备现代化、队伍专业化、管理制度化的综合行政执法队伍。

1．开展机构规范化建设

进一步明确生态环境保护综合行政执法机构的职责定位、运行机制等。省级生态环境部门进一步理顺与统筹内设执法机构的职责和执法事项，规范运行机制。推进生态环境执法权限和力量向市、县下移，县级生态环境分局探索“局队站合一”的运行方式，将承担执法监测任务的监测人员逐步纳入生态环境保护综合行政执法体系。生态环境部门与自然资源、农业农村、水利、林草等相关行业主管部门建立完善的执法信息移交、反馈机制。行业主管部门发现污染防治和生态保护方面违法行为，及时将案件线索移交生态环境部门，生态环境部门接到线索后，按照职责依法立案查处。按照“运行管理一项规则、执法活动一套流程、装备配备一个标准、标识标志一种样式”的原则，每省选择 1～2 个市、县开展机构规范化试点单位建设。

2．加强装备现代化建设

适时修订《生态环境保护综合行政执法装备标准化建设指导标准（2020 年版）》。地方按照国家有关规定积极推进执法用车和执法装备配备，力争到 2022 年年底前配齐装备；建立完善执法装备使用台账和日常维护与管理制度。重点地区和重点流域可根据实际需求，积极装备特种专业技术用车、热成像夜视仪、探地雷达、移动源的执法监测设备、ODS 快速检测设备、便携式噪声自动监测设备、便携式恶臭监测设备及便携式辐射监测设备等。适时修订《生态环境保护综合行政执法制式服装和标志技术规范》，完成生态环境保护综合行政执法队伍统一着装，定期组织开展军事化队列训练。加强新技术和新装备应用。

3．推动队伍专业化建设

加强执法人员行政执法资格管理，加强专业培训，严格考试管理，建立动态管理制度。严格新招录人员的准入门槛，不断提高执法人员学历水平。设区的市级综合行政执法机构应争取配备 1 名取得国家统一法律职业资格的执法人员。建立国家、省两级执法培训体系，制定全国统一的分类培训大纲和考试大纲，编制培训教材及考试题库。实行全员轮训制度，到 2025 年，实现全国生态环境保护综合行政执法人员岗位培训全部轮训一遍。按照“全年、全员、全过程”要求，持续开展执法大练兵活动。聚焦重点行业，充分利用现代科技手段开展现场实战练兵。

4. 推进管理制度化建设

将排污许可执法工作全面纳入“双随机、一公开”监管制度，推行以排污许可证载明事项为重点的清单式执法检查，建立发现问题、督促整改、问题销号的排污许可执法监管机制。推行行政执法公示制度，落实执法全过程记录制度，规范行政处罚自由裁量权，逐步实现裁量电子化，严格约束行政执法行为。推动差异化执法监管，深入实施正面清单制度。完善典型执法案例指导制度，完善生态环境部门与公安、检察院、法院的联动协作机制，加大环境污染犯罪打击力度。健全执法监测工作机制，鼓励有资质、能力强、信用好的社会环境监测机构参与辅助性执法监测工作。建立健全国家、省两级执法稽查工作机制，加强对现场执法规范性、执法案卷质量、移动执法系统建设使用、行政执法“三项”制度执行情况、着装规范等方面稽查，每年至少开展1次执法稽查检查。

5. 强化执法信息化建设

建立以移动执法系统为核心的执法信息化管理体系，到2022年年底前，全国移动执法系统建设和应用实现全覆盖，实现省、市、县执法活动全流程、全要素留痕。制定《生态环境移动执法系统建设应用指南》，规范移动执法系统建设及执法终端在执法检查中的应用。鼓励升级改造移动执法系统，进一步拓展移动执法系统功能，实现指挥调度、执法检查、案件办理、稽查考核一体化，推动环境行政处罚的全链条电子化管理。加快整合生态环境部环境监察信息管理系统、重点污染源自动监控与基础数据库系统及环境监管执法平台等系统，组建统一的生态环境执法信息综合展示平台，实现实时展示全国执法人员、在线监测数据、垃圾焚烧发电监管、京津冀高架源和污水处理厂等信息。积极推动移动执法系统和全国排污许可证信息管理平台对接，运用排污许可数据全面支撑执法监督活动，探索利用大数据分析、研判技术，实现违法问题自动识别、预警。整合完善国家、省、市三级生态环境部门366个监控中心，不断提升监控质量和效果，支撑国家层面对地方重点污染源的监管执法的指导。提升排污单位自动监控水平，督促重点排污单位安装VOCs、总磷、总氮、重金属等特征污染物自动监测设备，实现重点排污单位自动监测设备安装联网全覆盖。

3.3.3 《环境行政处罚办法》

环境行政执法

为规范环境行政处罚的实施，监督和保障环境保护主管部门依法行使职权，维护公共利益和社会秩序，保护公民、法人或者其他组织的合法权益，根据《中华人民共和国行政处罚法》及有关法律法规，2010年1月环境保护部制定了《环境行政处罚办法》。自2010年3月1日起施行。1999年版《环境保护行政处罚办法》同时废止。2023年4月13日生态环境部部务会议审议通过《生态环境行政处罚办法》，自2023年7月1日起施行。原环境保护部发布的《环境行政处罚办法》（环境保护部令第8号）同时废止。

【维护合法权益】实施环境行政处罚，应当依法维护公民、法人及其他组织的合法权益，保守相对人的有关技术秘密和商业秘密。

【查处分离】实施环境行政处罚，实行调查取证与决定处罚分开、决定罚款与收缴罚款分离的规定。

【规范自由裁量权】行使行政处罚自由裁量权必须符合立法目的，并综合考虑以下情节：①违法行为所造成的环境污染、生态破坏程度及社会影响；②当事人的过错程度；③违法行为的具体方式或者手段；④违法行为危害的具体对象；⑤当事人是初犯还是再犯；⑥当事人改正违法行为的态度和所采取的改正措施及效果；⑦违法行为持续的时间。同类违法行为的情节相同或者相似、社会危害程度相当的，行政处罚种类和幅度应当相当。

【处罚种类】根据法律、行政法规和部门规章，环境行政处罚的种类有警告、通报批评；罚款、没收违法所得、没收非法财物；暂扣许可证件、降低资质等级、吊销许可证件、一定时期内不得申请行政许可；限制开展生产经营活动、责令停产整治、责令停产停业、责令关闭、限制从业、禁止从业；责令限期拆除；行政拘留；法律和行政法规设定的其他行政处罚种类。

【立案条件】环境保护主管部门对涉嫌违反环境保护法律、法规和规章的违法行为，应当进行初步审查，并在15个工作日内决定是否立案。经审查，符合下列四项条件的，予以立案：①有涉嫌违反环境保护法律、法规和规章的行为；②依法应当或者可以给予行政处罚；③属于本机关管辖；④违法行为发生之日起到被发现之日止未超过2年（法律另有规定的除外，违法行为处于连续或继续状态的，从行为终了之日起计算）。

【调查取证出示证件】调查取证时，调查人员不得少于两人，并应当出示中国环境监察证或者其他行政执法证件。

【调查人员职权】调查人员有权采取下列措施：①进入有关场所进行检查、勘察、取样、录音、拍照、录像；②询问当事人及有关人员，要求其说明相关事项和提供有关材料；③查阅、复制生产记录、排污记录和其他有关材料。环境保护主管部门组织的环境监测等技术人员随同调查人员进行调查时，有权采取上述措施和进行监测、试验。

【监测报告要求】环境保护主管部门组织监测的，应当提出明确具体的监测任务，并要求提交监测报告。监测报告必须载明下列事项：①监测机构的全称；②监测机构的国家计量认证标志（CMA）和监测字号；③监测项目的名称、委托单位、监测时间、监测点位、监测方法、检测仪器、检测分析结果等内容；④监测报告的编制、审核、签发等人员的签名和监测机构的盖章。

【处罚告知和听证】在作出行政处罚决定前，应当告知当事人有关事实、理由、依据和当事人依法享有的陈述、申辩权利。在作出暂扣或吊销许可证、较大数额的罚款和没收等重大行政处罚决定之前，应当告知当事人有要求举行听证的权利。

【作出处罚决定的时限】环境保护行政处罚案件应当自立案之日起的90天内作出处理决定。案件办理过程中听证、公告、监测、鉴定、送达等时间不计入期限。

【简易程序的适用】违法事实确凿、情节轻微并有法定依据，对公民处以200元以下、对法人或者其他组织处以3 000元以下罚款或者警告的行政处罚，可以适用第四章简易程序，当场作出行政处罚决定。

【罚没款上缴国库】罚没款及没收物品的变价款，应当全部上缴国库，任何单位和个人不得截留、私分或者变相私分。

3.3.4 《生态环境保护综合行政执法事项指导目录》(2020年版)

2020年3月11日，生态环境部印发《生态环境保护综合行政执法事项指导目录》（2020年版）（表3.1）。该指导目录梳理规范了生态环境保护综合行政执法的事项名称、职权类型、实施依据、实施主体（包括责任部门、第一责任层级建议），共罗列行政执法事项248项。

该指导目录主要梳理的是生态环境保护领域依据国家法律、行政法规设定的行政处罚和行政强制事项，以及部门规章设定的警告、罚款的行政处罚事项，不包括地方性法规规章设定的行政处罚和行政强制事项。

表 3.1 《生态环境保护综合行政执法事项指导目录》（2020 年版）

序号	事项名称	职权类型	实施依据	责任部门	第一责任层级
1	对拒不改正违法排放污染物行为的行政处罚	行政处罚	1.《中华人民共和国环境保护法》第五十九条企业事业单位和其他生产经营者违法排放污染物，受到罚款处罚，被责令改正，拒不改正的，依法作出处罚决定的行政机关可以自责令改正之日的次日起，按照原处罚数额按日连续处罚。前款规定的罚款处罚，依照有关法律法规按照防治污染设施的运行成本、违法行为造成的直接损失或者违法所得等因素确定的规定执行。地方性法规可以根据环境保护的实际需要，增加第一款规定的按日连续处罚的违法行为的种类。 2.《排污许可管理办法（试行）》第五十九条排污单位违法排放大气污染物、水污染物，受到罚款处罚，被责令改正的，依法作出处罚决定的行政机关组织复查，发现其继续违法排放大气污染物、水污染物或者拒绝、阻挠复查的，作出处罚决定的行政机关可以自责令改正之日的次日起，依法按照原处罚数额按日连续处罚	生态环境主管部门	设区的市
2	对超标或超总量排放大气污染物的行政处罚	行政处罚	1.《中华人民共和国环境保护法》第六十条企业事业单位和其他生产经营者超过污染物排放标准或者超过重点污染物排放总量控制指标排放污染物的，县级以上人民政府环境保护主管部门可以责令其采取限制生产、停产整治等措施；情节严重的，报经有批准权的人民政府批准，责令停业、关闭。 2.《中华人民共和国大气污染防治法》第九十九条违反本法规定，有下列行为之一的，由县级以上人民政府生态环境主管部门责令改正或者限制生产、停产整治，并处十万元以上一百万元以下的罚款；情节严重的，报经有批准权的人民政府批准，责令停业、关闭：（一）未依法取得排污许可证排放大气污染物的；（二）超过大气污染物排放标准或者超过重点大气污染物排放总量控制指标排放大气污染物的；（三）通过逃避监管的方式排放大气污染物的	生态环境主管部门	设区的市
3	对违法排放污染物造成或者可能造成严重污染的行政处罚	行政处罚	《中华人民共和国环境保护法》第二十五条企业事业单位和其他生产经营者违反法律法规规定排放污染物，造成或者可能造成严重污染的，县级以上人民政府环境保护主管部门和其他负有环境保护监督管理职责的部门，可以查封、扣押造成污染物排放的设施、设备	生态环境主管部门	设区的市

3.4　环境行政复议

环境行政复议，是指法律规定的行政主体根据环境行政相对人（公民、法人或其他组织）的申请，依照法定程序对引起争议的具体环境行政行为进行复查并作出相应裁决的活动。

根据《环境行政复议办法》（2008 年 12 月），公民、法人或者其他组织认为地方环境保护行政主管部门的具体行政行为侵犯其合法权益的，可以向该部门的本级人民政府申请行政复议，也可以向上一级环境保护行政主管部门申请行政复议。认为生态环境部的具体行政行为侵犯其合法权益的，向生态环境部提起行政复议。

被申请人：生态环境局、生态环境厅、生态环境部。

申请人：公民、法人、其他组织。

例如，环境行政相对人不同意金华市生态环境局的行政行为，可以向金华市政府申请行政复议，也可以向浙江省生态环境厅申请行政复议。

环境行政复议内容：①对生态环境行政主管部门作出的查封、扣押财产等行政强制措施不服的；②对生态环境局作出的警告、罚款、责令停止生产或者使用、暂扣或吊销许可证、没收违法所得等行政处罚决定不服的；③认为符合法定条件，申请生态环境局颁发许可证、资质证、资格证等证书，生态环境局没有依法办理的；④对生态环境局有关许可证、资质证、资格证等证书的变更、中止、撤销、注销决定不服的；⑤认为生态环境行政主管部门违法征收排污费或者违法要求履行其他义务的；⑥认为生态环境行政主管部门的其他具体行政行为侵犯其合法权益的。

行政复议申请期限：认为生态环境行政主管部门的具体行政行为侵犯其合法权益的，可以自知道该具体行政行为之日起 60 日内提出行政复议申请。因不可抗力或者其他正当理由耽误法定申请期限的，申请期限自障碍消除之日起继续计算。

有下列情形之一的，环境行政复议机关不予受理并说明理由：①申请行政复议的时间超过了法定申请期限又无法定正当理由的；②不服生态环境行政主管部门对环境污染损害赔偿责任和赔偿金额等民事纠纷作出的调解或者其他处理的；③申请人在申请行政复议前已经向其他行政复议机关申请行政复议或者已向人民法院提起行政诉讼，其他行政复议机关或者人民法院已经依法受理的。

有下列情形之一的，申请人应当提供相应证明材料：①认为被申请人不履行法定职责的，提供曾经要求被申请人履行法定职责而被申请人未履行的证明材料；②申请行政复议日期超过法律、法规规定的行政复议申请期限的，提供因不可抗力或者其他正当理由耽误法定申请期限的证明材料；③申请行政复议时一并提出行政赔偿请求的，提供受具体行政行为侵害而造成损害的证明材料。

被申请人应当自收到行政复议答复通知书之日起 10 日内提出行政复议答复书，对申请人的复议请求、事实及理由进行答辩，并提交当初作出被申请复议的具体行政行为的证据、依据和其他有关材料。被申请人无正当理由逾期未提交上述材料的，视为该具体行政行为没有证据、依据，环境行政复议机关应当制作行政复议决定书，依法撤销该具体行政行为。

环境行政复议机构审理行政复议案件，应当由 2 名以上行政复议人员参加。环境行政复议机构进行调查取证时，可以查阅、复制、调取有关文件和资料，向有关人员询问，必要时可以进行现场勘验。调查取证时，环境行政复议人员不得少于 2 名，并应出示有关证件。调查结果应当制作笔录，由被调查人员和环境行政复议人员共同签字确认。

申请人因对被申请人行使法律、法规规定的自由裁量权作出的具体行政行为不服申请行政复议，申请人与被申请人在行政复议决定作出前自愿达成和解的，应当向环境行政复议机构提交书面和解协议，和解内容不损害社会公共利益和他人合法权益的，环境行政复议机构应当准许。

环境行政复议机关应当自受理行政复议申请之日起 60 日内作出行政复议决定。情况复杂、不能在规定期限内作出行政复议决定的，经环境行政复议机关负责人批准，可以适当延长，但是延长期限最多不超过 30 日。环境行政复议机关应当制作延期审理通知书，载明延期的主要理由及期限，送达当事人。

在浙江省等地方先行试点的基础上，2020 年 2 月中央全面依法治国委员会第三次会议审议通过了《行政复议体制改革方案》。2021 年各地相继推进行政复议制度改革，县级以上一级人民政府只保留一个行政复议机关，代表本级人民政府统一行使行政复议职责。相关政策规范陆续修改。

3.5　环境管理制度

前些年，我国环境管理“八项制度”主要包括“老三项”制度和“新五项”制度。其中“老三项”制度指环境影响评价制度、“三同时”制度和排污收费制度，于1973—1979年正式被确认为环境管理制度，是以污染源为控制对象，以单项治理为主体，以控制点源排放浓度为目标的管理制度，也是我国环境管理的基础措施。而“新五项”制度包括环境保护目标责任制度、城市环境综合整治定量考核制度、排污许可证制度、污染集中控制制度和污染限期治理制度。

目前，原环境管理“八项制度”已经有了较大的变化，同时又有新的环境管理制度不断推陈出新，环境管理制度体系在不断地变更、完善。

环境管理制度

3.5.1　环境影响评价制度

环境影响评价是指对规划和建设项目实施后可能造成的环境影响进行分析、预测和评估，提出预防或者减轻不良环境影响的对策和措施，进行跟踪监测，并按照法律程序进行报批的环境管理制度。

环境影响评价制度体现了“预防为主”的环境保护基本政策，其实施细则为国务院制定的《建设项目环境保护管理条例》。

环评分级审批，根据《建设项目环境影响评价文件分级审批规定》，审批权限原则上按建设项目审批（核准或备案）权限确定。生态环境部可委托地方生态环境厅审批。越级审批无效并追究责任。

1. 环评制度发展历程

1978年北京师范大学师生在江西永平铜矿进行了我国第一个建设项目环境影响评价。

1979年的《中华人民共和国环境保护法（试行）》确立了我国的环境影响评价制度。

1986年国务院环境保护委员会、国家计委、国家经委联合发布的《建设项目环境保护管理办法》第四条规定：“凡从事对环境有影响的建设项目都必须执行环境影响报告书的审批制度”。

2002 年 10 月全国人大常委会通过《中华人民共和国环境影响评价法》。

2009 年国务院颁布《规划环境影响评价条例》，加强对规划的环境影响评价工作，提高规划的科学性。

2016 年 7 月《环境影响评价法》第一次修正。

2018 年 12 月《环境影响评价法》第二次修正。

2. 环评制度的改革

环境影响评价制度源于美国，是一种防患于未然的设计，体现了“预防为主”的思想。环境影响评价制度在我国的强力推行，曾经使环保拥有了建设项目的“第一审批权”。当然，运行过程中也发现了一些问题，比如，如何保障环评结论的科学有效？如何保障环评报告审批的公正无私？如何让环评单位负起责任？如何使企业承担主体责任？

我国的环境影响评价制度历经多次多方面的改革。

2013 年环境保护部发布《关于推进事业单位环境影响评价体制改革工作的通知》，环评机构和环境保护行政主管部门正式开始脱钩。当时环境保护部直属的 8 家环评机构在 2015 年年底前脱钩，省级及以下环保系统的环评机构分两批分别在 2016 年 6 月 30 日前和 12 月 31 日前全部脱钩。其依据是：《环境影响评价法》第十九条第三款规定：“为建设项目环境影响评价提供技术服务的机构，不得与负责审批建设项目环境影响评价文件的环境保护主管部门或其他有关审批部门存在任何利益关系。”环评领域的“红顶中介”成为历史。

2015 年 4 月发布《建设项目环境影响评价分类管理名录》，为加强建设项目环境保护管理、提高审批效率，环评实施分类管理。几经修改，《建设项目环境影响评价分类管理名录（2021 版）》包括了 23 大类，198 小类。对环境可能造成重大影响的建设项目要编制环境影响报告书，对环境可能造成轻度影响的建设项目要编制环境影响报告表，对环境影响很小的建设项目填报环境影响登记表。

2018 年 9 月生态环境部宣布取消“环评机构资质”“环保设施竣工验收”2 项行政审批事项，已经国务院常务会审议通过，相关法律修改后实施。

2018 年 12 月《环境影响评价法》第二次修正后，环评审批不再作为核准的前置条件，将环境影响登记表的审批改为备案，取消行业预审，取消了环境影响报告书、环境影响报告表预审。占企业投资项目大多数的备案制中，环评审批从来都不是前置条件；而在政府投资的审批制中，环评审批仍然是前置条件；在核准制中，只有重特大项目才需要环评前置，该重特大项目清单由生态环境部和国家发展改革委协商决定。

2019 年 1 月 1 日起实施的《环境影响评价公众参与办法》，要求环境影响评价报告书项目报批环评报告时，附公众意见及采纳情况说明。更加明确规定了建设单位的主体责任，由其对公参组织实施的真实性和结果负责。听取意见的公众范围明确为环境影响评价范围内公民、法人和其他组织，优先保障受影响公众的权益。

2019 年 1 月 21 日，生态环境部印发《关于取消建设项目环境影响评价资质行政许可事项后续相关工作要求的公告（暂行）》，宣布不再受理环评机构资质申请，除生态环境主管部门的相关单位外都可以参与编制环评报告。

2019 年 9 月 20 日，生态环境部公布《建设项目环境影响报告书（表）编制监督管理办法》（生态环境部令　第 9 号），同年 10 月公布其 3 个配套文件：《建设项目环境影响报告书（表）编制能力建设指南（试行）》《建设项目环境影响报告书（表）编制单位和编制人员信息公开管理规定（试行）》《建设项目环境影响报告书（表）编制单位和编制人员失信行为记分办法（试行）》。意在规范和监督。

2020 年 10 月 18 日，中共中央办公厅、国务院办公厅发布《深圳建设中国特色社会主义先行示范区综合改革试点首批授权事项清单》，明确要优化生态环境管理机制，授权深圳实施环境影响评价制度改革，通过调整建设项目环境影响评价分类管理名录等形式，在已经开展区域空间生态环境评价的区域，按照生态环境准入清单要求，制定需要开展环评的重点项目名录，未纳入名录的建设项目简化或豁免环评。2022 年 1 月 13 日，深圳市生态环境局印发《深圳市区域空间生态环境评价重点项目环境影响审批名录（试行）》。《深圳市区域空间生态环境评价管理办法（试行）》中规定，“未纳入重点项目环境影响审批名录的建设项目实施清单管理，建设单位无须进行环境影响评价，执行所在评价单元的管理清单有关规定，按管理清单要求在环境信息公开平台（专栏）进行信息公开”。

3. 环评相关法律责任

根据《中华人民共和国环境影响评价法》，环评相关方的法律责任规定如下：

【规划编制单位法律责任】规划编制机关未组织环境影响评价，或组织环境影响评价时弄虚作假或者有失职行为，造成环境影响评价严重失实的，对直接负责的主管人员和其他直接责任人员，由上级机关或者监察机关依法给予行政处分。

【规划审批单位法律责任】规划审批机关对依法应当编写有关环境影响的篇章或者说明而未编写的规划草案，依法应当附送环境影响报告书而未附送的专项规划草案，违法予以批准的，对直接负责的主管人员和其他直接责任人员，由上级机关或者监察机关依法给予行政处分。

【建设单位法律责任】建设单位未依法报批环境影响报告书、报告表，或报批未经批准，擅自开工建设的，由县级以上生态环境主管部门责令停止建设，根据违法情节和危害后果，处建设项目总投资额1%以上5%以下的罚款，并可以责令恢复原状；对建设单位直接负责的主管人员和其他直接责任人员，依法给予行政处分。建设单位未依法备案建设项目环境影响登记表的，由县级以上生态环境主管部门责令备案，处五万元以下的罚款。

建设项目环境影响报告书、环境影响报告表存在基础资料明显不实，内容存在重大缺陷、遗漏或者虚假，环境影响评价结论不正确或者不合理等严重质量问题的，由设区的市级以上人民政府生态环境主管部门对建设单位处五十万元以上二百万元以下的罚款，并对建设单位的法定代表人、主要负责人、直接负责的主管人员和其他直接责任人员，处五万元以上二十万元以下的罚款。

【环评机构法律责任】接受委托编制建设项目环境影响报告书、环境影响报告表的技术单位违反国家有关环境影响评价标准和技术规范等规定，致使其编制的建设项目环境影响报告书、环境影响报告表存在基础资料明显不实，内容存在重大缺陷、遗漏或者虚假，环境影响评价结论不正确或者不合理等严重质量问题的，由设区的市级以上人民政府生态环境主管部门对技术单位处所收费用三倍以上五倍以下的罚款；情节严重的，禁止从事环境影响报告书、环境影响报告表编制工作；有违法所得的，没收违法所得。编制主持人和主要编制人员五年内禁止从事环境影响报告书、环境影响报告表编制工作；构成犯罪的，依法追究刑事责任，并终身禁止从事环境影响报告书、环境影响报告表编制工作。

【环保行政主管部门法律责任】负责审核、审批、备案建设项目环境影响评价文件的部门在审批、备案中收取费用的，由其上级机关或者监察机关责令退还；情节严重的，对直接负责的主管人员和其他直接责任人员依法给予行政处分。生态环境主管部门或者其他部门的工作人员徇私舞弊，滥用职权，玩忽职守，违法批准建设项目环境影响评价文件的，依法给予行政处分；构成犯罪的，依法追究刑事责任。

4. 环境影响后评价

2015 年 12 月，环境保护部发布《建设项目环境影响后评价管理办法（试行）》，自 2016 年 1 月 1 日起施行。

环境影响后评价，是指编制环境影响报告书的建设项目在通过环境保护设施竣工验收且稳定运行一定时期后，对其实际产生的环境影响以及污染防治、生态保护和风险防范措施的有效性进行跟踪监测和验证评价，并提出补救方案或者改进措施，提高环境影响评价有效性的方法与制度。

环境影响后评价范围，主要为以下产生不符合环评报告书的情况的建设项目。水利、水电、采掘、港口、铁路行业中实际环境影响程度和范围较大，且主要环境影响在项目建成运行一定时期后逐步显现的建设项目，以及其他行业中穿越重要生态环境敏感区的建设项目；冶金、石化和化工行业中有重大环境风险，建设地点敏感，且持续排放重金属或者持久性有机污染物的建设项目；审批环境影响报告书的环境保护主管部门认为应当开展环境影响后评价的其他建设项目。

环境影响后评价管理：环境影响后评价的管理由审批该建设项目环境影响报告书的环保部门负责。建设单位或者生产经营单位负责组织开展环境影响后评价工作，编制环境影响后评价文件，并对环境影响后评价结论负责。原环评机构原则上不得承担该建设项目环境影响后评价文件的编制工作。

环境影响后评价时间：后评价应当在建设项目正式投入生产或者运营后 3～5 年内开展。原审批环境影响报告书的环境保护主管部门也可以根据建设项目的环境影响和环境要素变化特征，确定开展环境影响后评价的时限。

环境影响后评价责任：建设单位或生产经营单位完成环境影响后评价后，应依法公开环境影响评价文件，接受社会监督。对未按规定要求开展环境影响后评价，或者不落实补救方案、改进措施的建设单位或者生产经营单位，审批该建设项目环境影响报告书的环境保护主管部门应当责令其限期改正，并向社会公开。

3.5.2 “三同时”管理制度

1. “三同时”概述

“三同时”，是指对环境有影响的一切建设项目、技术改造项目、区域开发建设项目，其中污染防治和生态保护的设施，必须与主体工程同时设计、同时施工、同时投产使用的制度。“三同时”制度是我国出台最早的一项环境管理制度。它是我国的独创，是具有中国特色并行之有效的环境管理制度。

“三同时”制度的起因是“北京官厅水库污染事件”。“三同时”制度最早规定于 1973 年的《关于保护和改善环境的若干规定（试行草案)》，在 1979 年的《环境保护法（试行)》中作了进一步规定。此后的一系列环境法律法规也都重申了“三同时”制度。1986 年颁布的《建设项目环境保护管理办法》对“三同时”制度作了具体规定，使“三同时”有了实施细刚。1998 年对该办法做了修改并新颁布了《建设项目环境保护管理条例》，它对“三同时”制度作了进一步的具体规定。

《环境保护法》第四十一条规定：“建设项目中防治污染的设施，应当与主体工程同时设计、同时施工、同时投产使用。防治污染的设施应当符合经批准的环境影响评价文件的要求，不得擅自拆除或者闲置。”

环境影响评价是讲预防，而“三同时”是防治结合。

2. 建设项目竣工环境保护验收

环境保护设施竣工验收是检查建设项目是否落实“三同时”要求的重要手段。验收原先规定由审批该建设项目环境影响报告书（表）的环境保护行政主管部门负责：建设项目竣工后申请试生产，试生产 3 个月内申请环境保护设施竣工验收。环境保护行政主管部门应当自收到环境保护设施竣工验收申请之日起 30 日内出具竣工验收手续。现在关于环境保护设施竣工验收的规定有了较多的变化。

2015 年 9 月 29 日，国务院常务会议决定取消建设项目试生产审批等 62 项审批事项。2017 年 7 月 16 日发布的新版《建设项目环境保护管理条例》，明确将竣工验收的主体由环保部门调整为建设单位，由建设单位编制验收报告自主验收，并向社会公开，验收合格后方可投产。进一步明确了建设单位在设计、施工阶段的环保主体责任。

验收监测应当在确保主体工程调试工况稳定、环境保护设施运行正常的情况下进行，并如实记录监测时的实际工况。国家和地方有关污染物排放标准或者行业验收技术规范对工况和生产负荷另有规定的，按其规定执行。

验收范围：环保设施（硬件）和环保措施（软件），其中“软件”包括环境管理制度、环境风险应急预案等。

验收重点：环评报告及其批复文件中的要求是否做到和完成。

根据《建设项目环境保护管理条例》的规定，加大了相关处罚力度：对环保设施未建成、未经验收或经验收不合格投入生产使用的，在验收中有弄虚作假等违法行为的，处“20万元以上100万元以下”罚款，逾期不改的，罚款数额提升至“100万元以上200万元以下”；并将原来仅对建设单位“单罚”改为同时对建设单位和相关责任人“双罚”，个人处罚“5万元以上20万元以下”。

为了规范环保设施竣工验收，环境保护部2017年11月下发《建设项目竣工环境保护验收暂行办法》：建设单位是建设项目竣工环境保护验收的责任主体；建设单位不具备编制验收监测（调查）报告能力的，可以委托有能力的技术机构编制；建设单位对受委托的技术机构编制的验收监测（调查）报告结论负责；建设单位可以组织成立验收工作组，采取现场检查、资料查阅、召开验收会议等方式开展验收工作，验收工作组可以由设计单位、施工单位、环境影响报告书（表）编制机构、验收监测（调查）报告编制机构等单位代表以及专业技术专家组成，代表范围和人数自定；建设单位应当通过其网站或其他便于公众知晓的方式，向社会公开信息，包括公开竣工日期、公开环保设施调试的起止日期、公开验收报告（不少于20个工作日）；公开信息的同时，应当向相关环境保护主管部门报送相关信息，并接受监督检查；除需要取得排污许可证的水和大气污染防治设施外，其他环境保护设施的验收期限一般不超过3个月；需要对该类环境保护设施进行调试或者整改的，验收期限可以适当延期，但最长不超过12个月；纳入排污许可管理的建设项目，排污单位应当在项目产生实际污染物排放之前，按照国家排污许可有关管理规定要求，申请排污许可证，不得无证排污或不按证排污；建设项目验收报告中与污染物排放相关的主要内容应当纳入该项目验收完成当年排污许可证执行年报。

2021年7月，浙江省发布《浙江省建设单位开展竣工环境保护验收工作指引》，规定建设项目存在下列情形之一的，不得通过建设项目环境保护设施验收：未按环境影响报告书（表）及其审批部门审批决定要求建成环境保护设施，或者环境保护设施不能与主体工程同时投产或者使用的；污染物排放不符合国家和地方相关标准、环境影响报告书（表）及其审批部门审批决定或者重点污染物排放总量控制指标要求的；环境影响报告书（表）经批准后，该建设项目的性质、规模、地点、采用的生产工艺或者防治污染、防止生态破坏的措施发生重大变动，建设单位未重新报批环境影响报告书（表）或者环境影响报告书（表）未经批准的；建设过程中造成重大环境污染未治理完成，或者造成重大生态破坏未恢复的；纳入排污许可管理的建设项目，无证排污或者不按证排污的；分期建设、分期投入生产或者使用依法应当分期验收的建设项目，其分期建设、分期投入生产或者使用的环境保护设施防治环境污染和生态破坏的能力不能满足其相应主体工程需要的；建设单位因该建设项目违反国家和地方环境保护法律法规受到处罚，被责令改正，尚未改正完成的；验收报告的基础资料数据明显不实，内容存在重大缺项、遗漏，或者验收结论不明确、不合理的；验收期限超过 12 个月的。

2021 年 8 月，生态环境部发布《关于进一步完善建设项目环境保护“三同时”及竣工环境保护自主验收监管工作机制的意见》。

3.5.3 排污收费制度

排污收费制度，是指向环境排放污染物或超过规定的标准排放污染物的排污者，依照国家法律和有关规定按标准交纳费用的制度。征收排污费的目的是促使排污者加强经营管理，节约和综合利用资源，治理污染，改善环境。排污收费制度是“污染者付费”原则的体现，可以使污染防治责任与排污者的经济利益直接挂钩，促进经济效益、社会效益和环境效益的统一。

1972 年，经济合作与发展组织（OECD）提出，污染者必须承担削减污染的费用，即“污染者负担原则”。1974 年 OECD 又提出无补贴原则，要求污染者承担污染控制和治理的全部费用。

1979 年 9 月通过的《中华人民共和国环境保护法（试行）》规定：“超过国家规定的标准排放污染物，要按照排放污染物的数量和浓度，根据规定收取排污费。”从法律上确定了中国的排污收费制度。

1982 年 2 月 5 日，国务院颁布实施《征收排污费暂行办法》，对征收排污费的目的、对象、收费标准、收费政策、排污费管理、排污费使用等作出了详细的规定。

2003 年 7 月 1 日，国务院颁布实施了《排污费征收使用管理条例》，该条例替代了《征收排污费暂行办法》。

几十年来，排污收费制度不断改革完善，其改革三项原则是补偿对环境损害的原则，略高于污染治理成本的原则，排放同质等量污染物等价收费的原则。

2016 年 12 月 25 日《中华人民共和国环境保护税法》公布，自 2018 年 1 月 1 日起施行。费改税，排污费改为环境税。环境税的计算和申报详见第 4 章。

3.5.4 总量控制制度

污染物排放的浓度控制比较直观、方便，但是，浓度控制不能控制污染源的污染物排放量，因此仅仅依靠浓度控制不能保障区域环境质量。

1985 年，上海市为保护黄浦江上游水资源开始试行污染物排放总量控制，徐州、厦门、金华、深圳、常州、重庆等城市陆续推广这项管理办法；1988 年 3 月，国家环境保护局发布以总量控制为核心的《水污染排放许可证管理暂行办法》和开展排放许可证试点工作；1996 年，《水污染防治法》规定“实施重点污染物排放的总量控制制度”；1996 年，全国人大通过的《国民经济和社会发展“九五”计划和 2010 年远景目标纲要》中提出“污染物排放总量控制”。从此，我国进入总量控制、强化环境管理的新阶段，总量控制正式成为中国环境保护的一项重大举措。

污染物总量控制是为了达到区域环境质量目标，对区域内各污染源的部分污染物的排放量实施控制的管理制度。总量控制包含 3 个方面的内容：确定允许排放污染物的总量、确定总量控制的地域范围和明确排放计量的时间跨度。

在实施总量控制时，污染物的排放总量应小于或等于允许排放总量。理论上，区域的最大允许排污量应当等于该区域环境允许的纳污量（环境容量），但在实际操作中却不一定是这样。总量控制可以分为容量总量控制、目标总量控制、行业总量控制。

容量总量控制是环境容量所允许的污染物排放总量控制，从环境质量要求出发，反推允许排污量，将污染源的控制水平与环境质量直接联系在一起。

目标总量控制是指令性总量控制，根据某环境目标提出的污染物排放总量和削减量进行控制，希望从现有的污染水平出发，控制、削减、再控制、再削减，将污染物排放总量逐步削减到预期目标。

行业总量控制以能源、资源的合理利用为控制基点，从最佳生产工艺和实用污染处理技术两方面进行总量控制负荷核定，是最佳技术经济条件下的总量控制，被称为行业专家的总量控制。也就是把某行业最佳生产工艺和最实用污染处理技术下的排污量作为总量控制指标，要求其他企业看齐。

容量总量控制具有客观性，前些年存在的困难是环境容量估算技术不太成熟。目标总量控制方便决策和实施操作，是“十三五”前我国总量控制的主要形式，行政色彩浓重，虽然有历史贡献，但是“十三五”后受到了多项质疑。行业总量控制具有专业性，但是难以避免人为干预的风险，也没有和环境质量相关联。

现实工作中，确定区域允许排放总量后，总量控制指标的分配也有困难。下面三种方法各有特色，但都无法让众多企业共同认可。

（1）等比例分配原则。以各污染源排污现状为基础，将允许排污总量等比例地分配到每个污染源，各污染源分担等比例减排责任。其特点是简单易行，但不一定公平。比如，A、B、C 3 家企业每年分别排放 SO_2 数量为 100 t、40 t 和 60 t，现在区域允许排放总量确定为 180 t，于是根据等比例分配原则要求三家企业各减排 10%。该方案看起来公平，其实可能很不公平。因为，虽然 A 企业排放量最大，但是它已经上了烟气脱硫工程并且运行正常，再要求该企业减排 10%有较大困难。而 B 企业和 C 企业还没有上烟气脱硫项目，减排余地较大。

（2）费用最小分配原则。以治理费用作为目标函数，以环境目标值作为约束条件，使区域的污染治理投资费用总和最小化，以此确定各污染源的允许排放负荷。优点是其结果反映了区域整体的经济合理性，缺点是有些污染源为了总体方案最佳化，可能要被迫承担多于自己该承担的削减量，这种社会贡献也不一定能得到其他企业的补偿。

（3）按贡献率削减排放量分配原则。按各个污染源对环境影响程度的大小，按污染物贡献率大小来削减污染负荷，以此决定总量控制指标。其优点是体现了每个排污者平等共享环境容量资源的同时也平等承担责任。其缺点是未考虑污染治理成本，不具备治理费用总和最小的经济优化规划特点，在总体上不一定合理。

所以，确定区域允许排污总量后，如何将排污权合理地分发下去，也是一个难题。排污许可管理、排污权交易等都和总量控制密切相关。总量控制虽然不是原“环境管理八项制度”之一，但一直是环境管理工作的重要内容。

表 3.2 我国的总量控制指标

序号	时间段	总量控制指标	指标数
1	“九五”期间	烟尘、二氧化硫、粉尘、化学需氧量、石油类、氰化物、砷、汞、铅、镉、六价铬和工业固体废物排放量	12
2	“十五”期间	烟尘、化学需氧量、二氧化硫、氨氮、工业固体废物	5
3	“十一五”期间	化学需氧量、二氧化硫	2
4	“十二五”期间	二氧化硫、化学需氧量、氨氮和氮氧化物	4
5	“十三五”期间	二氧化硫、化学需氧量、氨氮和氮氧化物	4

3.5.5 环境保护目标责任制

环境保护目标责任制是在第三次全国环境保护会议上被确定为环境管理制度的，它的内容涵盖了其他的各项环境管理制度，在环境保护管理工作中发挥了重要作用。环境保护目标责任制是一种具体落实地方各级人民政府对环境质量负责的行政管理制度。它是将各级政府领导人依照法律应当承担的环境保护责任、权利、义务，用建立责任制的形式固定下来，并把它引入环境管理中的一种特殊的环境管理模式。

环境保护目标责任制是以签订责任书的形式，具体规定省长、市长、县（区）长、乡（镇）长以及国有集体企业负责人在任期内要达到的环境目标，建立考核与奖惩办法，根据目标完成情况进行奖惩，并作为政绩考核的内容之一，是环境保护首长负责制的具体化。

环境保护目标责任制明确了“谁对环境质量负责”的问题。《环境保护法》规定“地方各级人民政府应对本辖区的环境质量负责”。20 世纪 90 年代中期，我国环境保护到了必须全力推进的时候，于是环境保护的目标责任制应运而生。

环境保护目标责任制是一项综合性的管理制度。通过目标责任书确定了一个区域、部门环境保护主要责任者和责任范围，运用定量化、制度化的目标管理办法，把贯彻执行环境保护这一基本国策作为各级地方政府和决策者的政绩考核内容，纳入各级地方政府的任期目标。

环境保护目标责任制的各项指标层层分解、落实，各级政府和有关部门都按责任书项目的分工承担了相应的任务，使环境保护由过去环境部门“一家抓”，逐步发展为各部门各司其职、各负其责、齐抓共管。因此，全面推行环境保护目标责任制，对多层次、全方位推进环境保护工作，有着十分重要的意义。

在过去所谓的环境管理八项制度中，环境保护目标责任制是龙头。

3.5.6 排污许可制度

环境管理制度

排污许可证制度是以改善环境质量为目标，以污染物总量控制为基础，规定排污单位许可排放污染物种类、许可污染物排放量、许可污染物排放去向等的一项具有法律含义的行政管理制度。

《环境保护法》第四十五条规定：国家依照法律规定实行排污许可管理制度；实行排污许可管理的企业事业单位和其他生产经营者应当按照排污许可证的要求排放污染物；未取得排污许可证的，不得排放污染物。

《水污染防治法》第二十一条规定：直接或者间接向水体排放工业废水和医疗污水以及其他按照规定应当取得排污许可证方可排放废水、污水的企事业单位和其他生产经营者，应当取得排污许可证，城镇污水集中处理设施的运营单位也应当取得排污许可证。排污许可证应当明确排放水污染物的种类、浓度、总量和排放去向等要求。排污许可具体办法由国务院规定。

《大气污染防治法》第十九条规定：排放工业废气或者本法第七十八条规定名录中所列有毒有害大气污染物的企业事业单位、集中供热设施的燃煤热源生产运营单位以及其他依法实行排污许可管理的单位，应当取得排污许可证。排污许可的具体办法和实施步骤由国务院规定。

排污许可制度由来已久，1988 年 3 月，国家环境保护局就发布《水污染排放许可证管理暂行办法》开展排放许可证试点工作。但是，前期的排污许可制度存在不少问题。比如，其基础核心地位不突出，该制度和多项环境管理制度并行、交叉、重复，未能有效相互衔接；证照空乏，重证轻管，实际作用有限；许可内容单一，只对纳入总量控制的主要污染物进行许可，不一定涵盖环境质量超标的污染因子，难以直接挂钩环境质量；对企业的环境保护主体责任强调不够；各省缺乏统一规定，难以统一公平。

1. 排污许可制度改革

党的十八届三中全会将“完善污染物排放许可制”写入《中共中央关于全面

深化改革若干重大问题的决定》。党的十八届五中全会在《中共中央关于制定国民经济和社会发展第十三个五年规划的建议》中提出“改革环境治理基础制度，建立覆盖所有固定污染源的企业排放许可制”。

排污许可制度改革目的：促进环境管理制度的融合衔接，落实企业环境保护主体责任，改善环境质量。

排污许可制度改革总体思路：确立“两个核心”，采取“一证式管理”，“综合许可”管理。所谓“两个核心”，一是以环境质量改善为核心，二是将排污许可制度建设成为固定污染源环境管理的核心制度。“一证式管理”是指一个企业核发一个许可证，许可证成为排污单位守法、环保部门执法、公众护法的依据。而“综合许可”指将与污染物排放直接相关的工艺设施等排放源的要求也纳入许可管理，将与区域流域环境质量改善相关的各类污染物控制要求也分解落实到污染源。

2015 年 9 月 11 日，由中央政治局会议审议通过的《生态文明体制改革总体方案》明确提出“完善污染物排放许可制。建立覆盖所有固定污染源的排污许可制度是生态文明体制改革的重要内容，是强化企业主体责任，着力解决突出环境问题的重要抓手。建立统一公平、覆盖所有固定污染源的排污许可制，实现对固定污染源的全过程管控”。展开排污许可改革进程。

2016 年 11 月，国务院办公厅印发《控制污染物排放许可制实施方案》（国办发〔2016〕81 号），要求将排污许可制建设成为固定污染源环境管理的核心制度，作为企业守法、部门执法、社会监督的依据。要求 2020 年实现所有固定污染源的排污许可全覆盖。

2016 年 11 月，环境保护部印发《排污许可证管理暂行规定》（环水体〔2016〕186 号），启动排污许可证核发工作。2017 年推进核发火电、造纸以及钢铁、水泥等 15 个重污染行业排污许可证核发工作。要求建立国家排污许可证管理信息平台。组织制定一系列排污许可证申请与核发技术规范（总则及行业的）、环境管理台账和执行报告技术规范以及自行监测指南、污染防治可行技术指南等技术指导文件。

2017 年环境保护部印发《固定污染源排污许可分类管理名录》（环保部令　第 45 号），明确分类管理、分步推进等管理要求。根据《固定污染源排污许可分类管理名录》的规定：对污染物产生量、排放量或者对环境的影响程度较大的排污单位，实行排污许可重点管理；对污染物产生量、排放量和对环境的影响程度较小的排污单位，实行排污许可简化管理；对污染物产生量、排放量和对环境的影响程度很小的排污单位，实行排污登记管理。

2017 年 4 月，环境保护部成立排污许可与总量控制办公室，将总量控制、排污权交易和排污许可三项职能归到该处室。

2018 年 1 月，环境保护部发布《排污许可管理办法（试行）》（环保部令　第 48　号），延续和细化《排污许可证管理暂行规定》的部分要求，并对核发权限等进行调整。

2020 年 12 月 9 日，国务院第 117 次常务会议通过《排污许可管理条例》，自 2021 年 3 月 1 日起施行。

2021 年 12 月，生态环境部办公厅发布《关于开展工业固体废物排污许可管理工作的通知》，依法实施工业固体废物排污许可制度。

已经建立全国统一的排污许可证管理信息平台：许可证申请、受理、审核、发放、变更、延续、注销等程序全部在平台上完成，后续的执行报告提交、证后监管执法记录等都在平台上进行录入操作。平台分为管理端（环保部门使用）和公开端（企业公众使用）。平台还有查询、统计功能。

环境管理制度

通过排污许可制度改革，各项环境管理制度有机衔接；企事业单位环保主体责任得到落实；基本建立法规体系完备、技术体系科学、管理体系高效的排污许可制；对固定污染源实施全过程管理和多污染物协同控制。

【环评和排污许可的融合衔接】环境影响评价与准入有关，关注新建项目选址布局、拟采取的污染防治措施、环境影响等；而排污许可管运行，是企业运行期中唯一的环保行政许可，是排污单位守法、执法单位执法、社会监督护法的依据。环评文件中与污染物排放相关的内容纳入排污许可证；排污许可证执行情况是环境影响后评价的主要依据。环评和排污许可的融合强化了环评的有效性，有利于落实环评文件的具体要求。

【总量控制和排污许可的融合衔接】排污许可证上的允许排放量就是企业污染物排放总量控制指标，排污许可证制度是总量控制的载体，总量削减计划就是对许可排放量的削减，排污许可制度有利于将区域总量控制向排污单位总量控制转变。

《固定污染源排污许可分类管理名录》是排污许可管理的重要技术文件。

2.《排污许可管理办法（试行）》

《控制污染物排放许可制实施方案》是国家关于排污许可改革的顶层设计任务书，《排污许可证管理办法（试行）》是其具体的操作细则，而《固定污染源排污许可分类管理名录》是其中的技术文件之一。《排污许可证管理办法（试行）》内容摘要如下：

【总则】环境保护部负责指导全国排污许可制度实施和监督。各省级环境保护主管部门负责本行政区域排污许可制度的组织实施和监督。排污单位生产经营场所所在地设区的市级环境保护主管部门负责排污许可证核发。地方性法规对核发权限另有规定的，从其规定。

生产经营场所和排放口分别位于不同行政区域时，生产经营场所所在地环保部门负责核发排污许可证，并应当在核发前，征求其排放口所在地同级环境保护主管部门意见。

环境保护部对实施排污许可管理的排污单位及其生产设施、污染防治设施和排放口实行统一编码管理。

【排污许可证内容】全国排污许可证管理信息平台中记录的排污许可证相关电子信息与排污许可证正本、副本依法具有同等效力。排污许可证由正本和副本构成，正本载明基本信息，副本包括基本信息、登记事项、许可事项、承诺书等内容。

下列许可事项由排污单位申请，经核发环保部门审核后，在排污许可证副本中进行规定：排放口位置和数量、污染物排放方式和排放去向等，大气污染物无组织排放源的位置和数量；排放口和无组织排放源排放污染物的种类、许可排放浓度、许可排放量；取得排污许可证后应当遵守的环境管理要求。

排污单位在申请排污许可证时，应当按照自行监测技术指南，编制自行监测方案。自行监测方案应当包括以下内容：监测点位及示意图、监测指标、监测频次；使用的监测分析方法、采样方法；监测质量保证与质量控制要求；监测数据记录、整理、存档要求等。

排污许可证自作出许可决定之日起生效。首次发放的排污许可证有效期为三年，延续换发的排污许可证有效期为五年。

【申请与核发】实行重点管理的排污单位在提交排污许可申请材料前，应当将承诺书、基本信息以及拟申请的许可事项向社会公开。公开途径应当选择包括全国排污许可证管理信息平台等便于公众知晓的方式，公开时间不得少于五个工作日。

排污单位应当在全国排污许可证管理信息平台上填报并提交排污许可证申请，同时向核发环保部门提交通过全国排污许可证管理信息平台印制的书面申请材料。申请材料应当包括排污许可证申请表，主要内容包括排污单位基本信息，主要生产设施、主要产品及产能、主要原辅材料，废气、废水等产排污环节和污染防治设施，申请的排放口位置和数量、排放方式、排放去向，按照排放口和生产设施或者车间申请的排放污染物种类、排放浓度和排放量，执行的排放标准；自行监测方案；由排污单位法定代表人或者主要负责人签字或者盖章的承诺书；排污单位有关排污口规范化的情况说明；建设项目环境影响评价文件审批文号，或者按照有关国家规定经地方人民政府依法处理、整顿规范并符合要求的相关证明材料；排污许可证申请前信息公开情况说明表；污水集中处理设施的经营管理单位还应当提供纳污范围、纳污排污单位名单、管网布置、最终排放去向等材料；本办法实施后的新建、改建、扩建项目排污单位存在通过污染物排放等量或者减量替代削减获得重点污染物排放总量控制指标情况的，且出让重点污染物排放总量控制指标的排污单位已经取得排污许可证的，应当提供出让重点污染物排放总量控制指标的排污单位的排污许可证完成变更的相关材料。

核发环保部门应当在全国排污许可证管理信息平台上作出受理或者不予受理排污许可证申请的决定，同时向排污单位出具加盖本行政机关专用印章和注明日期的受理单或者不予受理告知单。

核发环保部门应当自受理申请之日起 20 个工作日内作出是否准予许可的决定。核发环保部门作出不予许可决定的，应当制作不予许可决定书，书面告知排污单位不予许可的理由，以及依法申请行政复议或者提起行政诉讼的权利，并在全国排污许可证管理信息平台上公告。

【实施与监管】排污单位应当按照排污许可证规定，安装或者使用符合国家有关环境监测、计量认证规定的监测设备，按照规定维护监测设施，开展自行监测，保存原始监测记录。

排污单位应当按照排污许可证规定的关于执行报告内容和频次的要求，编制排污许可证执行报告。排污许可证执行报告包括年度执行报告、季度执行报告和月执行报告。

【变更、延续、撤销】在排污许可证有效期内，下列与排污单位有关的事项发生变化的，排污单位应当在规定时间内向核发环保部门提出变更排污许可证的申请：排污单位名称、地址、法定代表人或者主要负责人等正本中载明的基本信息发生变更之日起三十个工作日内；因排污单位原因许可事项发生变更之日前三十个工作日内；排污单位在原场址内实施新建、改建、扩建项目应当开展环境影响评价的，在取得环境影响评价审批意见后，排污行为发生变更之日前三十个工作日内；新制修订的国家和地方污染物排放标准实施前三十个工作日内；依法分解落实的重点污染物排放总量控制指标发生变化后三十个工作日内；地方人民政府依法制定的限期达标规划实施前三十个工作日内；地方人民政府依法制定的重污染天气应急预案实施后三十个工作日内。

排污单位需要延续依法取得的排污许可证的有效期的，应当在排污许可证届满三十个工作日前向原核发环保部门提出申请。

【法律责任】环境保护主管部门在排污许可证受理、核发及监管执法中有下列行为之一的，由其上级行政机关或者监察机关责令改正，对直接负责的主管人员或者其他直接责任人员依法给予行政处分；构成犯罪的，依法追究刑事责任：符合受理条件但未依法受理申请的；对符合许可条件的不依法准予核发排污许可证或者未在法定时限内作出准予核发排污许可证决定的；对不符合许可条件的准予核发排污许可证或者超越法定职权核发排污许可证的；实施排污许可证管理时擅自收取费用的；未依法公开排污许可相关信息的；不依法履行监督职责或者监督不力，造成严重后果的。

未按照规定对所排放的工业废气和有毒有害大气污染物、水污染物进行监测，或者未保存原始监测记录的；未按照规定安装大气污染物、水污染物自动监测设备，或者未按照规定与环境保护主管部门的监控设备联网，或者未保证监测设备正常运行的。由县级以上环境保护主管部门责令改正，处二万元以上二十万元以下的罚款；拒不改正的，依法责令停产整治。

无排污许可证排放污染物的，由县级以上环境保护主管部门责令改正或者责令限制生产、停产整治，并处十万元以上一百万元以下的罚款；情节严重的，报经有批准权的人民政府批准，责令停业、关闭。

《排污许可管理条例》是国务院颁布实施的行政法规；《排污许可管理办法（试行）》是生态环境部颁布实施的部门规章。《排污许可管理条例》生效后，应根据《排污许可管理条例》规定加强排污许可管理；《排污许可管理办法（试行）》废止或修订前，其规定中属于执行《排污许可管理条例》的事项依然有效。《排污许可管理条例》中未明确作出规定或者未明确授权生态环境部负责的内容，应按照《排污许可管理办法（试行）》执行，如排污许可证有效期届满延续、遗失补办、撤销等程序性规定。

3.5.7 污染集中控制制度

污染集中控制，是指在不减轻污染源单位防治责任的前提下，将同类污染源排放的污染物集中预防和治理的措施。它是指在一个特定范围内，为保护环境建立的污染集中处理设施及其相应的管理措施，是强化环境管理的一种重要手段。各工业化国家的有害废物处理和处理设施正向大型化、集中化方向发展，污染集中控制是环境治理的发展趋势。集中控制的目的在于用尽可能小的投入获取尽可能大的效益，有利于取得规模效益。

实行污染集中控制，必须以规划为先导。污染集中控制与城市建设密切相关，如完善城市排水管网、建立城市污水处理厂、发展城市煤气化和集中供热、建设城市垃圾处理厂、发展城市绿化等。

污染集中控制应该划定不同的功能区划，分别整治。集中控制应该与分散控制相结合，构建区域环境污染综合防治体系。还需要疏通多种资金渠道作为推行污染集中控制的保证。实施污染集中控制，地方政府协调是关键。污染集中控制不仅涉及相关企业，也涉及地方政府各部门各领域，充分依靠地方政府的协调，是污染集中控制制度得以落实的基础。

实践证明，污染集中控制在环境管理上具有方向性的战略意义。首先，污染集中控制符合我国国情。要求众多排放污染物的企业都单独兴建污染物处理设施，造成经济上不合理，管理上复杂化。通过合理规划，按区域或流域，集中有限的资金，采用相对先进的技术和标准，集中治理污染，就有可能取得较大的综合效益。其次，污染集中控制能够为大部分企业所欢迎。大部分中、小企业由于资金不多、技术水平低、场地小等原因，乐于按照“谁污染、谁负担”的原则，将他们的有害废物委托有专门技术的处理厂去处理，并支付合理费用。

总之，污染集中控制有利于集中人力、物力、财力解决重点污染问题，有利于采用新技术、新工艺、新设备提高污染治理效果，有利于有害废物资源化、提高废物综合利用率，有利于节省防治污染的总投入，有利于改善和提高环境质量。

3.6 建设项目环境监理

建设项目环境监理单位受建设单位委托，依据有关环保法律法规、建设项目环评及其批复文件、环境监理合同等，对建设项目环境保护目标的实现进行现场监督管理。环境监理实施专业化的环境保护咨询和技术服务，协助和指导建设单位全面落实建设项目各项环保措施。

1995 年 3 月，我国在黄河小浪底工程世行贷款项目中首次引进了工程环境监理管理模式。

2002 年国家环境保护总局联合铁道部、交通部等共计 6 家单位发出了《关于在重点建设项目中开展工程环境监理试点的通知》（环发〔2002〕141 号），率先在青藏铁路、西气东输管道工程等国家 13 个重点建设项目工程开展环境监理。

2004 年发布了《关于开展交通环境监理工作的通知》（交环发〔2004〕314 号）和《关于在建设项目中推行环境监理的通知》（浙环发〔2004〕23 号）。

2010 年、2011 年环境保护部同意将辽宁省和江苏省列为建设项目环境监理工作试点省份。2012 年 1 月，增加河北等 11 个省、市进行环境监理试点工作，环境监理工作基本全面铺开。

2012 年 1 月，环境保护部发布《关于进一步推进建设项目环境监理试点工作的通知》。

2015 年 12 月，环境保护部印发《建设项目环境保护事中事后监督管理办法（试行）》（环发〔2015〕163 号），强调施工期的环境监理工作是事中监督管理的主要内容之一。

2016 年 4 月，环境保护部出具关于废止《关于进一步推进建设项目环境监理试点工作的通知》的通知，建设项目环境监理试点工作结束。

2016年7月，在环境保护部《“十三五”环境影响评价改革实施方案》中再次强调“强化事中事后监管”，“鼓励建设单位委托具备相应技术条件的第三方机构开展建设期环境监理”。

《河北省建设项目环境监理技术规范》规定如下：

【环境监理原则】早期介入、全过程监理原则；科学、公正、独立、服务原则；权责一致原则。

【环境监理时段】环境监理工作分为设计、施工、试运行三个阶段。设计阶段：自项目取得环评批复文件之日起至项目开工；施工阶段：自项目开工之日起至取得试运行批复文件；试运行阶段：自项目取得试运行批复文件之日起至项目竣工环保验收。

【环境监理范围】环境监理范围包括项目的建设区域及受施工影响的区域。

【环境监理项目类型】涉及自然保护区、饮用水水源保护区、风景名胜区等环境敏感区的建设项目；环境风险高或污染较重的建设项目，包括石化、化工、火电、农药、医药、危险废物（含医疗废物）集中处置、生活垃圾集中处置、水泥、造纸、电镀、印染、钢铁、有色及其他涉及重金属污染物排放的建设项目；施工期环境影响较大的建设项目，包括水利水电、煤矿、矿山开发、石油天然气开采及集输管网、铁路、公路、城市轨道交通、码头、港口、500千伏及以上高压输变电等建设项目；环境影响评价文件批复中要求开展环境监理的其他建设项目。

【环境监理重点关注内容】建设项目设计和施工过程中，项目的建设内容、规模、选址或选线、平面布置、工艺及环保设施等是否发生重大变更；主要环保设施与主体工程建设的同步性；环境风险防范与事故应急设施与措施，如事故池等；与环保相关的重要隐蔽工程，如防腐防渗工程等；项目建成后难以或不可补救的环保措施和设施，如过鱼通道等；项目建设和运行过程中可能产生不可逆转的环境影响的防范措施和要求，如施工作业对野生动植物的保护措施等；项目建设和运行过程中与公众环境权益密切相关、社会关注度高的环保措施和要求，如防护距离内居民搬迁等；“以新带老”、淘汰落后产能等环保措施和要求。

【前期准备阶段主要工作内容】环境监理单位收集环境影响评价文件及批复等相关文件，进行首次现场踏勘；与建设单位签订环境监理合同，组建环境监理项目部；通过研读环境影响评价文件及批复，结合首次现场踏勘情况，编制环境监理实施方案，指导环境监理工作。

【设计阶段主要工作内容】收集项目相关设计资料，对项目设计文件与环境影响评价文件及批复的符合性进行核查，并根据核查结果提出环境监理建议；依据设计文件核查结果，编制设计阶段环境监理报告。

【施工阶段主要工作内容】对施工组织设计进行环保审核，在施工单位入场后，组织召开环境监理首次工地会议，向建设单位、施工单位进行环境保护工作交底，明确环境监理关注点与监理要求，建立沟通网络；开展施工期环境监理工作，对主体工程、配套环保措施、环境风险防范措施、与环保相关的隐蔽工程、生态保护措施、施工期污染防治措施与环境影响评价文件及批复的符合性进行现场监理，编制施工阶段环境监理报告；项目取得试运行批复后，对主体工程、配套环保设施的调试运行情况，环保管理制度、事故应急预案的执行情况等进行监理，在主体工程达到验收工况、配套环保设施正常运行后，编制试运行阶段环境监理报告。

【试运行阶段主要工作内容】项目取得试运行批复后，对主体工程、配套环保设施的调试运行情况，环保管理制度、事故应急预案的执行情况等进行监理，在主体工程达到验收工况、配套环保设施正常运行后，编制试运行阶段环境监理报告。

【验收总结阶段主要工作内容】对设计、施工、试运行三个阶段的监理情况进行总结，编制环境监理工作总结报告，作为项目竣工环保验收技术材料之一；参加项目竣工环保验收会议，验收通过后，向建设单位移交环境监理档案资料。

建设项目环境监理的“五控制、两介入、一协调”。“一协调”：监理过程环保相关事项调节，协调工程监理、参建单位、环保部门之间的关系，有权签发暂停令，有权提出变更意见；“两介入”：环境监理设计介入和验收介入，对设计和环评提出优化建议，对环保项目施工提出审查意见，签发施工期环境监理意见，参加环保设施竣工验收；“五控制”：项目建设与批复要求的符合性监理，环境保护达标监理，生态保护措施落实监理，环保设施建设与措施落实监理，环境风险防范措施监理。

建设项目环境监理意义：有利于实现建设项目环境管理由事后管理向全过程管理的转变；由单一环保行政监管向行政监管与建设单位内部监管相结合的转变；对于促进建设项目全面、同步落实环评提出的各项环保措施具有重要意义。

3.7 危险废物管理

危险废物管理

危险废物是列入国家危险废物名录或是根据国家规定的危险废物鉴别标准和鉴别方法认定的具有危险特性的废物。

危险废物具有腐蚀性（corrosivity，C）、毒性（toxicity，T）、易燃性（ignitability，I）、反应性（reactivity，R）和感染性（infectivity，In）等一种或几种危险特性。

《国家危险废物名录》多次更新，2016 年版增加了《危险废物豁免管理清单》。2020 年 11 月 5 日，《国家危险废物名录（2021 年版）》经生态环境部部务会议审议通过，自 2021 年 1 月 1 日起施行。

危险废物代码是指危险废物的唯一代码，为 8 位数字。其中，第 1～3 位为危险废物产生行业的代码［依据当时的《国民经济行业分类》（GB/T 4754）确定］，第 4～6 位为危险废物顺序代码，第 7～8 位为危险废物类别代码。例如，某危险废物代码为 201-003-05，其中，201 表示木材加工业，003 表示《国家危险废物名录》木材加工业中的第三项，05 表示危险废物类别是“HW05 木材防腐剂废物”。

根据《固体废物污染环境防治法》，对危险废物施行全过程管理。产生危废的单位通过国家危险废物信息管理系统向所在地生态环境主管部门申报危险废物的种类、产生量、流向、贮存、处置等有关资料。实施危险废物经营许可证制度。从事收集、贮存、处置危险废物经营活动的单位，必须向县级以上人民政府环境保护行政主管部门申请领取许可证。从事利用危险废物的经营单位，必须向省级以上人民政府环境保护主管部门申请领取经营许可证。

《危险废物识别标志设置技术规范》（HJ 1276—2022）于 2023 年 7 月 1 日实施。危险废物标识由“骷髅头”改为“枯树死鱼”。

3.7.1 危险废物污染防治技术政策

1. 危险废物的减量化

危险废物减量化适用于任何产生危险废物的工艺过程。各级政府应通过经济和其他政策措施促进企业清洁生产，防止和减少危险废物的产生。企业应积极采用低废、少废、无废工艺。

对已经产生的危险废物，必须按照国家有关规定申报登记，建设符合标准的专门设施和场所，妥善保存并设立危险废物标示牌，按有关规定自行处理处置或交由持有危险废物经营许可证的单位收集、运输、贮存和处理处置。在处理处置过程中，应采取措施减少危险废物的体积、重量和危险程度。

2．危险废物的收集和运输

危险废物要根据其成分，用符合国家标准的专门容器分类收集。装有危险废物的容器必须贴有标签，在标签上详细标明危险废物的名称、重量、成分、特性以及发生泄漏、扩散污染事故时的应急措施和补救方法。

居民生活、办公和第三产业产生的危险废物（如废电池、废日光灯管等）应与生活垃圾分类收集。鼓励成立专业化的危险废物运输公司，对危险废物实行专业化运输，运输车辆需有特殊标志。

3．危险废物的转移

危险废物的国内转移应遵从《危险废物转移管理办法》及其他有关规定的要求。各级生态环境行政主管部门应按照国家和地方制定的危险废物转移管理办法，对危险废物的流向进行有效控制，禁止在转移过程中将危险废物排放至环境中。

4．危险废物的资源化

已产生的危险废物应首先考虑回收利用，减少后续处理处置的负荷。回收利用过程应达到国家和地方有关规定的要求，避免二次污染。

生产过程中产生的危险废物，应积极推行生产系统内的回收利用。生产系统内无法回收利用的危险废物，通过系统外的危险废物交换、物质转化、再加工、能量转化等措施实现回收利用。

5．危险废物的贮存

对已产生的危险废物，若暂时不能回收利用或进行处理处置的，其产生单位须建设专门的危险废物贮存设施进行贮存，并设立危险废物标志，或委托具有专门危险废物贮存设施的单位进行贮存，贮存期限不得超过国家规定（1年）。贮存危险废物的单位需拥有相应的许可证。禁止将危险废物以任何形式转移给无许可证的单位，或转移到非危险废物贮存设施中。危险废物贮存设施应有相应的配套设施并按有关规定进行管理。

危险废物的贮存设施应满足以下要求：应建有堵截泄漏的裙脚，地面与裙脚要用坚固防渗的材料建造。应有隔离设施、报警装置和防风、防晒、防雨设施，基础防渗层为黏土层的，其厚度应在 1 m 以上，渗透系数应小于 1.0×10^{-7} cm/s；基础防渗层也可用厚度在 2 mm 以上的高密度聚乙烯或其他人工防渗材料组成，渗透系数应小于 1.0×10^{-10} cm/s。须有泄漏液体收集装置及气体导出口和气体净化装置。用于存放液体、半固体危险废物的地方，还需有耐腐蚀的硬化地面，地面无裂隙。不相容的危险废物堆放区必须有隔离间隔断。衬层上需建有渗滤液收集清除系统、径流疏导系统、雨水收集池。贮存易燃易爆的危险废物的场所应配备消防设备，贮存剧毒危险废物的场所必须有专人 24 小时看管。

相关规定详见《危险废物贮存污染控制标准》（GB 18597—2023）。

6．危险废物的焚烧处置

危险废物焚烧可实现危险废物的减量化和无害化，并可回收利用其余热。焚烧处置适用于不宜回收利用其有用组分、具有一定热值的危险废物。易爆废物不宜进行焚烧处置。焚烧设施的建设、运营和污染控制管理应遵循《危险废物焚烧污染控制标准》及其他有关规定。

危险废物焚烧处置应满足以下要求：焚烧炉温度应达到 1 100℃以上，烟气停留时间应在 2.0 s 以上，燃烧效率大于 99.9%，焚毁去除率大于 99.99%，焚烧残渣的热灼减率小于 5%（医院临床废物和含多氯联苯废物除外）。焚烧设施必须有前处理系统、尾气净化系统、报警系统和应急处理装置。危险废物焚烧产生的残渣、烟气处理过程中产生的飞灰，须按危险废物进行安全填埋处置。

7．危险废物的安全填埋处置

危险废物安全填埋处置适用于不能回收利用其组分和能量的危险废物，安全填埋为危险废物的最终处置手段。

危险废物安全填埋场须满足以下要求：有满足要求的防渗层，不得产生二次污染。要严格按照作业规程进行单元式作业，做好压实和覆盖；要做好清污水分流，减少渗沥水产生量，设置渗沥水导排设施和处理设施。对易产生气体的危险废物填埋场，应设置一定数量的排气孔、气体收集系统、净化系统和报警系统。填埋场运行管理单位应自行或委托其他单位对填埋场地下水、地表水、大气要进行定期监测。危险废物填埋须满足《危险废物填埋污染控制标准》的规定。

8. 特殊危险废物污染防治

禁止一次性医疗器具和敷料的回收利用。

生活垃圾焚烧产生的飞灰必须单独收集，不得与生活垃圾、焚烧残渣等其他废物混合，也不得与其他危险废物混合。生活垃圾焚烧飞灰不得在产生地长期贮存，不得进行简易处置，不得排放，生活垃圾焚烧飞灰在产生地必须进行必要的固化和稳定化处理之后方可运输，运输需使用专用运输工具，运输工具必须密闭。生活垃圾焚烧飞灰须进行安全填埋处置。

提倡废电池的分类收集，避免含汞、镉废电池混入生活垃圾焚烧设施。废铅酸电池必须进行回收利用，不得用其他办法进行处置，其收集、运输环节必须纳入危险废物管理。鼓励发展年处理规模在 2 万 t 以上的废铅酸电池回收利用，淘汰小型的再生铅企业，鼓励采用湿法再生铅生产工艺。

加强废日光灯管产生、收集和处理处置的管理，鼓励重点城市建设区域性的废日光灯管回收处理设施，为该区域的废日光灯管的回收处理提供服务。

3.7.2 《危险废物转移管理办法》

《危险废物转移管理办法》于 2021 年 9 月 18 日由生态环境部部务会议审议通过，并经公安部和交通运输部同意，自 2022 年 1 月 1 日起施行。《危险废物转移联单管理办法》（国家环境保护总局令　第 5 号）同时废止。

危险废物管理

危险废物转移应当遵循就近原则。转移危险废物的，应当执行危险废物转移联单制度。生态环境主管部门、交通运输主管部门和公安机关应当建立健全协作机制，共享危险废物转移联单信息、运输车辆行驶轨迹动态信息和运输车辆限制通行区域信息，加强联合监管执法。

移出人应当履行以下义务：对承运人或者接受人的主体资格和技术能力进行核实，依法签订书面合同，并在合同中约定运输、贮存、利用、处置危险废物的污染防治要求及相关责任；建立危险废物管理台账，对转移的危险废物进行计量称重，如实记录、妥善保管转移危险废物的种类、重量（数量）和接受人等相关信息；填写、运行危险废物转移联单，在危险废物转移联单中如实填写移出人、承运人、接受人信息，转移危险废物的种类、重量（数量）、危险特性等信息，以及突发环境事件的防范措施等。

承运人应当履行以下义务：核实危险废物转移联单，没有转移联单的，应当拒绝运输；填写、运行危险废物转移联单，在危险废物转移联单中如实填写承运人名称、运输工具及其营运证件号，以及运输起点和终点等运输相关信息，并与危险货物运单一并随运输工具携带；按照危险废物污染环境防治和危险货物运输相关规定运输危险废物，记录运输轨迹，防范危险废物丢失、包装破损、泄漏或者发生突发环境事件；将运输的危险废物运抵接受人地址，交付给危险废物转移联单上指定的接受人，并将运输情况及时告知移出人。

接受人应当履行以下义务：核实拟接受的危险废物的种类、重量（数量）、包装、识别标志等相关信息；填写、运行危险废物转移联单，在危险废物转移联单中如实填写是否接受的意见，以及利用、处置方式和接受量等信息；按照国家和地方有关规定和标准，对接受的危险废物进行贮存、利用或者处置；将危险废物接受情况、利用或者处置结果及时告知移出人。

危险废物转移联单实行全国统一编号，编号由十四位阿拉伯数字组成。第一至四位数字为年份代码；第五、六位数字为移出地省级行政区划代码；第七、八位数字为移出地设区的市级行政区划代码；其余六位数字以移出地设区的市级行政区域为单位进行流水编号。移出人每转移一车（船或者其他运输工具）次同类危险废物，应当填写、运行一份危险废物转移联单。

危险废物电子转移联单数据应当在国家信息系统中至少保存十年。因特殊原因无法运行危险废物电子转移联单的，可以先使用纸质转移联单，并于转移活动完成后十个工作日内在信息系统中补录电子转移联单。

跨省转移危险废物的，应当向危险废物移出地省级生态环境主管部门提出申请。移出地省级生态环境主管部门应当商经接受地省级生态环境主管部门同意后，批准转移该危险废物。未经批准的，不得转移。

危险废物运输：车辆必须有危险废物运输许可证；司机通过专门培训；车辆贴明显的标志、安装 GPS；有专人押运；事先制订运输计划、行驶路线、应急措施；施行转移运输许可证和联单管理。

3.7.3　危险废物豁免管理清单

列入《国家危险废物名录》附录“危险废物豁免管理清单”中的危险废物，在所列的豁免环节，且满足相应的豁免条件时，可以按照豁免内容的规定实行豁免管理。2016 年版《国家危险废物名录》设立“危险废物豁免管理清单”，2021 年版增加了内容。

危险废物管理

豁免管理要区分不同含义。“全过程不按危险废物管理”，是指全过程各管理环节均豁免，无需执行危险废物环境管理的有关规定；“收集过程不按危险废物管理”，是指收集企业不需要持有危险废物收集经营许可证或危险废物综合经营许可证；“利用过程不按危险废物管理”，是指利用企业不需要持有危险废物综合经营许可证；“填埋过程不按危险废物管理”，是指填埋企业不需要持有危险废物综合经营许可证；“不按危险废物进行运输”，是指运输工具可不采用危险货物运输工具；“转移过程不按危险废物管理”，是指进行转移活动的运输车辆可不具有危险货物运输资质；转移过程中可不运行危险废物转移联单，但转移活动需事后备案。

表 3.3　家庭生活危险废物的豁免管理

<table>
<tr><th>类别</th><th>危险废物</th><th>豁免环节</th><th>豁免条件</th><th>豁免内容</th></tr>
<tr><td rowspan="2">生活垃圾中的危险废物</td><td rowspan="2">家庭日常生活或者为日常生活提供服务的活动中产生的废药品、废杀虫剂和消毒剂及其包装物、废油漆和溶剂及其包装物、废矿物油及其包装物、废胶片及废像纸、废荧光灯管、废含汞温度计、废含汞血压计、废铅蓄电池、废镍镉电池和氧化汞电池以及电子类危险废物等</td><td>全部环节</td><td>未集中收集的家庭日常生活中产生的生活垃圾中的危险废物</td><td>全过程不按危险废物管理</td></tr>
<tr><td>收集</td><td>按照各市、县生活垃圾分类要求，纳入生活垃圾分类收集体系进行分类收集，且运输工具和暂存场所满足分类收集体系要求</td><td>从分类投放点收集转移到所设定的集中贮存点的收集过程不按危险废物管理</td></tr>
</table>

3.7.4　危险废物排除管理清单

危险废物管理实践中还有一些问题亟待解决：如一些地方存在将环境风险较低、普遍不具有危险特性的固体废物误作为危险废物管理的现象；又如危险废物利用处置过程产生的衍生固体废物和一些虽未列入《国家危险废物名录》但无法确定有无危险特性的固体废物，其按有关规定进行鉴别后的结论，通常只适用于特定企业及工艺，往往不能应用于其他企业和地区，出现大量重复鉴别的情况；此外，随着生产工艺等改进优化，脱墨渣等一些过去属于危险废物的固体废物不再具有危险特性，但在个别地区仍然按照危险废物进行管理。上述问题不仅增加相关企业经营成本，还在一定程度上制约了固体废物资源化利用，不利于相关部门聚焦监管重点，提高监管效率。因此，2021 年 5 月，国务院办公厅印发的《强化危险废物监管和利用处置能力改革实施方案》（国办函〔2021〕47 号）特别提出“建立危险废物排除管理清单”，通过出台排除清单的方式明确特定类型固体废物的属性。

2021 年 12 月，生态环境部印发《危险废物排除管理清单（2021 年版）》（以下简称《清单》），确定列入《清单》的固体废物不属于危险废物，按照一般工业固体废物相关制度要求管理。纳入《清单》的固体废物要求同时符合下列条件：一是未列入《国家危险废物名录》；二是按照国家规定的危险废物鉴别标准和鉴别方法鉴别后，普遍不具有毒性、腐蚀性、易燃性、反应性和感染性等危险特性；三是环境风险可控。

表 3.4 《危险废物排除管理清单（2021 年版）》

序号	固体废物名称	行业来源	固体废物描述
1	废弃水基钻井泥浆及岩屑	石油和天然气开采	以水为连续相配制钻井泥浆用于石油和天然气开采过程中产生的废弃钻井泥浆及岩屑（不包括废弃聚磺体系泥浆及岩屑）
2	脱墨渣	纸浆制造	废纸造浆工段的浮选脱墨工序产生的脱墨渣
3	七类树脂生产过程中造粒工序产生的废料	合成材料制造	聚乙烯（PE）树脂、聚丙烯（PP）树脂、聚苯乙烯（PS）树脂、聚氯乙烯（PVC）树脂、丙烯腈-丁二烯-苯乙烯（ABS）树脂、聚对苯二甲酸乙二醇酯（PET）树脂、聚对苯二甲酸丁二醇酯（PBT）树脂七类树脂造粒加工生产产品过程中产生的不合格产品、大饼料、落地料、水涝料以及过渡料
4	热浸镀锌浮渣和锌底渣	金属表面处理及热处理加工	金属表面热浸镀锌处理（未加铅且不使用助镀剂）过程中锌锅内产生的锌浮渣；金属表面热浸镀锌处理（未加铅）过程中锌锅内产生的锌底渣
5	铝电极箔生产过程产生的废水处理污泥	金属表面处理及热处理加工	铝电解电容器用铝电极箔生产过程中产生的化学腐蚀废水处理污泥、非硼酸系化成液化成废水处理污泥
6	风电叶片切割边角料废物	风能原动设备制造	风力发电叶片生产过程中产生的废弃玻璃纤维边角料和切边废料

3.8　环境应急管理

环境应急管理

环境风险，是指突发性事故对环境造成的危害程度及可能性。我们所关注的环境风险是由人类活动引起的，或由人类活动与自然界的运动过程共同作用造成的。

环境风险分为人群风险、设施风险和生态风险。人群风险是指因危害性事件而致人病、伤、死、残等损失的可能性；设施风险是指危害性事件对人类社会的设施造成破坏的可能性及其破坏程度；生态风险是指危害性事件对生态系统中的某些要素或生态系统本身造成破坏的可能性及其破坏程度。

前些年，我国各类环境风险事件频发。随着人民生活水平和受教育程度的提升，公众开始觉醒和反思环境污染的危害，其环境权利意识在迅速提升，公众对环境风险的感知与接受水平已明显影响到项目建设以及政府政策制定。随着未来我国国民收入和受教育水平的不断提高，公众可接受环境风险水平还将呈现持续下降的趋势，现阶段环境风险水平改善的程度还不能满足公众的环境安全需求。此外，由于相关知识的匮乏，公众环境风险感知与客观环境风险水平之间可能会存在偏差，公众可能会忽视一些风险，特别是一些慢性健康风险，同时也可能放大一些环境风险。

2004 年国家环境保护总局发布的《建设项目环境风险评价技术导则》（HJ/T 169—2004），是环境影响评价的专项导则。

自 2005 年松花江水污染事故以来，我国逐步探索构建环境风险防控和管理体系，环境风险管理体系不断得到完善。因为处于起步阶段，管理上存在重应急轻防范、重突发污染事故轻长期慢性健康风险等问题。

2010 年起，环境保护部先后颁布了《环境风险评估技术指南——氯碱企业环境风险等级划分方法》《环境风险评估技术指南——硫酸企业环境风险等级划分方法（试行）》和《环境风险评估技术指南——粗铅冶炼企业环境风险等级划分方法（试行）》三类重点行业的环境风险评估指南，推进高风险行业的环境风险评估。

2012 年环境保护部发布《集中式饮用水水源环境保护指南（试行）》，其附件三为“饮用水水源环境风险评估方法”。

2014年环境保护部颁布了《污染场地风险评估技术导则》（HJ 25.3—2014），表明我国开始建立基于风险的污染场地管理体系。

2016年，《国民经济和社会发展第十三个五年规划纲要》和《“十三五”生态环境保护规划》提出了实施环境风险全过程管理，系统构建事前严防、事中严管、事后处置的全过程、多层级环境风险防范体系。

2018年2月，环境保护部印发了《行政区域突发环境事件风险评估推荐方法》，规定了区域环境风险评估的内容、程序、方法和一般性要求。

本节重点讨论突发环境事件应急管理，相关文件包括：《中华人民共和国突发事件应对法》（2007年）、《突发环境事件应急预案管理暂行办法》（2010年）、《国家突发环境事件应急预案》（2014年）、《突发环境事件应急管理办法》（2015年）、《企业事业单位突发环境事件应急预案备案管理办法（试行）》（2015年）、《企业突发环境事件风险分级方法》（2018年）等。还有环境法律法规中的相关规定。

【《环境保护法》第四十七条规定】各级人民政府及其有关部门和企业事业单位，应当依照《中华人民共和国突发事件应对法》的规定，做好突发环境事件的风险控制、应急准备、应急处置和事后恢复等工作。县级以上人民政府应当建立环境污染公共监测预警机制，组织制定预警方案；环境受到污染，可能影响公众健康和环境安全时，依法及时公布预警信息，启动应急措施。企业事业单位应当按照国家有关规定制定突发环境事件应急预案，报环境保护主管部门和有关部门备案。在发生或者可能发生突发环境事件时，企业事业单位应当立即采取措施处理，及时通报可能受到危害的单位和居民，并向环境保护主管部门和有关部门报告。突发环境事件应急处置工作结束后，有关人民政府应当立即组织评估事件造成的环境影响和损失，并及时将评估结果向社会公布。

【《大气污染防治法》第九十四条、第九十六条、第九十七条规定】发生造成大气污染的突发环境事件，人民政府及其有关部门和相关企业事业单位，应当依照《中华人民共和国突发事件应对法》《中华人民共和国环境保护法》的规定，做好应急处置工作。生态环境主管部门应当及时对突发环境事件产生的大气污染物进行监测，并向社会公布监测信息。县级以上地方人民政府应当将重污染天气应对纳入突发事件应急管理体系。省、自治区、直辖市、设区的市人民政府以及可能发生重污染天气的县级人民政府，应当制定重污染天气应急预案，向上一级人民政府生态环境主管部门备案，并向社会公布。县级以上地方人民政府应当依据重污染天气的预警等级，及时启动应急预案，根据应急需要可以采取责令有关企业停产或者限产、限制部分机动车行驶、禁止燃放烟花爆竹、停止工地土石方作业和建筑物拆除施工、停止露天烧烤、停止幼儿园和学校组织的户外活动、组织开展人工影响天气作业等应急措施。应急响应结束后，人民政府应当及时开展应急预案实施情况的评估，适时修改完善应急预案。

【《水污染防治法》第七十六条、第七十七条、第七十八条、第七十九条规定】各级人民政府及其有关部门，可能发生水污染事故的企业事业单位，应当依照《突发事件应对法》的规定，做好突发水污染事故的应急准备、应急处置和事后恢复等工作。可能发生水污染事故的企业事业单位，应当制定有关水污染事故的应急方案，做好应急准备，并定期进行演练。生产、储存危险化学品的企业事业单位，应当采取措施，防止在处理安全生产事故过程中产生的可能严重污染水体的消防废水、废液直接排入水体。企业事业单位发生事故或者其他突发性事件，造成或者可能造成水污染事故的，应当立即启动本单位的应急方案，采取隔离等应急措施，防止水污染物进入水体，并向事故发生地的县级以上地方人民政府或者环境保护主管部门报告。环境保护主管部门接到报告后，应当及时向本级人民政府报告，并抄送有关部门。市、县级人民政府应当组织编制饮用水安全突发事件应急预案。饮用水供水单位应当根据所在地饮用水安全突发事件应急预案，制定相应的突发事件应急方案，报所在地市、县级人民政府备案，并定期进行演练。饮用水水源发生水污染事故，或者发生其他可能影响饮用水安全的突发性事件，饮用水供水单位应当采取应急处理措施，向所在地市、县级人民政府报告，并向社会公开。有关人民政府应当根据情况及时启动应急预案，采取有效措施，保障供水安全。

【《土壤污染防治法》第四十四条、第七十条规定】发生突发事件可能造成土壤污染的，地方人民政府及其有关部门和相关企业事业单位以及其他生产经营者应当立即采取应急措施，防止土壤污染，并依照本法规定做好土壤污染状况监测、调查和土壤污染风险评估、风险管控、修复等工作。各级人民政府应当加强对土壤污染的防治，安排必要的资金用于涉及土壤污染的突发事件的应急处置。

【《固体废物污染环境防治法》第八十五条、第八十六条规定】产生、收集、贮存、运输、利用、处置危险废物的单位，应当依法制定意外事故的防范措施和应急预案，并向所在地生态环境主管部门和其他负有固体废物污染环境防治监督管理职责的部门备案；生态环境主管部门和其他负有固体废物污染环境防治监督管理职责的部门应当进行检查。因发生事故或者其他突发性事件，造成危险废物严重污染环境的单位，应当立即采取有效措施消除或者减轻对环境的污染危害，及时通报可能受到污染危害的单位和居民，并向所在地生态环境主管部门和有关部门报告，接受调查处理。

3.8.1 《突发环境事件应急管理办法》

环境应急管理

环境保护部发布《突发环境事件应急管理办法》是为了预防和减少突发环境事件的发生，控制、减轻和消除突发环境事件引起的危害，规范突发环境事件应急管理工作而制定的法规，自 2015 年 6 月 5 日起施行。

《突发环境事件应急管理办法》有以下特点：

（1）全过程角度系统规范突发环境事件应急管理工作。以《环境保护法》为依据，从事前、事中、事后全面系统地规范突发环境事件应急管理工作，从根本上解决突发环境事件应急管理“管什么”和“怎么管”的问题。

（2）明确了突发环境事件应急管理优先保障顺序。突发环境事件应急管理优先保障顺序为“生命安全”“环境安全”“财产安全”。

（3）突出了企业的环境安全主体责任。明确企业两个方面、十项具体责任。在日常管理方面：做好突发环境事件风险评估、健全突发环境事件风险防控措施、排查治理环境安全隐患、制定突发环境事件应急预案并备案演练、加强环境应急能力保障建设；在事件应对方面：立即采取有效措施处理，及时通报可能受到危害的单位和居民，并向所在地环境保护主管部门报告、接受调查处理以及对所造成的损害依法承担责任。

（4）依据部门规章的权限新设了部分罚则。对于发生突发环境事件并造成后果的，相关法律法规已多有严格规定。但在风险防控和应急准备阶段，《环境保护法》和《突发事件应对法》等有相关义务规定，但没有与之对应的责任规定或者规定不明。针对这项情况，《突发环境事件应急管理办法》依据部门规章的权限，针对六种情形设立警告及罚款。企业事业单位有下列情形之一的，由县级以上环境保护主管部门责令改正，可以处一万元以上三万元以下罚款：未按规定开展突发环境事件风险评估工作，确定风险等级的；未按规定开展环境安全隐患排查治理工作，建立隐患排查治理档案的；未按规定将突发环境事件应急预案备案的；未按规定开展突发环境事件应急培训，如实记录培训情况的；未按规定储备必要的环境应急装备和物资；未按规定公开突发环境事件相关信息的。

（5）构建突发环境事件应急管理八项基本制度：风险评估制度、隐患排查制度、应急预案制度、预警管理制度、应急保障制度、应急处置制度、损害评估制度、调查处理制度。以上制度组成了突发环境事件应急管理工作的核心内容。

【风险评估制度】生态环境行政主管部门应当按照本级人民政府的统一要求，开展本行政区域突发环境事件风险评估工作，分析可能发生的突发环境事件，提高区域环境风险防范能力。企业事业单位应当按照环境部的有关规定开展突发环境事件风险评估。

【隐患排查制度】企业事业单位应当按照有关规定，建立健全环境安全隐患排查治理制度，建立隐患排查治理档案，及时发现并消除环境安全隐患。对于发现后能够立即治理的环境安全隐患，企业事业单位应当立即采取措施，消除环境安全隐患。对于情况复杂、短期内难以完成治理，可能产生较大环境危害的环境安全隐患，应当制定隐患治理方案，落实整改措施、责任、资金、时限和现场应急预案，及时消除隐患。

【应急预案制度】企业事业单位应当按照环境保护部的规定，在开展突发环境事件风险评估和应急资源调查的基础上制定突发环境事件应急预案，并按照分类分级管理的原则，报县级以上环境保护主管部门备案。突发环境事件应急预案制定单位应当定期开展应急演练，撰写演练评估报告，分析存在问题，并根据演练情况及时修改完善应急预案。

【预警管理制度】环境污染可能影响公众健康和环境安全时，县级以上地方环境保护主管部门可以建议本级人民政府依法及时公布环境污染公共监测预警信息，启动应急措施。通过“12369”环保举报热线、新闻媒体等多种途径收集突发环境事件信息。

【应急保障制度】县级以上环保行政主管部门建立健全环境应急值守制度。企业事业单位应当组织突发环境事件从业人员，定期进行突发环境事件应急知识和技能培训。省级环保行政主管部门以及具备条件的市、县级环保行政主管部门应当设立环境应急专家库。县级以上环保行政主管部门可以根据实际情况，建立环境应急物资储备信息库，有条件的地区可以设立环境应急物资储备库。企业也应有相应的应急保障制度。

【应急处置制度】企业事业单位造成或者可能造成突发环境事件时，应当立即启动突发环境事件应急预案，采取切断或者控制污染源以及其他防止危害扩大的必要措施，及时通报可能受到危害的单位和居民，并向事发地县级以上环境保护主管部门报告，接受调查处理。

【损害评估制度】县级以上地方环境保护主管部门应当在本级人民政府的统一部署下，组织开展突发环境事件环境影响和损失等评估工作，并依法向有关人民政府报告。

【调查处理制度】县级以上环境保护主管部门应当按照有关规定开展事件调查，查清突发环境事件原因，确认事件性质，认定事件责任，提出整改措施和处理意见。

可能发生突发环境事件的情景包括：火灾、爆炸、泄漏等生产安全事故；环境风险防控设施失灵或非正常操作；非正常工况；污染治理设施非正常运行；违法排污；停电、断水、停气等；通信或运输系统故障；各种自然灾害、极端天气或不利气象条件。

3.8.2 《企业突发环境事件风险分级方法》

环境应急管理

为了防范环境风险，指导企业自主评估突发环境事件风险，确定环境风险等级，环境保护部组织制定了《企业突发环境事件风险分级方法》（HJ 941—2018），自 2018 年 3 月 1 日起实施。自该标准实施之日起，企业突发环境事件风险分级不再执行《企业突发环境事件风险评估指南（试行）》（环办〔2014〕34 号）的附录 A 和附录 B。

以下企业需要进行环境风险评估：未划定环境风险等级或划定环境风险等级已满三年的；涉及环境风险物质的种类或数量、生产工艺过程与环境风险防范措施或周边环境风险受体发生变化，环境风险等级变化；发生突发环境事件并造成环境污染的企业。

1．分级程序

表 3.5　企业突发环境事件风险分级程序

<table>
<tr><td colspan="4">企业基本情况调查分析</td></tr>
<tr><td colspan="4">确定 Q 值</td></tr>
<tr><td>Q＜1</td><td colspan="3">Q≥1</td></tr>
<tr><td rowspan="4">确定为一般环境风险</td><td>确定 Q 水平（Q0/Q1/Q2/Q3）</td><td>确定 M 类型（M1/M2/M3/M4）</td><td>确定 E 类型（E1/E2/E3）</td></tr>
<tr><td colspan="3">确定突发大气和水环境事件风险等级</td></tr>
<tr><td colspan="3">确定企业突发环境事件风险等级</td></tr>
<tr><td>一般环境风险</td><td>较大环境风险</td><td>重大环境风险</td></tr>
</table>

Q 值是环境风险物质数量与其临界量的比值（见该标准附录 A）。Q＜1 时以 Q0 表示；1≤Q＜10 时以 Q1 表示；10≤Q＜100 时以 Q2 表示；Q≥100 时以 Q3 表示。

$$Q=\frac{w_1}{W_1}+\frac{w_2}{W_2}+\cdots+\frac{w_n}{W_n}$$

上式中 w 为某单位某环境风险物质的本年度最大存在量（t），W 为该环境风险物质的临界量（t，见该标准附录 A）。

M 值表示该单位的生产工艺与环境风险控制水平。先查表用评分法对企业生产工艺、安全生产控制、环境风险防控措施、环评及批复落实情况、污染排放去向等指标进行评估汇总，确定企业生产工艺与环境风险控制水平，分值越大风险越高；然后根据分值确定为 M1、M2、M3 或 M4。

E 值表示当地环境风险受体的敏感性。查表确定分为 E1、E2 或 E3。

2．突发大气环境事件风险分级

先确定 Q 值，若 Q≥1，再查表确定 M 类型和 E 类型。

根据表 3.6、表 3.7 确定 M 值，然后根据 M 总分值查表 3.8 确定该单位的生产工艺与环境风险控制水平类型（M1、M2、M3 或 M4）。其中查表 3.6 得分不超过 30 分，查表 3.7 得分不超过 70 分。

表 3.6　企业生产工艺过程评估

评估依据	分值
涉及光气及光气化工艺、电解工艺（氯碱）、氯化工艺、硝化工艺、合成氨工艺、裂解工艺、氟化工艺、加氢工艺、重氮化工艺、氧化工艺、过氧化工艺、胺基化工艺、磺化工艺、聚合工艺、烷基化工艺、新型煤化工工艺、电石生产工艺、偶氮化工艺	10/套
其他高温或高压、涉及易燃易爆炸等物质的工艺过程*	5/套
具有国家规定限期淘汰的工艺名录和设备	5/套
不涉及以上危险工艺过程或国家规定的禁用工艺设备	0

注：* 高温指工艺温度≥300℃，高压指容器的设计压力≥10.0 MPa，易燃易爆等物质指由 GB 30000.2～GB 30000.13 所确定的化学物质。

表 3.7　企业大气环境风险防控措施与突发大气环境事件发生情况评估

评估指标	评估依据	分值
毒性气体泄漏监控、预警措施	（1）不涉及该标准附录 A 中有毒有害气体的；（2）根据实际情况，具备有毒有害气体厂界泄漏监控预警系统的	0
	不具备有毒有害气体厂界泄漏监控预警系统的	25
符合防护距离情况	符合环评及批复文件防护距离要求的	0
	不符合环评及批复文件防护距离要求的	25
近 3 年内突发大气环境事件发生情况	发生过特别重大或重大等级突发大气环境事件的	20
	发生过较大等级突发大气环境事件的	15
	发生过一般等级突发大气环境事件的	10
	未发生过突发大气环境事件的	0

表 3.8　企业生产工艺过程与大气环境风险控制水平类型划分

生产工艺过程与环境风险控制水平值	生产工艺过程与环境风险控制水平类型
M＜25	M1
25≤M＜45	M2
45≤M＜65	M3
M≥65	M4

根据表 3.9 确定当地大气环境风险受体的敏感程度类型（E1、E2 或 E3）。

表 3.9　大气环境风险受体的敏感程度类型划分

敏感程度类型	大气环境风险受体
E1	企业周边 5 km 范围内居住区、医疗卫生机构、文化教育机构、科研单位、行政机关、企事业单位、商场、公园等人口总数 5 万人以上，或企业周边 500 m 范围内人口总数 1 000 人以上，或企业周边 5 km 涉及军事禁区、军事管理区、国家相关保密区域
E2	企业周边 5 km 范围内居住区、医疗卫生机构、文化教育机构、科研单位、行政机关、企事业单位、商场、公园等人口总数 1 万人以上、5 万人以下，或企业周边 500 m 范围内人口总数 500 人以上、1 000 人以下
E3	企业周边 5 km 范围内居住区、医疗卫生机构、文化教育机构、科研单位、行政机关、企事业单位、商场、公园等人口总数 1 万人以下，或企业周边 500 m 范围内人口总数 500 人以下

按照表 3.10 确定突发大气环境事件风险等级。

表 3.10　企业突发大气环境事件风险分级矩阵

环境风险受体敏感程度（E）	环境风险物质数量与临界量比（Q）	生产工艺过程与大气环境风险控制水平类型（M）			
		M1	M2	M3	M4
E1	Q1	较大风险	较大风险	重大风险	重大风险
	Q2	较大风险	重大风险	重大风险	重大风险
	Q3	重大风险	重大风险	重大风险	重大风险
E2	Q1	一般风险	较大风险	较大风险	重大风险
	Q2	较大风险	较大风险	重大风险	重大风险
	Q3	较大风险	重大风险	重大风险	重大风险
E3	Q1	一般风险	一般风险	较大风险	较大风险
	Q2	一般风险	较大风险	较大风险	重大风险
	Q3	较大风险	较大风险	重大风险	重大风险

企业突发大气环境事件风险等级表征分为两种情况：

（1）Q<1 时，企业突发大气环境事件风险等级表示为：一般-大气（Q0）。

（2）Q≥1 时，企业突发大气环境事件风险等级表示为：环境风险等级-大气（Q 水平-M 类型-E 类型）。

3. 突发水环境事件风险分级

先确定 Q 值，若 Q≥1，再查表确定 M 类型和 E 类型。

根据《企业突发环境事件风险分级方法》中表 1、表 6 确定 M 值，然后根据 M 总分值查表 3 确定该单位的生产工艺与环境风险控制水平类型（M1、M2、M3 或 M4）。其中查表 1 得分不超过 30 分，查表 6 得分不超过 70 分。

根据《企业突发环境事件风险分级方法》中表 7 确定当地水环境风险受体的敏感程度类型（E1、E2 或 E3）。

按照表 3.10 确定企业突发水环境事件风险等级。

企业突发水环境事件风险等级表征分为两种情况：

（1）Q<1 时，企业突发水环境事件风险等级表示为：一般-水（Q0）。

（2）Q≥1 时，企业突发水环境事件风险等级表示为：环境风险等级-水（Q 水平-M 类型-E 类型）。

4. 企业突发环境事件风险等级确定与调整

以企业突发大气环境事件风险和突发水环境事件风险等级高者确定企业突发环境事件风险等级。

近 3 年内，因违法排放污染物、非法转移处置危险废物等行为受到生态环境行政主管部门处罚的企业，在已经评定的突发环境事件风险等级基础上调高一级，最高等级为重大。

同时涉及突发大气和水环境事件风险的企业，风险等级表示为：企业突发环境事件风险等级（突发大气环境事件风险表征+突发水环境事件风险表征）。例如，重大［重大-大气（Q1-M3-E1）+较大-水（Q2-M2-E2）］。

3.8.3 突发环境事件应急预案

环境应急预案，是指为了在应对各类事故、自然灾害时，采取紧急措施，避免或最大限度地减少污染物或其他有毒有害物质进入大气、水体、土壤等环境介质，而预先制定的工作方案。

《环境保护法》规定，企业事业单位应当按照国家有关规定制定突发环境事件应急预案，报环境保护主管部门和有关部门备案。

根据《企业事业单位突发环境事件应急预案备案管理办法（试行）》，下列单位纳入备案管理：可能发生突发环境事件的污染物排放企业，包括污水、生活垃圾集中处理设施的运营企业；生产、储存、运输、使用危险化学品企业；产生、收集、贮存、运输、利用、处置危险废物的企业。省级环保主管部门可以根据实际情况，发布应当依法进行环境应急预案备案的企业名录，鼓励其他企业制定单独的环境应急预案，或在突发事件应急预案中制定环境应急预案专章并备案。

企业是制定环境应急预案的责任主体，根据应对突发环境事件的需要，开展环境应急预案制定工作，对环境应急预案内容的真实性和可操作性负责。企业可以自行编制环境应急预案，也可以委托相关专业技术服务机构编制环境应急预案。委托相关专业技术服务机构编制的，企业指定有关人员全程参与。

环境应急预案体现自救互救、信息报告和先期处置特点，侧重明确现场组织指挥机制、应急队伍分工、信息报告、监测预警、不同情景下的应对流程和措施、应急资源保障等内容。经过评估确定为较大以上环境风险的企业，可以结合经营性质、规模、组织体系和环境风险状况、应急资源状况，按照环境应急综合预案、专项预案和现场处置预案的模式建立环境应急预案体系。环境应急综合预案体现战略性，环境应急专项预案体现战术性，环境应急现场处置预案体现可操作性。

环境应急预案内容包括：总则（目的、编制依据、适用范围）；组织机构与职责；基本情况；风险源分析；环境风险评价；应急响应；应急处置；应急保障；监督管理；附件（图纸、通讯录）等。

企业按照以下步骤制定环境应急预案：

（1）成立环境应急预案编制组，明确编制组组长和成员组成、工作任务、编制计划和经费预算。

（2）开展环境风险评估和应急资源调查。环境风险评估包括但不限于：分析各类事故衍化规律、自然灾害影响程度，识别环境危害因素，分析与周边可能受影响的居民、单位、区域环境的关系，构建突发环境事件及其后果情景，确定环境风险等级。应急资源调查包括但不限于：调查企业第一时间可调用的环境应急队伍、装备、物资、场所等应急资源状况和可请求援助或协议援助的应急资源状况。

（3）编制环境应急预案。合理选择类别，确定内容，重点说明可能的突发环境事件情景下需要采取的处置措施、向可能受影响的居民和单位通报的内容与方式、向环境保护主管部门和有关部门报告的内容与方式，以及与政府预案的衔接方式，形成环境应急预案。编制过程中应征求员工和可能受影响的居民和单位代表的意见。

（4）评审和演练环境应急预案。企业组织专家和可能受影响的居民、单位代表对环境应急预案进行评审，开展演练进行检验。评审专家一般应包括环境应急预案涉及的相关政府管理部门人员、相关行业协会代表、具有相关领域经验的人员等。

（5）签署发布环境应急预案。环境应急预案经企业有关会议审议，由企业主要负责人签署发布。

根据国务院《突发事件应急预案管理办法》：国家层面专项和部门应急预案侧重明确突发事件的应对原则、组织指挥机制、预警分级和事件分级标准、信息报告要求、分级响应及响应行动、应急保障措施等，同时体现政策性和指导性。省级预案侧重突发事件的组织指挥机制、信息报告要求、分级响应及响应行动、队伍物资保障及调动程序、市县职责等，体现指导性。市县级预案侧重明确突发事件的组织指挥机制、风险评估、监测预警、信息报告、应急处置措施、队伍物资保障及调动程序等内容，体现应急处置的主体职能。乡镇级预案侧重明确突发事件的预警信息传播、组织先期处置和自救互救、信息收集报告、人员临时安置等内容，重点规范乡镇层面应对行动，体现先期处置特点。单位和基层企业应急预案侧重明确应急响应责任人、风险隐患监测、信息报告、预警响应、应急处置、人员疏散撤离组织和路线、可调用或可请求援助的应急资源情况及如何实施等，体现自救互救、信息报告和先期处置特点。

根据环境保护部《国家突发环境事件应急预案》，突发环境事件分级为特别重大突发环境事件、重大突发环境事件、较大突发环境事件、一般突发环境事件。

特别重大突发环境事件。凡符合下列情形之一的，为特别重大突发环境事件：环境污染直接导致30人以上死亡或100人以上中毒或重伤的；因环境污染疏散、转移人员 5 万人以上的；因环境污染造成直接经济损失 1 亿元以上的；因环境污染造成区域生态功能丧失或该区域国家重点保护物种灭绝的；因环境污染造成设区的市级以上城市集中式饮用水水源地取水中断的；Ⅰ类、Ⅱ类放射源丢失、被盗、失控并造成大范围严重辐射污染后果的；放射性同位素和射线装置失控导致 3 人以上急性死亡的；放射性物质泄漏，造成大范围辐射污染后果的；造成重大跨国境影响的境内突发环境事件。

重大突发环境事件。凡符合下列情形之一的，为重大突发环境事件：因环境污染直接导致 10 人以上 30 人以下死亡或 50 人以上 100 人以下中毒或重伤的；因环境污染疏散、转移人员 1 万人以上 5 万人以下的；因环境污染造成直接经济损失 2 000 万元以上 1 亿元以下的；因环境污染造成区域生态功能部分丧失或该区域国家重点保护野生动植物种群大批死亡的；因环境污染造成县级城市集中式饮用水水源地取水中断的；Ⅰ类、Ⅱ类放射源丢失、被盗的；放射性同位素和射线装置失控导致 3 人以下急性死亡或者 10 人以上急性重度放射病、局部器官残疾的；放射性物质泄漏造成较大范围辐射污染的；造成跨省级行政区域影响的突发环境事件。

较大突发环境事件。凡符合下列情形之一的，为较大突发环境事件：因环境污染直接导致 3 人以上 10 人以下死亡或 10 人以上 50 人以下中毒或重伤的；因环境污染疏散、转移人员 5 000 人以上 1 万人以下的；因环境污染造成直接经济损失 500 万元以上 2 000 万元以下的；因环境污染造成国家重点保护的动植物物种受到破坏的；因环境污染造成乡镇集中式饮用水水源地取水中断的；Ⅲ类放射源丢失、被盗的；放射性同位素和射线装置失控导致 10 人以下急性重度放射病、局部器官残疾的；放射性物质泄漏，造成小范围辐射污染后果的；造成跨设区的市级行政区域影响的突发环境事件。

一般突发环境事件。凡符合下列情形之一的，为一般突发环境事件：因环境污染直接导致 3 人以下死亡或 10 人以下中毒或重伤的；因环境污染疏散、转移人员 5 000 人以下的；因环境污染造成直接经济损失 500 万元以下的；因环境污染造成跨县级行政区域纠纷，一般性群体影响的；Ⅳ类、Ⅴ类放射源丢失、被盗的；放射性同位素和射线装置失控导致人员受到超过年剂量限值的照射的；放射性物质泄漏，造成厂区内或设施内局部辐射污染后果的；铀矿冶、伴生矿超标排放，造成环境辐射污染后果的；对环境造成一定影响，尚未达到较大突发环境事件级别的。

表 3.11 突发环境事件分级部分指标对照

	死亡人数/人	中毒或重伤人数/人	疏散转移人数/人	直接损失/万元
特大突发环境事件	>30	>100	>50 000	>10 000
重大突发环境事件	10～30	50～100	10 000～50 000	2 000～10 000
较大突发环境事件	3～10	10～50	5 000～10 000	500～2 000
一般突发环境事件	<3	<10	<5 000	<500

应急响应等级。将应急响应设定为Ⅰ级、Ⅱ级、Ⅲ级和Ⅳ级四个等级。初判发生特别重大、重大突发环境事件，分别启动Ⅰ级、Ⅱ级应急响应，由事发地省级人民政府负责应对工作；初判发生较大突发环境事件，启动Ⅲ级应急响应，由事发地设区的市级人民政府负责应对工作；初判发生一般突发环境事件，启动Ⅳ级应急响应，由事发地县级人民政府负责应对工作。政府的重污染天气应急响应措施也需要相关企业配合。

企业结合环境应急预案实施情况，至少每三年对环境应急预案进行一次回顾性评估。有下列情形之一的，及时修订：面临的环境风险发生重大变化，需要重新进行环境风险评估的；应急管理组织指挥体系与职责发生重大变化的；环境应急监测预警及报告机制、应对流程和措施、应急保障措施发生重大变化的；重要应急资源发生重大变化的；在突发事件实际应对和应急演练中发现问题，需要对环境应急预案作出重大调整的。

【案例 3.1 未环评开工案】

2020 年 4 月，江苏省常州市武进生态环境局将江苏某光伏有限公司纳入常州市武进区生态环境监督执法正面清单。2021 年 3 月初，常州市武进生态环境局接到关于该公司涉嫌存在“未批先建”的违法线索。执法人员现场检查发现，该公司正在建设的变电站项目尚未审批，但已开工建设，正在铺设地基。上述变电站项目为高效太阳能电池项目的配套项目，由于该公司对建设项目分类管理名录理解存在偏差，误以为对厂房及辅房进行了建设项目环境影响登记表登记即可，导致“未批先建”问题。武进生态环境局立即进行立案调查，责令停止建设，并封存场地。考虑到该公司并无主观故意，近年来无信访举报，历年来无行政处罚记录、无失信行为，且项目尚在基建，未对环境造成污染后果等情况，常州市武进生态环境局依据《行政处罚法》第三十三条规定，经法制审核及集体会商后，决定对该公司依法不予行政处罚，并根据《江苏省生态环境监督执法正面清单实施方案》相关要求，对该公司加强帮扶指导，督促其整改到位。

【案例3.2 未提交排污许可证执行报告案】

2020年12月，重庆市大足区生态环境局将大足区某化工厂纳入2020年大足区监督执法正面清单。2021年9月初，大足生态环境局通过全国排污许可证管理信息平台依法对该化工厂开展非现场检查，发现系统内无该厂2021年第1季度、第2季度的排污许可证执行报告。9月16日，执法人员对该厂开展现场执法检查，该厂主要生产水玻璃，于2020年7月14日取得排污许可证，但是未按照规定提交排污许可证执行报告。9月17日，重庆市大足区生态环境局执法人员依法对该厂开展调查取证工作，并进行立案登记，同时责令该厂立即停止违法行为。该厂现场签署承诺书，认可其违法事实，承诺限期内改正。9月22日，该厂提交了2021年第1季度、第2季度的排污许可证执行报告，完成整改。10月23日，重庆市大足区生态环境局依据《行政处罚法》第三十三条、《重庆市生态环境局免予行政处罚的轻微环境违法行为情形清单》第2项、《重庆市加强生态环境监督执法正面清单管理工作方案》的相关规定，鉴于该厂此次违法行为轻微并及时改正，且未造成危害后果，经法制审核和集体讨论后，决定对该厂依法不予行政处罚，并对其进行法制宣传教育，提高企业守法意识。

【案例3.3 危险废物无许可证委托处理案】

深圳市某科技股份有限公司坪山分公司将危险废物委托给无许可证的单位从事经营活动案。2020年4月，广东省深圳市生态环境局将深圳市某科技股份有限公司纳入生态环境监督执法正面清单。2021年3月，根据广东省韶关市生态环境部门通报的涉危险废物违法线索，深圳市生态环境局坪山管理局会同深圳市生态环境综合执法支队、韶关市生态环境局乳源分局和韶关市公安局等多家单位对该公司坪山分公司进行了联合现场检查，发现坪山分公司委托无危险废物经营许可证的第三方公司转移、处置废荧光废水、废脱模液等危险废物共计 14.62 t。6 月，深圳市生态环境局坪山管理局依照《固体废物污染环境防治法》第一百一十二条第一款第四项、第二款的规定，责令坪山分公司改正违法行为，并处以 90 万元的罚款，同时移送公安机关。9 月 13 日，公安机关对相关人员实施行政拘留 6 日的处罚。11 月 5 日，深圳市生态环境局将该公司的总公司深圳市某科技股份有限公司移出正面清单，并在深圳市生态环境局官网向社会公开。

【思考题】

1. 简述目前我国的环境管理体制。

2. “三同步”和“三统一”的关系如何？“三同步”中的前提和目的分别是什么？

3. 环境影响评价制度有哪些改革创新？

4. 简述排污许可证制度改革方案。

5. 建设项目环境监理的目的是什么？

6. 突发环境事件应急管理优先保障顺序是什么？

7. 简单介绍废物代码为 336-003-07 的危险废物。

8. 家用杀虫剂、废电池、废日光灯等是不是危险废物？应怎样管理？

9. 根据教师提供的企业资料，学生分组编写企业环境应急预案。

第 4 章　环境管理的经济手段

环境管理的经济手段是运用价值规律和市场经济理论，依据国家的环境经济政策和法规，以价格、成本、保险、信贷、税收和罚款等经济杠杆影响企业环境行为的环境管理手段。包括环境保护税法、排污权交易、生态补偿费、减免税制度、补贴政策、贷款优惠政策、罚款等。其实质是通过经济政策将经济行为的外部成本内化到生产成本中，调整各行为主体的经济利益关系，鼓励保护环境的经济活动，限制损害环境的经济行为。

环境管理经济手段具有三方面特征：利益性、间接性、有偿性。

4.1　环境保护税

根据环境资源价值理论，环境容量作为一种资源是有价值的，并具有稀缺性。因此，环境容量资源应该有偿使用。排污行为的实质是利用了公众的环境容量，排污者应该对其排污行为支付相应的补偿。

根据环境经济学理论，向环境排放污染物会产生外部不经济性，使社会和他人的利益受损。外部不经济性应该内部化。缴纳排污费（环境保护税）是外部不经济性内部化的一种方式。

1982 年 2 月颁布实施的《征收排污费暂行办法》，对征收排污费的目的、对象、收费标准、收费政策、排污费管理、排污费使用等内容作出了详细的规定。此后，排污收费政策又经历了四个转变：由超标收费向排污收费转变，由单一浓度收费向浓度与总量相结合收费转变，由单因子收费向多因子收费转变，由静态收费向动态收费转变。

环境保护税

2016 年 12 月 25 日，《中华人民共和国环境保护税法》由第十二届人大常委会第二十五次会议通过，自 2018 年 1 月 1 日起施行。2017 年 12 月国务院发布《环境保护税法实施条例》，自 2018 年 1 月 1 日起，与《环境保护税法》同步施行。2003 年 1 月发布的《排污费征收使用管理条例》废止。至此，排污收费完成了其历史使命。为促进各地保护和改善环境、增加环境保护投入，环境保护税全部作为地方收入。

环境保护税

税务机关依法履行环境保护税纳税申报受理、涉税信息比对、组织税款入库等职责。环境保护主管部门依法负责应税污染物监测管理，制定和完善相关污染物监测规范。

4.1.1 环境保护税征收规范

在中华人民共和国领域和中华人民共和国管辖的其他海域，直接向环境排放应税污染物的企业事业单位和其他生产经营者为环境保护税的纳税人，应当依照规定缴纳环境保护税。

企业事业单位和其他生产经营者向依法设立的污水集中处理、生活垃圾集中处理场所排放应税污染物的，或者在符合国家和地方环境保护标准的设施、场所贮存或者处置固体废物的，不属于直接向环境排放污染物，不缴纳相应污染物的环境保护税。

环境保护税应税对象包括《环境保护税法》所附《环境保护税税目税额表》《应税污染物和当量值表》规定的大气污染物、水污染物、固体废物和噪声。

应税噪声的计税：按照超过国家规定标准的分贝数确定，不超标不计税。

应税固体废物的计税：按照固体废物的排放量确定。若纳税人有下列情形之一的，以其当期应税固体废物的产生量作为固体废物的排放量：非法倾倒应税固体废物；进行虚假纳税申报。

应税大气污染物、水污染物的计税：按照污染物排放量折合的污染当量数确定。纳税人有下列情形之一的，以其当期应税大气污染物、水污染物的产生量作为污染物的排放量：未依法安装使用污染物自动监测设备或者未将污染物自动监测设备与环境保护主管部门的监控设备联网；损毁或者擅自移动、改变污染物自动监测设备；篡改、伪造污染物监测数据；通过暗管、渗井、渗坑、灌注或者稀释排放以及不正常运行防治污染设施等方式违法排放应税污染物；进行虚假纳税申报。

污染当量数是不同的污染物（源）可以相互比较的环境影响相对值。在理论上，应该是对环境影响越大应缴纳的环境保护税越多。但是，要确定对环境影响的大小并不容易。不同的污染物因其危害性不同、影响环境的作用机制不同、消除危害影响的难易程度不同、计量单位不同，无法直接用浓度或者排放量就对环境影响的大小进行比较；不同的污染源包含不同的污染因子，影响更加复杂，也无法直接用排放量或者排放浓度进行比较。因此，我们需要一个相对的中间量，用以衡量不同的污染物（源）对环境的影响大小。它就是污染当量数。在同一介质中，相同污染当量数的不同污染物（源），其环境影响应该基本相当。

污染当量数=污染物的排放量（kg）÷污染物的当量值（kg）

应税大气污染物、水污染物的污染当量数，以该污染物的排放量除以该污染物的污染当量值计算。每种应税大气污染物、水污染物的具体污染当量值，依照《环境保护税法》所附《应税污染物和当量值表》执行。

污染当量值，是指根据污染物或者污染排放活动对环境的有害程度以及污染处理的技术经济性，衡量不同污染对环境影响的综合性指标或者计量单位。污染当量值体现了不同种类的污染物排放在综合考虑其污染危害和治理费用方面的一种等标关系。简言之，污染当量值是某种污染物排放达到某一固定环境损害值所需要的量（kg）。详见《应税污染物和当量值表》。

【计税】环境保护税应纳税额按照下列方法计算：①应税大气污染物的应纳税额为污染当量数乘以具体适用税额；②应税水污染物的应纳税额为污染当量数乘以具体适用税额；③应税固体废物的应纳税额为固体废物排放量乘以具体适用税额；④应税噪声的应纳税额为超过国家规定标准的分贝数对应的具体适用税额。

【免税】下列情形暂时免征环境税：①农业生产（不包括规模化养殖）排放应税污染物的；②机动车、铁路机车、非道路移动机械、船舶和航空器等流动污染源排放应税污染物的；③依法设立的城乡污水集中处理（生活污水）、生活垃圾集中处理场所排放相应应税污染物，不超过排放标准的；④纳税人综合利用的固体废物，符合国家和地方环境保护标准的；⑤国务院批准免税的其他情形。

【减税】纳税人排放应税大气污染物或者水污染物的浓度值低于所执行的污染物排放标准百分之三十的，减按百分之七十五征收环境保护税。纳税人排放应税大气污染物或者水污染物的浓度值低于所执行的污染物排放标准百分之五十的，减按百分之五十征收环境保护税。其中污染物的浓度值，是指纳税人安装使用的污染物自动监测设备当月自动监测的应税大气污染物浓度值的小时平均值再平均所得数值，或者应税水污染物浓度值的日平均值再平均所得数值，或者监测机构当月监测的应税大气污染物、水污染物浓度值的平均值。减征环境保护税的，前款规定的应税大气污染物浓度值的小时平均值或者应税水污染物浓度值的日平均值，以及监测机构当月每次监测的应税大气污染物、水污染物的浓度值，均不得超过国家和地方规定的污染物排放标准。

【缴税】环境保护税按月计算，按季申报缴纳。不能按固定期限计算缴纳的，可以按次申报缴纳。纳税人申报缴纳时，应当向税务机关报送所排放应税污染物的种类、数量，大气污染物、水污染物的浓度值。纳税人按季申报缴纳的，应当自季度终了之日起十五日内，向税务机关办理纳税申报并缴纳税款。

4.1.2 水污染源环境税的计算

水污染源环境税的计算原则：排污就缴税，“五加三缴税”。

排污就缴税是指：只要排放了水污染物就要交环境保护税，不论是否超标。排放超标的处罚权在生态环境行政主管部门。“五加三缴税”是指：同一个水污染源，第一类水污染物和其他水污染物分别缴税不超过 5 项和 3 项，分别以污染当量数从多到少的顺序确定应税因子。

水污染物环境税 = 单位税额（1.4～14 元）× 污染当量数

《环境保护税税目税额表》中规定的水污染物每污染当量的税额是一个范围，即 1.4～14 元。各省份具体执行的税额由省级人大确定。

【例】2017 年发布的《浙江省人民代表大会常务委员会关于大气污染物和水污染物适用税额的决定》规定：水污染物适用税额为每污染当量 1.4 元，五类重金属污染物项目（总汞、总镉、总铬、总砷和总铅）适用税额为每污染当量 1.8 元。同期北京市应税大气污染物和水污染物适用额分别为每污染当量 12 元和 14 元，均按法定幅度“最高标准”执行。

《环境保护税法》规定：省、自治区、直辖市人民政府根据本地区污染物减排的特殊需要，可以增加同一排放口征收环境保护税的应税污染物项目数，报同级人大常委会决定，并报全国人大常委会和国务院备案。

表 4.1 水污染物污染当量值

序号	污染物	当量值/kg	序号	污染物	当量值/kg
1	总汞	0.000 5	32	有机磷农药	0.05
2	总镉	0.005	33	乐果	0.05
3	总铬	0.04	34	甲基对硫磷	0.05
4	六价铬	0.02	35	马拉硫磷	0.05
5	总砷	0.02	36	对硫磷	0.05
6	总铅	0.025	37	五氯酚	0.25
7	总镍	0.025	38	三氯甲烷	0.04
8	苯并[*a*]芘	0.000 000 3	39	AOX	0.25
9	总铍	0.01	40	四氯化碳	0.04
10	总银	0.02	41	三氯乙烯	0.04
11	悬浮物（SS）	4	42	四氯乙烯	0.04
12	BOD_5	0.5	43	苯	0.02
13	COD_{Cr}	1	44	甲苯	0.02
14	TOC	0.49	45	乙苯	0.02
15	石油类	0.1	46	邻二甲苯	0.02
16	动植物油	0.16	47	对二甲苯	0.02
17	挥发酚	0.08	48	间二甲苯	0.02
18	总氰化物	0.05	49	氯苯	0.02
19	硫化物	0.125	50	邻二氯苯	0.02
20	氨氮	0.8	51	对二氯苯	0.02
21	氟化物	0.5	52	对硝基氯苯	0.02
22	甲醛	0.125	53	2,4-二硝基氯苯	0.02
23	苯胺类	0.2	54	苯酚	0.02
24	硝基苯类	0.2	55	间-甲酚	0.02
25	LAS	0.2	56	2,4-二氯酚	0.02
26	总铜	0.1	57	2,4,6-三氯酚	0.02
27	总锌	0.2	58	邻苯二甲酸二丁酯	0.02
28	总锰	0.2	59	邻苯二甲酸二辛酯	0.02
29	CD-2	0.2	60	丙烯醛	0.125
30	总磷	0.25	61	总硒	0.02
31	单质磷	0.05	—	—	—

注：序号 1～10 为第一类水污染物。

【例】浙江某企业每月排放污水 10 000 t，COD 浓度为 450 mg/L，氨氮浓度为 50 mg/L。COD 排放标准限值为 300 mg/L，氨氮排放标准限值为 120 mg/L。请计算该企业每月要缴的环境保护税。

解：（1）计算排放量。

COD：450 mg/L×10 000 t=4 500 000 g

氨氮：50 mg/L×10 000 t=500 000 g

（2）计算污染当量数。

COD：4 500 000 g÷1 000 g（污染当量值）=4 500

氨氮：500 000 g÷800 g（污染当量值）= 625

（3）计算环境保护税。

（4 500+625）× 1.4 元=7 175 元

氨氮减免 50%：625×1.4 元×50%=437.5 元

该企业每月应缴纳的环境保护税应为：

7 175 元–437.5 元= 6 737.5 元

表 4.2　pH、色度、大肠菌群数、余氯量污染当量值

序号	污染物		当量值/kg
1	pH	0～1，13～14	0.06 t 污水
		1～2，12～13	0.125 t 污水
		2～3，11～12	0.25 t 污水
		3～4，10～11	0.5 t 污水
		4～5，9～10	1 t 污水
		5～6	5 t 污水
2	色度		5 t 水·倍
3	大肠菌群数（超标）		3.3 t 污水
4	余氯量（用氯消毒的医院废水）		3.3 t 污水

pH、大肠菌群数、余氯量的污染当量数计算：

污染当量数=污水的排放量（t）÷污染物的当量值（t）

色度的污染当量数计算：

$$色度污染当量数=\frac{污水排放量（t）\times 超标倍数}{色度的污染当量值（t\cdot 倍）}$$

达到省级人民政府确定的规模标准并且有污染物排放口的畜禽养殖场，应当依法缴纳环境保护税；依法对畜禽养殖废弃物进行综合利用和无害化处理的，不属于直接向环境排放污染物，不缴纳环境保护税。

禽畜养殖业、小型企业和第三产业的污染当量数计算：

污染当量数=污染排放特征值 ÷ 污染物的当量值

表 4.3 仅适用于计算无法进行实际监测或物料衡算的禽畜养殖业、小型企业和第三产业等小型排污者的污染当量数。仅对存栏规模大于 50 头牛，500 头猪，5 000 羽鸡、鸭等的禽畜养殖场收费。医院病床数大于 20 张的按本表计算污染当量。

表 4.3　禽畜养殖业、小型企业和第三产业污染当量值

序号	类型		污染当量值
1	禽畜养殖场	牛	0.1 头
2		猪	1 头
3		鸡、鸭等家禽	30 羽
4	小型企业		1.8 t 污水
5	饮食娱乐服务业		0.5 t 污水
6	医院	消毒	0.14 床
7			2.8 t 污水
8		不消毒	0.07 床
9			1.4 t 污水

【例】浙江某养殖场养殖 100 头牛、1 000 头猪，因故暂时无法检测其污水排放情况，请根据相关规范计算该养殖场每月应纳环境保护税。

解：牛的污染当量=100/0.1=1 000

猪的污染当量=1 000/1=1 000

污染当量数=1 000+1 000=2 000

应纳环境保护税=2 000×1.4 元=2 800 元

4.1.3 大气污染源环境税的计算

大气污染源环境税的计算原则：排污就缴税，“三因子缴税”。

“三因子缴税”：同一个大气污染源，缴税不超过 3 项，以污染当量数从多到少的顺序确定应税因子。

大气污染物环境税 = 单位税额（1.2～12 元）× 污染当量数

具体税额由各省级人大确定。烟尘计税，林格曼黑度不计税。对机动车、飞机、船舶等流动污染源暂不征收废气环境税。

【例】上海市某企业 2019 年 6 月排放大气污染物数据如下：

自动检测：甲醇 17 mg/m^3、NO_x 15 mg/m^3、丙酮 36 mg/m^3；

机构检测：甲苯 11 mg/m^3、HCl 30 mg/m^3；

产品排污系数：SO_2 3 100 mg/t；

排放废气：1 000 万 m^3；产量 50 万 t。

请计算该企业当月的大气污染物环境保护税。

污染物	CH_3OH	NO_x	C_7H_8	HCl	SO_2	CH_3COCH_3
该企业污染物排放限值/（mg/m^3）	50	200	10	10	200	80

解：第一步，确定应税污染物。

对照《环境保护税法》附表《应税污染物和当量值表》，发现丙酮非应税污染物。故忽略丙酮。

第二步，计算污染物排放量。

（1）CH_3OH：17 mg/m^3×10^7 m^3×10^{-6}=170 kg

（2）NO_x：15 mg/m^3×10^7×10^{-6}=150 kg

（3）C_7H_8：11 mg/m^3×10^7 m^3×10^{-6}=110 kg

（4）HCl：30 mg/m^3×10^7 m^3×10^{-6}=300 kg

（5）SO_2：3 100 mg/t×5×10^5×10^{-6}=1 550 kg

表 4.4　大气污染物污染当量值

序号	污染物	当量值/kg	序号	污染物	当量值/kg
1	二氧化硫	0.95	23	二甲苯	0.27
2	氮氧化物	0.95	24	苯并芘	0.000 002
3	一氧化碳	16.7	25	甲醛	0.09
4	氯气	0.34	26	乙醛	0.45
5	氯化氢	10.75	27	丙烯醛	0.06
6	氟化物	0.87	28	甲醇	0.67
7	氰化氢	0.005	29	酚类	0.35
8	硫酸雾	0.6	30	沥青烟	0.19
9	铬酸雾	0.000 7	31	苯胺类	0.21
10	汞及其化合物	0.000 1	32	氯苯类	0.72
11	一般性粉尘	4	33	硝基苯	0.17
12	石棉尘	0.53	34	丙烯醛	0.22
13	玻璃棉尘	2.13	35	氯乙烯	0.55
14	炭黑尘	0.59	36	光气	0.04
15	铅及化合物	0.02	37	硫化氢	0.29
16	镉及其化合物	0.03	38	氨	9.09
17	铍及其化合物	0.000 4	39	三甲胺	0.32
18	镍及其化合物	0.13	40	甲硫醇	0.04
19	锡及其化合物	0.27	41	甲硫醚	0.28
20	烟尘	2.18	42	二甲二硫	0.28
21	苯	0.05	43	苯乙烯	25
22	甲苯	0.18	44	二硫化碳	20

第三步，计算污染当量数。

（1）CH_3OH：170 kg÷0.67 kg≈253.73

（2）NO_x：150 kg÷0.95 kg≈157.89

（3）C_7H_8：110 kg÷0.18 kg≈611.11

（4）HCl：300 kg÷10.75 kg≈27.91

（5）SO_2：1 550 kg÷0.95 kg≈1 631.58

第四步，确定应税项目和适用税额标准。

应税项目：以污染当量数从多到少的顺序确定应税因子为 SO_2、C_7H_8、CH_3OH。

税额标准：上海市政府提请市十四届人大常委会四十一次会议表决通过，上海市应税大气污染物环境保护税适用税额标准（2019 年 1 月 1 日起）：二氧化硫为 7.6 元/污染当量；氮氧化物为 8.55 元/污染当量；其他大气污染物为 1.2 元/污染当量。

第五步，计算应纳环境保护税。

SO_2 环境税：1 631.58×7.6 元≈12 400.01 元

甲苯和甲醇环境税：（611.11+253.73）×1.2 元≈1 037.81 元

第六步，计算减免税。

SO_2 浓度=1 550 kg÷10^7 m^3=155 mg/m^3

SO_2 浓度虽然低于标准值，但是没有达到减税要求。甲醇排放浓度低于排放标准的 50%以上，按规定减税 50%。

该企业当月实际应缴环境保护税：

12 400.01 元+1 037.81 元– 253.73×1.2 元×0.5≈13 285.58 元

4.1.4 固体废物及危险废物环境保护税的计算

对无专用贮存或处置设施，或专用贮存或处置设施达不到环境保护标准（无防渗漏、防扬散、防流失设施）排放的工业固体废物，一次性征收固体废物环境税。

表 4.5　固体废物环境保护税税目税额

序号	税目	计税单位	税额/元
1	煤矸石	每吨	5
2	尾矿	每吨	15
3	危险废物	每吨	1 000
4	冶炼渣、粉煤灰、炉渣、其他固体废物	每吨	25

4.1.5　噪声超标环境保护税的计算

噪声污染源产生环境噪声，超过国家规定的环境噪声排放标准，且干扰他人正常工作和学习的，按照超标的分贝数征收噪声环境税。

表 4.6　工业噪声环境保护税税目税额

序号	超标分贝数/dB	每月环境税/元
1	1～3	350
2	4～6	700
3	7～9	1 400
4	10～12	2 800
5	13～15	5 600
6	≥16	11 200

一个单位边界上有多处噪声超标，环境税应根据最高一处超标声级计算，当沿边界长度超过 100 m 有两处及两处以上噪声超标，则按照两个单位计税。一个单位若有不同地点的作业场所，环境税应分别计算，合并征收。

昼、夜均超标的环境噪声，征收金额按本标准昼、夜分别计算，累计征收。声源一个月内超标不足 15 天的，噪声超标环境税减半征收。夜间频繁突发和夜间偶然突发厂界超标噪声，按等效声级和峰值噪声两种指标中超标分贝值高的一项计算环境税。昼间指6：00—22：00；夜间指22：00至次日6：00。

对机动车、飞机、船舶等流动污染源暂不征收噪声超标排污费。

噪声超标环境保护税的计算步骤：①查《工业企业厂界噪声标准》，确定环境功能区，并确定其相应昼与夜的噪声标准值；②计算超标噪声值；③选择确定超标噪声收税处；④计算环境保护税；⑤确定环境保护税。

【例】某汽车修理厂地处工业区，厂北边界噪声等效声级昼间为75 dB（A）、夜间为66 dB（A），厂北界长度为85 m；厂南边界噪声等效声级昼间为82 dB（A）、夜间为57 dB（A），厂南界长度为123 m；厂东边界噪声等效声级昼间为68 dB（A）、夜间为59 dB（A），厂东界长度为140 m；厂西边界噪声等效声级昼间为77 dB（A）、夜间为56 dB（A），厂西界长度为70 m，该厂每月生产25天，该厂每月应缴纳噪声超标环境保护税多少元？

解：（1）查《工业企业厂界噪声标准》，确定超标噪声排放处所处的功能区及允许排放标准。

该厂处于工业区属III区域，执行标准昼间65 dB（A）、夜间55 dB（A）。

（2）计算各超标点噪声超标值。

厂北界昼间：75 dB－65 dB=10 dB

夜间：66 dB－55 dB=11 dB

厂南界昼间：82 dB－65 dB=17 dB

夜间：57 dB－55 dB=2 dB

厂东界昼间：68 dB－65 dB=3 dB

夜间：59 dB－55 dB=4 dB

厂西界昼间：77 dB－65 dB=12 dB

夜间：56 dB－55 dB=1 dB

（3）选择确定超标噪声收税处。

经比较，昼间厂南界超标值17 dB为最高处，即为昼间的收税处；夜间厂北界超标噪声值11 dB为最高处，即为夜间的收税处。

（4）计算确定环境保护税。

确定收税标准：昼间厂南界超标17 dB的收税标准为11 200元/月；夜间厂北界超标11 dB的收税标准为2 800元/月。

确定是否减半收费：因为该厂每月生产 25 天，不减半。

确定是否加倍收税：经分析，昼间厂界 100 m 以上有多处超标，夜间厂界 100 m 以上有多处超标，因此，昼间或夜间都应加 1 倍征收。

计算环境保护税如下。

昼间收税：11 200 元/月×2=22 400 元/月

夜间收税：2 800 元/月×2=5 600 元/月

该企业噪声环境保护税=昼间环境保护税+夜间环境保护税 =22 400 元/月+5 600 元/月= 28 000 元/月

4.1.6　环境保护税的申报

环境保护税

企业环境税一般是按季申报缴纳，企业按时如实办理纳税申报，对申报的真实性和完整性承担责任。

《环境保护税纳税申报表》分为 A 类、B 类。A 类申报表包括 1 张主表和 5 张附表，适用于通过自动监测、监测机构监测、排污系数和物料衡算法计算污染物排放量的纳税人，享受减免税优惠的纳税人还需要填报减免税相关附表进行申报。B 类申报表适用于除 A 类申报之外的其他纳税人，包括按次申报的纳税人。

首次申报环境保护税的纳税人应同时填报《环境保护税基础信息采集表》，包括 1 张主表和 4 张附表，用于采集纳税人与环境保护税相关的基础信息。纳税人与环境保护税相关的基础信息发生变化的，应及时向主管税务机关办理变更手续。

表 4.7　环境保护税纳税申报表（A 类）

税款所属期：自　　年　　月　　日至　　年　　月　　日　　　填表日期：　　年　　月　　日　　　金额单位：元至角分

*纳税人名称	（公章）				*统一社会信用代码（纳税人识别号）				
税源编号	*排放口名称或噪声源名称	*税目	*污染物名称	*计税依据或超标噪声综合系数	*单位税额	*本期应纳税额	本期减免税额	*本期已缴税额	*本期应补（退）税额
（1）	（2）	（3）	（4）	（5）	（6）	（7）=（5）×（6）	（8）	（9）	（10）=（7）−（8）−（9）
合计	—	—	—	—	—				
授权声明	如果你已委托代理人申报，请填写下列资料： 为代理一切税务事宜，现授权　　　　（地址） （统一社会信用代码）　　　　为本纳税人的代理申报人，任何与本申报表有关的往来文件，都可寄予此人。 授权人签字：				*申报人声明		本纳税申报表是根据国家税收法律法规及相关规定填写的，是真实的、可靠的、完整的。 声明人签字：		

经办人：　　　　主管税务机关：　　　　受理人：　　　　受理日期：　　年　　月　　日

本表一式两份，一份纳税人留存，一份税务机关留存。

填表说明：

1. 本表适用于按照《中华人民共和国环境保护税法》第十条前三项方法计算应税污染物排放量的纳税人填报。表内带*为必填项。

2. 本表包含五张附表，分别为《环境保护税按月计算报表（大气污染物适用）》《环境保护税按月计算报表（水污染物适用）》《环境保护税按月计算报表（固体废物适用）》《环境保护税按月计算报表（噪声适用）》《环境保护税减免税明细计算报表》。

3. 第1栏“税源编号”：由税务机关通过征管系统根据纳税人的排放口信息赋予编号。

4. 第2栏“排放口名称或噪声源名称”：纳税人可自行命名每一个排放口名称或噪声源的具体名称。该项应与《环境保护税基础信息采集表》中填写的名称一致。

5. 第3栏“税目”：按照《中华人民共和国环境保护税法》附表一的税目填写，分别为“大气污染物”“水污染物”“固体废物（煤矸石）”“固体废物（尾矿）”“固体废物（危险废物）”“固体废物（冶炼渣）”“固体废物（粉煤灰）”“固体废物（炉渣）”“固体废物（其他固体废物）”“噪声（工业噪声）”。

6. 第4栏“污染物名称”：大气污染物和水污染物根据《中华人民共和国环境保护税法》附表二的污染物名称填写。固体废物根据《中华人民共和国环境保护税法》附表一填写，其中：税目为“固体废物（危险废物）”的，按照国务院环境保护主管部门发布的国家危险废物名录中的相应代码填写；税目为“固体废物（其他固体废物）”的，按照其他应税固体废物具体名称填写。噪声填写“工业噪声超标1～3分贝”“工业噪声超标4～6分贝”“工业噪声超标7～9分贝”“工业噪声超标10～12分贝”“工业噪声超标13～15分贝”“工业噪声超标16分贝以上”。从事海洋工程的纳税人排放应税大气污染物的，填写大气污染物具体名称，如“二氧化硫-海洋工程（气）”“氮氧化物-海洋工程（气）”“一氧化碳-海洋工程（气）”等；从事海洋工程的纳税人排放应税水污染物的，填写海洋工程相应水污染物名称：“石油类-海洋工程（生产污水和机舱污水）”“石油类-海洋工程（钻井泥浆和钻屑）”“总汞-海洋工程（钻井泥浆和钻屑）”“总镉-海洋工程（钻井泥浆和钻屑）”“化学需氧量（COD_{Cr}）-海洋工程（生活污水）”；从事海洋工程的纳税人排放生活垃圾的，填写“生活垃圾-海洋工程”。

7. 第5栏“计税依据或超标噪声综合系数”：根据附表计算出的应税大气污染物和水污染物的污染当量数、应税固体废物的排放量，分污染物名称合计填写。噪声按照附表1.4《环境保护税按月计算报表（噪声适用）》中的第13栏“超标噪声综合系数”填写。

8. 第6栏“单位税额”：按照《中华人民共和国环境保护税法》附表一和各省、自治区、直辖市公布的应税大气污染物、水污染物具体适用税额填写。

9. 第8栏“本期减免税额”：按照附表1.5《环境保护税减免税明细计算报表》第15栏“本期减免税额”分污染物名称的合计数填写。

表 4.7（Ⅰ） 环境保护税按月计算报表（A 类表附表 1）

（大气污染物适用）

税款所属期：自　　年　　月　　日至　　年　　月　　日

纳税人名称：　　　　　　　　　　统一社会信用代码（纳税人识别号）：

*月份	*税源编号	*排放口名称	*污染物名称	*污染物排放量计算方法	监测计算		排污系数计算				*污染物排放量（千克）	*污染当量值（千克）	*污染当量数
					废气排放量（万标立方米）	实测浓度值（毫克/标立方米）	计算基数	产污系数	排污系数	污染物单位			
（1）	（2）	（3）	（4）	（5）	（6）	（7）	（8）	（9）	（10）	（11）	（12）=（6）×（7）÷100 （12）=（8）×（9）×*N* （12）=（8）×（10）×*N*	（13）	（14）=（12）÷（13）

填表说明：

1. 本表用于大气污染物环境保护税的计算申报。表内带*的为必填项。

2. 第1栏“月份”：按税款所属期分月填写，如“1月”“2月”“3月”。

3. 第5栏“污染物排放量计算方法”：填写 “自动监测”“监测机构监测”“排污系数”或“物料衡算”。

4. 第6栏“废气排放量”：污染物排放量计算方法为“自动监测”或“监测机构监测”的填写该项。

5. 第7栏“实测浓度值”：采用自动监测的按自动监测仪器当月读数填写；采用监测机构监测（含符合规定的自行监测）的，按监测机构出具的报告填写。

6. 第8栏“计算基数”：填写产品产量值或原材料耗用值。

7. 第9栏“产污系数”：使用产污系数法计算污染物排放量的，填写国务院环境保护主管部门发布的纳税人适用的产污系数，无须填写第10栏“排污系数”。

8. 第10栏“排污系数”：使用排污系数法计算污染物排放量的，填写国务院环境保护主管部门发布的纳税人适用的排污系数，无须填写第9栏“产污系数”。

9. 第11栏“污染物单位”：按照国务院环境保护主管部门发布的纳税人适用的产排污系数表中“单位”栏的分子项填写，包括“吨”“千克”“克”“毫克”。

10. 第12栏“污染物排放量”：采用自动监测方法计算污染物排放量的，按照自动监测仪器当月读数填写，此时，该栏可不等于第6栏×第7栏。采用监测机构监测方法计算污染物排放量的，污染物排放量=废气排放量×实测浓度值÷100（注：将污染物排放量换算成千克）。采用排污系数方法计算污染物排放量的，污染物排放量=计算基数×排污系数（或产污系数）×换算值（N）（注：将污染物排放量换算成千克）。“污染物单位”为吨时，N为1000；“污染物单位”为千克时，N为1；“污染物单位”为克时，N为0.001；“污染物单位”为毫克时，N为0.000 001。采用物料衡算方法计算污染物排放量的，按纳税人适用的物料衡算方法计算填写污染物排放量（注：将污染物排放量换算成千克）。

11. 第13栏“污染当量值”：根据《中华人民共和国环境保护税法》附表二填写。

表 4.7（Ⅱ） 环境保护税按月计算报表（A 类表附表 2）

（水污染物适用）

税款所属期：自　　年　　月　　日至　　年　　月　　日

纳税人名称：　　　　　　　　　　　　　　统一社会信用代码（纳税人识别号）：

*月份	*税源编号	*排放口名称	*种类	*污染物名称	*污染物排放量计算方法	监测计算		排污系数计算				*污染物排放量（千克或吨）	*污染当量值（千克或吨）	*污染当量数
						污水排放量（吨）	实测浓度值（毫克/升）	计算基数	产污系数	排污系数	污染物单位			
（1）	（2）	（3）	（4）	（5）	（6）	（7）	（8）	（9）	（10）	（11）	（12）	（13）=（7）×（8）÷1 000 （13）=（9）×（10）×N （13）=（9）×（11）×N （13）=（7）	（14）	（15）=（13）÷（14）

填表说明：

1. 本表用于水污染物环境保护税的计算申报。表内带*的为必填项。
2. 第1栏“月份”：按税款所属期分月填写，如“1月”“2月”“3月”。
3. 第4栏“种类”：填写“第一类水污染物”或 “其他类水污染物”；“其他类水污染物”包括第二类水污染物、pH、色度、大肠菌群数、余氯量。
4. 第5栏“污染物名称”：当污染物是“pH”时，根据实测pH对应填写“pH（0-1，13-14）”“pH（1-2，12-13）”“pH（2～3，11～12）”“pH（3～4，10～11）”“pH（4～5，9～10）”“pH（5～6）”。
5. 第6栏“污染物排放量计算方法”：填写 “自动监测”“监测机构监测”“排污系数”或“物料衡算”。
6. 第7栏“污水排放量”：污染物排放量计算方法为“自动监测”或“监测机构监测”的填写该项。
7. 第8栏“实测浓度值”：采用自动监测的按自动监测仪器当月读数填写；采用监测机构监测（含符合规定的自行监测）的，按监测机构出具的报告填写。
8. 第9栏“计算基数”：填写产品产量值或原材料耗用值。
9. 第10栏“产污系数”：使用产污系数法计算污染物排放量的，填写国务院环境保护主管部门发布的纳税人适用的产污系数，无须填第10栏“排污系数”。
10. 第11栏“排污系数”：使用排污系数法计算污染物排放量的，填写国务院环境保护主管部门发布的纳税人适用的排污系数，无须填第9栏“产污系数”。
11. 第12栏“污染物单位”：按照国务院环境保护主管部门发布的纳税人适用的产排污系数表中“单位”栏的分子项填写，包括“吨”“千克”“克”“毫克”。
12. 第13栏“污染物排放量”：采用自动监测方法计算污染物排放量的，按照自动监测仪器当月读数填写，此时，该栏可不等于第7栏×第8栏。采用监测机构监测方法计算污染物排放量的，污染物排放量=污水排放量×实测浓度值÷1 000（注：将污染物排放量换算成千克）。采用排污系数方法计算污染物排放量的，污染物排放量=计算基数×排污系数（或产污系数）×换算值（N）（注：将污染物排放量换算成千克）。“污染物单位”为吨时，N为1 000；“污染物单位”为千克时，N为1；“污染物单位”为克时，N为0.001；“污染物单位”为毫克时，N为0.000 001。采用物料衡算方法计算污染物排放量的，按纳税人适用的物料衡算方法计算填写污染物排放量（注：排放量换算成千克）。当污染物是“pH”“大肠菌群数（超标）”“余氯量（用氯消毒的医院废水）”时，污染物排放量=污水排放量（污染物排放量换算成吨）。当污染物是“色度”时，污染物排放量=污水排放量（污染物排放量换算成吨）×色度超标倍数。
13. 第14栏“污染当量值”：根据《中华人民共和国环境保护税法》附表二填写。

表 4.7（III） 环境保护税按月计算报表（A 类表附表 3）

（固体废物适用）

税款所属期：自　　年　　月　　日至　　年　　月　　日

纳税人名称：　　　　　　　　　　　　统一社会信用代码（纳税人识别号）：

*月份	*污染物名称		*本月固体废物的产生量（吨）	*本月固体废物的贮存量（吨）	*本月固体废物的处置量（吨）	*本月应税固体废物的排放量（含综合利用量）（吨）
	固体废物类别	固体废物名称或危险废物代码				
（1）	（2）	（3）	（4）	（5）	（6）	（7）=（4）-（5）-（6）

填表说明：

1.本表用于固体废物环境保护税的计算申报。表内带*的为必填项。

2.第 1 栏“月份”：按税款所属期分月填写，如“1 月”“2 月”“3 月”。

3.第 2 栏“固体废物类别”：按行单项填写“煤矸石”“尾矿”“危险废物”“冶炼渣”“粉煤灰”“炉渣”“其他固体废物（含半固态、液态废物）”；海洋工程纳税人排放生活垃圾的，填写“生活垃圾-海洋工程”。

4.第 3 栏“固体废物名称或危险废物代码”：固体废物类别为 “其他固体废物（含半固态、液态废物）”的，填写其他固体废物的具体名称；固体废物类别为“危险废物”的，按照国务院环境保护主管部门发布的国家危险废物名录中的相应代码填写。

5.第 4 栏“本月固体废物的产生量”：填写当月产生的应税固体废物数量。

6.第 5 栏“本月固体废物的贮存量”：填写当月在符合国家和地方环境保护标准的设施、场所贮存的固体废物数量。

7.第 6 栏“本月固体废物的处置量”：填写当月在符合国家和地方环境保护标准的设施、场所处置的固体废物数量。

8.第 7 栏“本月应税固体废物的排放量（含综合利用量）”：本月应税固体废物的排放量（含综合利用量）=本月固体废物的产生量-本月固体废物的贮存量-本月固体废物的处置量。综合利用应税固体废物的，填报《环境保护税减免税明细计算报表》。

表 4.7（Ⅳ） 环境保护税按月计算报表（A 类表附表 4）

（噪声适用）

税款所属期：自　　年　　月　　日至　　年　　月　　日

纳税人名称：　　　　　　　　　　　　统一社会信用代码（纳税人识别号）：

*月份	*税源编号	*噪声源名称	*噪声时段	*监测分贝数	*标准限值	*超标分贝数	*污染物名称	*超标不足 15 天	*超标天数系数	*两处以上噪声超标	*边界超标系数	*超标噪声综合系数
（1）	（2）	（3）	（4）	（5）	（6）	（7）=（5）-（6）	（8）	（9）	（10）	（11）	（12）	（13）=（10）×（12）

填表说明：

1. 本表用于噪声环境保护税的计算申报。表内带*的为必填项。
2. 第 1 栏“月份”：按税款所属期分月填写，如“1 月”“2 月”“3 月”。
3. 第 4 栏“噪声时段”：填写 “昼间”或 “夜间”，同一噪声源昼、夜均超标的，应分行填写。
4. 第 5 栏“监测分贝数”：填写实际监测的最高分贝数，不足一分贝的按“四舍五入”原则填写。
5. 第 6 栏“标准限值”：按照所属声功能区的执行标准中对应的“标准限值”填写。
6. 第 8 栏“污染物名称”：填写“工业噪声超标 1～3 分贝”“工业噪声超标 4～6 分贝”“工业噪声超标 7～9 分贝”“工业噪声超标 10～12 分贝”“工业噪声超标 13～15 分贝”或 “工业噪声超标 16 分贝以上”。
7. 第 9 栏“超标不足 15 天”：超标天数区分昼、夜，分别计算。噪声源超标不足 15 昼（夜）的，填写“是”；达到或超过 15 昼（夜）的，填写“否”。
8. 第 10 栏“超标天数系数”：第 9 栏为“是”的，本栏填写“0.5”；第 9 栏为“否”的，本栏填写“1”。
9. 第 11 栏“两处以上噪声超标”：沿边界长度超过 100 米有两处以上噪声超标的填写“是”，其他情况填写“否”。
10. 第 12 栏“边界超标系数”：第 11 栏为“是”的，本栏填写“2”；第 11 栏为“否”的，本栏填写“1”。

表 4.7（Ⅴ） 环境保护税减免税明细计算报表（A 类表附表 5）

税款所属期：自　　年　　月　　日至　　年　　月　　日

纳税人名称：　　　　统一社会信用代码（纳税人识别号）：　　　　金额单位：元至角分

*月份	税源编号	*排放口名称	*税目	*污染物名称	*污染物排放量计算方法	监测数据		执行标准	标准浓度值（毫克/升，毫克/标立方米）	污染物排放量（千克）	*减免性质代码（减免项目名称）	*污染当量数或综合利用量	*单位税额	*本期减免税额
						月均浓度（毫克/升，毫克/标立方米）	最高浓度（毫克/升，毫克/标立方米）							
（1）	（2）	（3）	（4）	（5）	（6）	（7）	（8）	（9）	（10）	（11）	（12）	（13）	（14）	（15）=（13）×（14） （15）=（13）×（14）×N

填表说明：

1. 本表用于环境保护税减免税的计算申报。表内带*的为必填项；享受大气污染物、水污染物减免税优惠的，须填写第 7、8、9、10、11 栏；享受固体废物减免税优惠的，无须填写第 2、3、6、7、8、9、10、11 栏。

2. 第 7 栏“月均浓度”：按照《中华人民共和国环境保护税法实施条例》第十条规定填写。

3. 第 8 栏“最高浓度”：采用自动监测的，按照应税大气污染物浓度值的最高小时平均值，或者应税水污染物浓度值的最高日平均值填写；采用监测机构监测（含符合规定的自行监测）的，按照当月监测的应税大气污染物、水污染物的最高浓度值填写。

4. 第 9 栏“执行标准”：按照孰严原则选择填写国家或地方污染物排放标准名称及编号。

5. 第 10 栏“标准浓度值”：填写执行标准对应的浓度值。

6. 第 11 栏“污染物排放量”：根据自动监测、监测机构监测的数据得出的污染物排放量填写。

7. 第 12 栏“减免性质代码（减免项目名称）”：按照减免税政策代码目录中相应的减免性质代码或名称填写。

8. 第 13 栏“污染当量数或综合利用量”：应税大气污染物、水污染物填写实际排放应税污染物的污染当量数；享受固体废物综合利用税收优惠的，填写固体废物综合利用量。

9. 第 14 栏“单位税额”：按照《中华人民共和国环境保护税法》附表一和各省、自治区、直辖市公布的应税大气污染物、水污染物具体适用税额填写。

10. 第 15 栏“本期减免税额”：享受大气污染物、水污染物减免税优惠的，本期减免税额 =“污染当量数或综合利用量”×“单位税额”×N（N 为减免幅度，包括 25%、50%、100%）；享受固体废物综合利用税收优惠的，本期减免税额 =“污染当量数或综合利用量”×“单位税额”。

表 4.8　环境保护税纳税申报表（B 类）

税款所属期：自　　年　　月　　日至　　年　　月　　日　　　填表日期：　　年　　月　　日　　　金额单位：元至角分

纳税人名称：　　　　　　　　（公章）　　　统一社会信用代码（纳税人识别号）：

*月份	*税目	污染物名称	特征指标	单位	特征指标数量	特征系数	污染当量值特征值	计税依据	*单位税额	*本期应纳税额	减免性质代码（减免项目名称）	本期减免税额	本期已缴税额	*本期应补（退）税额
（1）	（2）	（3）	（4）	（5）	（6）	（7）	（8）	（9）	（10）	（11）=（9）×（10）	（12）	（13）	（14）	（15）=（11）－（13）－（14）
合计	—	—	—	—	—	—	—	—			—			

授权声明		*申报人声明	
授权声明	如果你已委托代理人申报，请填写下列资料：为代理一切税务事宜，现授权　　　　（地址）（统一社会信用代码）　　　　为本纳税人的代理申报人，任何与本申报表有关的往来文件，都可寄予此人。 授权人签字：	*申报人声明	本纳税申报表是根据国家税收法律法规及相关规定填写的，是真实的、可靠的、完整的。 声明人签字：

经办人：　　　　主管税务机关：　　　　受理人：　　　　受理日期：　　年　　月　　日

本表一式两份，一份纳税人留存，一份税务机关留存。

填表说明：

1. 按照《中华人民共和国环境保护税法》第十条第四项方法计算应税污染物排放量或适用税法所附《禽畜养殖业、小型企业和第三产业水污染物当量值》表的纳税人，以及按次申报的纳税人填报本表。表内带*的为必填项；按次申报的纳税人，无需填写第1、5、6、7、8栏。

2. 第1栏“月份”：按税款所属期分月填写，如“1月”“2月”“3月”。

3. 第2栏“税目”：按照《中华人民共和国环境保护税法》附表一的税目填写，分别为“大气污染物”“水污染物”“固体废物（煤矸石）”“固体废物（尾矿）”“固体废物（危险废物）”“固体废物（冶炼渣）”“固体废物（粉煤灰）”“固体废物（炉渣）”“固体废物（其他固体废物）”“噪声（工业噪声）”。

4. 第3栏“污染物名称”：大气污染物和水污染物根据《中华人民共和国环境保护税法》附表二的污染物名称填写。水污染物是“pH”时，根据实测pH对应填写“pH（0-1，13-14）”“pH（1-2，12-13）”“pH（2-3，11-12）”“pH（3-4，10-11）”“pH（4-5，9-10）”“pH（5-6）”；适用《中华人民共和国环境保护税法》所附《禽畜养殖业、小型企业和第三产业水污染物当量值》表的，按照表中“类型”填写，如“禽畜养殖场（牛）”“禽畜养殖场（猪）”“小型企业”等。固体废物根据《中华人民共和国环境保护税法》附表一填写，其中：税目为“固体废物（危险废物）”的，按照国务院环境保护主管部门发布的国家危险废物名录中的相应代码填写；税目为“固体废物（其他固体废物）”的，按照其他固体废物的具体名称填写。噪声填写“工业噪声超标1-3分贝”“工业噪声超标4-6分贝”“工业噪声超标7-9分贝”“工业噪声超标10-12分贝”“工业噪声超标13-15分贝”“工业噪声超标16分贝以上”。采用《中华人民共和国环境保护税法》第十条第四项方法计算应税污染物排放量的，按照省、自治区、直辖市人民政府环境保护主管部门规定的抽样测算污染物名称填写。

5. 第4栏“特征指标”：按照《中华人民共和国环境保护税法》所附《禽畜养殖业、小型企业和第三产业水污染物当量值》表和省、自治区、直辖市人民政府环境保护主管部门公布的抽样测算方法填写，如“牛”“猪”“鸡”“床”等。

6. 第5栏“单位”：填写“特征指标”的具体单位，如“头”“羽”“张”“吨”等。

7. 第6栏“特征指标数量”：填写“特征指标”的数量，若“特征指标”是“牛”的，填写具体头数，如“500”。

8. 第7栏“特征系数”：填写参与污染当量数计算的系数项。

9. 第8栏“污染当量值（特征值）”：按照《中华人民共和国环境保护税法》所附《禽畜养殖业、小型企业和第三产业水污染物当量值》表中污染当量值和省、自治区、直辖市人民政府环境保护主管部门公布的特征值填写。

10. 第9栏“计税依据”：按照《中华人民共和国环境保护税法》所附《禽畜养殖业、小型企业和第三产业水污染物当量值》表计算的，“计税依据”=“特征指标数量”÷“污染当量值”。采用特征系数计算的，“计税依据”=“特征指标数量”×“特征系数”÷“污染当量值”。采用特征值计算的，“计税依据”=“特征指标数量”×“特征值”。

11. 第10栏“单位税额”：按照《中华人民共和国环境保护税法》附表一和各省、自治区、直辖市公布的应税大气污染物、水污染物具体适用税额填写。

12. 填表举例1：某存栏量500头牛的禽畜养殖业纳税人，采用本表申报时，“税目”栏应填写“水污染物”，“污染物名称”栏应填写“禽畜养殖场（牛）”，“特征指标”栏应填写“牛”，“单位”栏应填写“头”，“特征指标数量栏”应填写“500”，“特征系数”栏不填写，“污染当量值（特征值）”栏应填写牛的污染当量值“0.1”，“计税依据”栏=“特征指标数量”÷“污染当量值”=500÷0.1=5 000。

13. 填表举例2：某省环境保护厅公布的抽样测算方法中规定住宿业纳税人按照3特征值/每床位·每月核定计算“污水”的环境保护税，若某住宿业纳税人有100张床位，采用本表申报时，“税目”栏应填写“水污染物”，“污染物名称”应填写“污水”，“特征指标”栏应填写“床位”，“单位”栏应填写“床”，“特征指标数量”栏应填写“100”，“特征系数”栏不填写，“污染当量值（特征值）”栏应填写特征值“3”，“计税依据”栏=“特征指标数量”×“特征值”=100×3=300。

14. 填表举例3：某省环境保护厅公布的抽样测算方法中规定建筑扬尘（按一般性粉尘计）的特征系数为“1.2千克/（平方米·月）”，若某建筑施工单位某月施工面积为10 000平方米，采用本表申报时，“税目”栏应填写“大气污染物”，“污染物名称”应填写“一般性粉尘”，“特征指标”栏应填写“月施工面积”，“单位”栏应填写“平方米”，“特征指标数量”栏应填写“10 000”，“特征系数”栏应填写“1.2”，“污染当量值（特征值）”栏应填写一般性粉尘的污染当量值“4”，“计税依据”=“特征指标数量”×“特征系数”÷“污染当量值”=10 000×1.2÷4=3 000。

4.2 排污权交易

排污权是排污单位经过政府部门核定和许可，允许其在一定范围内排放污染物的种类和数量。排污权由排污许可证确定，排污许可证制度的推行，意味着我国的环境管理开始从浓度管理向总量管理转变。

排污权交易是指在一定区域内，在污染物排放总量不超过允许排放量的前提下，内部各污染源之间通过买卖相互调剂排污量，从而达到污染物排放总量控制的目的。

政府部门根据区域的环境质量目标，评估确定区域环境容量，推算出污染物的最大允许排放量。然后，政府将该允许排放量分割、分配给相关排污单位，形成若干排污权，并建立排污权交易市场使这种权利能够合法地买卖。通过排污权交易市场，排污者可以从其利益出发，自主决定其内部污染治理程度，并因此在市场买入或卖出排污权。

排污权交易是以市场为基础的环境管理经济手段，充分体现了环境管理经济手段的利益诱导性，把环境责任和经济利益很好地结合在一起。排污权的卖出方因为减排导致排污权剩余，通过出售剩余排污权获得经济回报，这是社会通过排污权交易市场对企业环保行为的补偿。而排污权买方由于新增排污不得不付出代价，其支出的费用实质上是其增加环境污染物排放的代价之一。

排污权交易制度是实行总量控制的有效手段，企业出于对自身利益的考虑而提高治污的积极性，使污染总量控制目标自觉得以实现。因此，污染治理可以从政府的强制行为变为企业自觉的市场行为。

排污权交易不能简单地以许可排放量和实际排放量的差值作为可交易的量，企业通过技术进步、深度治理，实际减少的单位产品排放量，方可按规定在市场交易出售；此外，实施排污权交易还应充分考虑环境质量改善的需求，要确保排污权交易不会导致环境质量恶化。排污许可证是排污交易的管理载体，企业进行排污权交易的量、来源和去向均应在许可证中载明，环保部门将按照排污权交易后的排放量进行监管执法。

4.2.1 排污权交易的由来

总量控制是确保环境质量的重要措施。现实工作中，确定区域允许排污总量后，如何将排污权合理地分发下去，是个难题。另外，新企业进入所需要的排污许可如何得到满足？将倒闭企业的配额分配给新企业能满足需求吗？如果有企业通过污染治理节余了排污配额，愿意无偿奉献出来吗？为调动企业治理污染的积极性，在实施总量控制后，排污权朝着可交易方向发展，是必然的选择。应该让市场来解决这些问题。

排污权交易起源于美国。允许不同工厂之间转让和交换排污削减量，这为企业针对如何进行费用最小的污染削减提供了新的选择。而后德国、英国、澳大利亚等国家相继实行了排污权交易的实践。排污权交易是当前备受各国关注的环境经济政策之一。

1960 年，美国经济学家科斯提出排污权交易理论。

1968 年，美国人戴尔斯对排污权交易进行了较详细地阐述，美国《空气清洁法案》作出立法性规定，将其应用于实践中，效果不错。

20 世纪 70 年代后期，美国环境保护局（EPA）开始制定排污权交易程序。

20 世纪 80 年代，美国实现汽油铅排放交易程序。

20 世纪 90 年代早期，美国联邦政府开始关于移动源的 ABT 计划。

20 世纪 90 年代中期，美国电力行业控制酸雨计划实施 SO_2 排放交易，洛杉矶烟雾控制计划实施 NO_x、SO_2 的排放交易。

20 世纪 90 年代后期，美国在东北部实施 NO_x 排污交易预算计划。

排污权交易成功发展的原因是多方面的。首先，治理成本高的企业买入，治理成本低的企业卖出，排污权交易可以使社会治理成本最小化；其次，有利于政府的宏观调控，政府可以通过发放或者购买排污权来影响排污交易价格，进而调控污染物的排放量；最后，排污权交易给了非排污者表达意见的机会，环境保护组织可以通过购入排污权来达到减少污染排放的目的。

4.2.2 国内排污权交易平台

20 世纪 90 年代，我国开始引入排污权交易制度，最初是为了控制酸雨。

2001 年 4 月，国家环境保护总局与美国环保协会签订《推动中国二氧化硫排放总量控制及排放权交易政策实施的研究》合作项目。

排污权交易

2001 年 9 月，在多方努力下，江苏省南通市顺利实施中国首例排污权交易。交易双方为南通天生港发电有限公司与南京醋酸纤维有限公司，双方在 2001—2007 年交易 SO_2 排污权 1 800 t。

2003 年，江苏太仓港环保发电有限公司与南京下关发电厂达成 SO_2 排污权异地交易。

2007 年 11 月 10 日，国内第一个排污权交易中心在浙江省嘉兴市挂牌成立。标志着我国排污权交易逐步走向制度化、规范化、国际化。当时的排污权交易例子：嘉兴市嘉名染整有限公司花费 5 500 元，向“嘉兴市排污权储备交易中心”购入每年 0.275 t SO_2 的排放权。这每年 0.275 t SO_2 排放权是桐乡市羔羊水泥公司提供的，羔羊水泥公司因为关停污染较大的机立窑生产线，每年富余了 11.8 t 的 SO_2 排放权。以前要关停污染严重的印染企业，政府要拿出大笔资金补助。而嘉兴市嘉善县的经验是：让企业将关停以后富余的排污权指标拿来拍卖，关停企业拿到手的钱更多了，政府的负担也轻了。不派工作组，不用财政掏钱，嘉善县 9 家印染企业因此自愿实施关停或重组，全县印染行业削减了 300 t COD 和 40 t NH_3-N 的排放。

浙江省排污权交易中心 2009 年 3 月挂牌。2012 年 2 月，义乌市在金华地区率先下发《义乌市主要污染物排污权有偿使用和交易管理办法》。规定所有新建、改扩建项目新增的排污权必须从政府手中购买。起初，义乌市列入排污权交易的污染物是 COD、SO_2、电镀酸洗行业废水三项。按浙江省规定，COD、SO_2、电镀酸洗行业废水这三类污染物的初始排污权使用费分别是 4 000 元/（t·a）、1 000 元/（t·a）、2 元/（t·a）。按照规定，不是所有企业都要收取初始排污权使用费。COD 日均排放量达到 10 kg 或拥有 2 t 以上锅炉的企业及重污染行业才收取初始排污权使用费。一旦排污企业购买了初始排污权指标，环保部门就会发放排污许可证。根据浙江省统一安排，从 2014 年 10 月 1 日开始，新增 NH_3-N 和 NO_x 两项指标的初始排污权有偿使用，具体征收标准为：NH_3-N 4 000 元/（t·a），NO_x 1 000 元/（t·a）。

排污权有偿使用费和企业缴纳的排污费、环境保护税是有区别的。前者是指排污单位购买按照规定向环境排放污染物的权利所缴纳的费用，后者则是排污单位对排污行为造成环境损害实施的补偿，即排污单位支付的环境修复成本。

排污权交易的一级市场相关方为生态环境主管部门和排污单位，是允许排放量的合理有偿分配。二级市场的交易发生在排污单位之间，或者是排污单位和投资方之间。投资方目前还未被授权入市。

2021年，浙江省排污权交易中心的COD、NH_3-N、SO_2、NO_x全年成交量分别为5 125.35 t、562.26 t、5 367.35 t、8 685.07 t。2021年12月，四项排污权指标：COD收报于351.72点［对应价格为14 068.84元/（t·a）］、NH_3-N收报于1 681.04点［对应价格为67 241.46元/（t·a）］、SO_2收报于162.37点［对应价格为1 623.66元/（t·a）］、NO_x收报于251.01点［对应价格为2 510.05元/（t·a）］。

2021年11月，浙江省生态环境厅、省发展和改革委员会、省财政厅联合印发《浙江省排污权回购管理暂行办法》，以优化环境资源配置，提高排污权流转效率，规范排污权回购管理，完善排污权交易体系。排污权回购，是指县级以上人民政府购买排污单位的富余排污权，并纳入政府储备排污权的行为。富余排污权，是指排污单位通过淘汰落后和过剩产能、清洁生产、污染治理、技术改造升级或者其他原因节余形成的排污权。

目前已经有多个省的排污权交易中心挂牌运行。

4.2.3 碳交易

碳交易是为促进全球温室气体减排所采用的市场机制。1992年5月9日，联合国政府间气候变化专门委员会通过艰难谈判，通过了《联合国气候变化框架公约》。1997年12月在日本京都通过了《联合国气候变化框架公约》的第一个附加协议，即《京都议定书》。《京都议定书》把市场机制作为解决CO_2为代表的温室气体减排问题的新路径，即把CO_2排放权作为一种商品，从而形成了CO_2排放权的交易。碳交易的买方可以将购得的减排额用于实现其减排的目标任务。

在六种被要求减排的温室气体中，CO_2为最大宗，所以这种交易以每吨二氧化碳当量（tCO_2e）为计算单位，通称为“碳交易”。

二氧化碳当量（CO_2e）是温室气体排放的量度单位。为统一度量整体温室效应的结果，需要一种能够比较不同温室气体排放的量度单位，由于CO_2增温效益的贡献最大，因此，规定二氧化碳当量为度量温室效应的基本单位。

某气体的二氧化碳当量为该气体的吨数乘以其全球变暖潜能值（GWP）。

表 4.9 部分气体的全球变暖潜能值 GWP（100 年）

气态污染物名称	GWP	气态污染物名称	GWP
二氧化碳	1	氢氟碳化物	124～14 800
甲烷	25	全氟化碳	7 390～12 200
氧化亚氮	298	六氟化硫	22 800

由于发达国家的能源利用效率高、能源结构优化，新的能源技术被大量采用，温室气体进一步减排的成本高、难度大。而发展中国家能源效率较低，减排空间大，成本也低。因此同一减排量在不同国家之间存在成本的不同，形成了价格差。发达国家有需求，发展中国家有供应能力，碳交易市场由此产生。由于大气环境的流动性特别好，理论上也支持这种异地减排。清洁发展机制（CDM）、排放贸易（ET）和联合履约（JI）是《京都议定书》规定的三种碳交易机制。

欧盟于 2005 年设立了欧盟排放交易体系（EUETS），帮助欧盟各国实现《京都议定书》所承诺的减排目标。

碳交易有两种形态。

（1）配额交易：指总量控制下所产生的温室气体减排量的交易，如欧盟排放权交易体系下的“欧盟排放配额”（EUAs）交易，主要是《京都议定书》要求减排国家之间的碳减排交易，通常是现货交易。

（2）项目交易：指因开展减排项目所产生减排量的交易，如清洁发展机制下的“排放减量权证”、联合履行机制下的“排放减量单位”，主要是通过国与国合作的减排项目产生的减排量交易，通常以期货方式预先买卖。

近年来，国际社会逐渐把碳排放权作为一种新的发展权来看待，其法理依据主要有《联合国气候变化框架公约》《京都议定书》以及可持续发展原则、共同但有区别的责任原则等。后京都时代碳排放权的分配应考虑发展需要、人口数量、历史责任以及公平正义原则等因素。作为温室气体排放大国，中国在坚守“共同但有区别的责任原则”的前提下，应逐步实现从“差别原则”到“共同责任”的转变，并重视碳排放权分配中的发展权问题。

1. 清洁发展机制（CDM）

《京都议定书》规定，2008—2012 年，主要工业发达国家要将 CO_2 等六种温室气体排放量在 1990 年的基础上平均减少 5.2%，而发展中国家在 2012 年以前不需要承担减排义务。同时，根据《京都议定书》建立的 CDM，发达国家如果完不成减排任务，可以在发展中国家实施减排项目，获取“经证明的减少排放量”作为自己的减排量。如《京都议定书》规定，到 2012 年欧盟的排放量要削减 8%，欧盟可以从发展中国家购买减排项目，这个购买来的项目减少的排放量就视为欧盟的减排量。

对于发达国家而言，当时温室气体的减排成本在 100 美元/t 以上，而在中国等大多数发展中国家进行 CDM 活动，减排成本可降至 20 美元/t 左右。这种巨大的减排成本差异，促使发达国家积极进入发展中国家寻找合作项目，为碳交易开辟了绿色通道。这也是有人把既减排又赚钱的 CDM 称为是发展中国家免费午餐的原因。

根据 2001 年《联合国气候变化框架公约》第七次缔约方会议达成的《马拉喀什协定》，一个典型的 CDM 项目从开始准备到实施直到最终产生有效减排量，需要经历项目识别、项目设计、参与国批准、项目审定、项目注册、项目实施、监测预报、减排量的核查与核证、经核实的减排额度签发等主要步骤。CDM 项目能否在联合国清洁发展机制执行理事会（EB）实现成功注册，是交易 CDM 成功的关键因素。

从 CDM 市场形成至今，中国、印度和巴西作为 CDM 市场的主要供应国，占据全球 CDM 市场份额的 80%以上。

2. 中国的碳排放交易市场

2011 年 10 月，国家发展改革委印发《关于开展碳排放权交易试点工作的通知》，批准北京、上海、天津、重庆、湖北、广东和深圳等七省市开展碳交易试点工作。2013 年 6 月 18 日，深圳碳排放权交易市场在全国七家试点省市中率先启动交易。2013 年 11 月 26 日，上海市碳排放权交易鸣锣。2013 年 11 月 28 日，北京市碳排放权交易鸣锣。2013 年 12 月 20 日，广东省碳排放权交易鸣锣。2013 年 12 月 26 日，天津市碳排放权交易鸣锣。

2020 年 9 月 22 日，习近平主席在第七十五届联合国大会一般性辩论上指出，中国将提高国家自主贡献力度，CO_2 排放力争于 2030 年前达到峰值，努力争取 2060 年前实现碳中和。所谓碳中和，是指通过植树造林、节能减排等形式，以抵消自身产生的 CO_2 排放量，实现区域 CO_2 “零排放”。

2020 年 12 月 25 日，生态环境部部务会议审议通过《碳排放权交易管理办法（试行）》，自 2021 年 2 月 1 日起施行。全国碳排放权交易市场的交易产品为碳排放配额，生态环境部可以根据国家有关规定适时增加其他交易产品。碳排放配额分配以免费分配为主，可以根据国家有关要求适时引入有偿分配。碳排放权交易应当通过全国碳排放权交易系统进行，可以采取协议转让、单向竞价或者其他符合规定的方式。其中将温室气体定义为：大气中吸收和重新放出红外辐射的自然和人为的气态成分，包括CO_2、甲烷（CH_4）、氧化亚氮（N_2O）、氢氟碳化物（HFCs）、全氟化碳（PFCs）、六氟化硫（SF_6）和三氟化氮（NF_3）。

2021 年 7 月 16 日，全国碳排放权交易市场开市交易。上海环境能源交易所负责全国碳排放权的交易，湖北碳排放权交易中心负责全国碳排放权的注册登记。占全国碳排放 40%以上的 2 162 家燃煤发电企业作为首批交易主体走进市场。首批入市企业的碳排放量超过 40 亿 t，中国碳排放权交易市场成为全球覆盖温室气体排放量规模最大的碳市场。

“二十大”报告第十部分“推动绿色发展，促进人与自然和谐共生”中提到：积极稳妥推进碳达峰碳中和。实现碳达峰碳中和是一场广泛而深刻的经济社会系统性变革。立足我国能源资源禀赋，坚持先立后破，有计划分步骤实施碳达峰行动。完善能源消耗总量和强度调控，重点控制化石能源消费，逐步转向碳排放总量和强度“双控”制度。推动能源清洁低碳高效利用，推进工业、建筑、交通等领域清洁低碳转型。深入推进能源革命，加强煤炭清洁高效利用，加大油气资源勘探开发和增储上产力度，加快规划建设新型能源体系，统筹水电开发和生态保护，积极安全有序发展核电，加强能源产供储销体系建设，确保能源安全。完善碳排放统计核算制度，健全碳排放权市场交易制度。提升生态系统碳汇能力。

3. 碳排放形势

世界气候组织（WMO）发布的 2020 年度《温室气体公报》指出，虽然由于新型冠状病毒疫情的影响，人类的生产生活受到不小限制，但是 2020 年大气中温室气体含量仍创下新纪录，CO_2的全球平均浓度达到 413.2 ppm 的新高，此外，CH_4、N_2O等在大气中的浓度也在持续增长。

2021 年 10 月 26 日，联合国环境规划署在其发布的《2021 年排放差距报告》中发出警告：目前各国上报的最新气候承诺远远落后于实现《巴黎协定》将全球气候升温控制在 1.5～2℃所要求的水平，这将使世界步入“在 21 世纪末至少升温 2.7℃”的轨道。报告指出，相较上一轮（2015 年）承诺，各国上报的更新版国家自主贡献减排目标（NDCs）以及已宣布的其他一些气候变化减缓承诺，仅在原先预测的 2030 年温室气体年排放量基础上减少了 7.5%。然而，维持《巴黎协定》

设定的 2℃温控目标的最低成本路径要求实现 30%的减排，而要想实现 1.5℃温控目标，则需要减排 55%。

4.3 其他环境管理经济手段

环境管理的经济手段除了前面讲到的排污收税制度、排污权交易、罚款等手段以外，还有生态环境损害赔偿、减免税制度、补贴政策、贷款优惠政策等。

例如，为培育壮大节能环保产业，推动资源节约高效利用，2021 年 12 月 16 日，财政部、国家税务总局、国家发展改革委和生态环境部联合发布《环境保护、节能节水项目企业所得税优惠目录》（2021 年版）和《资源综合利用企业所得税优惠目录》（2021 年版）。《财政部 国家税务总局 国家发展改革委关于公布环境保护节能节水项目企业所得税优惠目录（试行）的通知》（财税〔2009〕166 号）、《财政部 国家税务总局 国家发展改革委关于公布资源综合利用企业所得税优惠目录（2008 年版）的通知》（财税〔2008〕117 号）以及《财政部 国家税务总局 国家发展改革委关于垃圾填埋沼气发电列入〈环境保护、节能节水项目企业所得税优惠目录（试行）〉的通知》（财税〔2016〕131 号）自 2022 年 1 月 1 日起废止。

2015 年，中共中央办公厅、国务院办公厅印发《生态环境损害赔偿制度改革试点方案》，在吉林、山东、江苏、湖南、重庆、贵州、云南 7 个省（市）开展生态环境损害赔偿制度改革试点工作。2017 年 12 月，中共中央办公厅、国务院办公厅印发《生态环境损害赔偿制度改革方案》，从 2018 年 1 月 1 日起，在全国试行生态环境损害赔偿制度，有效破解“企业污染、群众受害、政府埋单”的困局，积极促进生态环境损害鉴定评估、生态环境修复等相关产业发展。

4.3.1 《环境保护、节能节水项目企业所得税优惠目录》（2021 年版）

1. 大气污染防治领域企业所得税优惠项目

（1）脱硫脱硝除尘排放治理及改造项目。包括电力、钢铁等行业烟气超低排放改造项目；建材、焦化、石化、化工、有色等行业烟气治理项目（含重金属等有毒有害大气污染物治理项目）；颗粒物无组织排放收集治理项目。以上项目需通过相关验收，达到相关排放标准要求。

（2）有机废气收集净化项目。包括石化、有机化工、表面涂装、包装印刷等行业有机废气排放收集装置改造及净化项目（单一采用低温等离子、光催化、光氧化以及不具备“点对点”集中回收再生条件的活性炭一次性吸附工艺的项目除外）。项目通过相关验收，有机废气排放达到国家或地方规定的要求。

（3）恶臭气体治理项目。包括各类企业恶臭治理项目。要求恶臭排放达到《恶臭污染物排放标准》规定要求，项目通过相关验收。

2. 公共污水处理领域企业所得税优惠项目

（1）城镇污水处理项目。包括城镇污水处理设施、配套管网的新建、扩建、提标改造项目。要求排放连续稳定达到国家或地方规定的排放标准要求，项目通过相关验收。配套管网应建立专业化运行维护机制。

（2）工业废水处理项目。包括工业企业、工业园区废水治理项目、配套管网的新建、扩建、提标改造项目。要求污染物排放达到国家或地方规定的要求，项目通过相关验收，配套管网应建立专业化运行维护机制。

（3）农村污水处理项目。包括农村生活污水处理及资源化利用项目、畜禽养殖废水处理及资源化利用项目、农村黑臭水体治理项目。要求污染物排放达到国家或地方规定的要求，项目通过相关验收。

（4）污泥处理处置及资源化利用项目。包括污泥稳定化、无害化和资源化处理处置利用项目。要求项目符合国家或地方相关规定，通过相关验收，污泥得到安全处理处置，处理处置后的污泥符合国家有关标准。

（5）水体修复与治理项目。包括河流、湖泊、海域、黑臭水体、饮用水水源地等的修复与治理项目。项目符合国家相关水体修复与治理要求，并通过相关验收。

3. 土壤与地下水污染治理领域企业所得税优惠项目

包括土壤治理与修复项目、地下水污染修复项目。要求项目满足国家或地方相关要求，并通过评审或备案。

4. 公共垃圾处理领域企业所得税优惠项目

（1）生活垃圾分类和无害化处理处置项目。包括对城镇和农村生活垃圾（含厨余垃圾）进行减量化、资源化、无害化处理的项目，涉及生活垃圾分类收集、贮存、运输、处理、处置项目（对原生生活垃圾进行填埋处理的除外）。要求项目通过相关验收，涉及污染物排放的，指标应达到国家或地方规定的排放要求。

（2）工业固体废物利用处置项目。包括对工业固体废物（含建筑垃圾）减量化、资源化、无害化处理的项目，涉及收集、贮存、运输、利用、处置等环节（直接进行贮存、填埋处置的除外）。要求项目通过相关验收，涉及污染物排放的，指标应达到国家或地方规定的排放要求。

（3）危险废物利用处置项目。包括对危险废物（含医疗废物）减量化、资源化、无害化处理的项目，涉及收集、贮存、运输、利用、处置等环节（直接进行贮存、填埋处置的除外）。要求项目应取得危险废物经营许可证，并通过相关验收，涉及污染物排放的，指标应达到国家或地方规定的排放要求。

5．沼气综合开发利用领域企业所得税优惠项目

包括畜禽养殖场和养殖小区沼气工程项目。要求单体装置容积不小于 300 m^3，年平均日产沼气量不低于 300 m^3/d，且符合国家有关沼气工程技术规范的项目；废水排放、废渣处置、沼气利用符合国家和地方有关标准，不产生二次污染；项目包括完整的发酵原料的预处理设施、沼渣和沼液的综合利用或进一步处理系统，沼气净化、储存、输配和利用系统；项目设计、施工和运行管理人员具备国家相应职业资格；项目按照国家法律法规要求，通过相关验收。

6．生态环境监测项目企业所得税优惠项目

包括国家、省、市、县级生态环境监测项目。要求项目符合国家或地方相关规定，通过相关验收，无弄虚作假行为。

4.3.2 《资源综合利用企业所得税优惠目录》（2021 年版）

表 4.10　废水、废气、废渣综合利用企业所得税优惠项目

序号	综合利用的资源	生产的产品	技术标准
1	煤矸石、煤泥、化工废渣、粉煤灰、尾矿、废石、冶炼渣（钢铁渣、有色冶炼渣、赤泥等）、工业副产石膏、港口航道的疏浚物、江河（渠）道的淤泥淤沙等、风积沙、建筑垃圾、生活垃圾焚烧炉渣	砖（瓦）、电力、热力、煤矸石井下充填开采置换出的呆滞煤量、砌块、新型墙体材料、石膏类制品以及商品粉煤灰、建筑砂石骨料、道路用建筑垃圾再生骨料、再生级配骨料、再生骨料无机混合料、预拌商品混凝土、干混砂浆、预拌砂浆、砂浆预制件、混凝土预制件、盾构土、粒化高炉矿渣、钢渣微粉、微晶玻璃、岩棉、矿渣棉、氧化铝、水泥熟料	建材产品原料 70%以上来自所列资源，生产其他产品的产品原料 100%来自所列资源。用煤矸石、煤泥生产电力、热力产品符合《煤矸石综合利用管理办法》要求。产品符合国家和行业标准

序号	综合利用的资源	生产的产品	技术标准
2	社会回收的废金属（废钢铁、废铜、废铝等）、冶炼渣（钢铁渣、有色冶炼渣、赤泥等）、化工废渣	金属（含稀贵金属）、铁合金料、精矿粉、氯盐（氯化钾、氯化钠等）、硅酸盐及其衍生产品	产品原料 70%以上来自所列资源。产品符合国家和行业标准
3	化工、纺织、造纸工业废液及废渣	银、盐、锌、纤维、碱、羊毛脂、聚乙烯醇、硫化钠、亚硫酸钠、硫氰酸钠、硝酸、铁盐、铬盐、木素磺酸盐、乙酸、乙二酸、乙酸钠、盐酸、黏合剂、酒精、香兰素、饲料酵母、肥料、甘油	产品原料 70%以上来自所列资源。产品符合国家和行业标准
4	制盐液（苦卤）及硼酸废液	氯化钾、硝酸钾、溴素、氯化镁、氢氧化镁、无水硝、石膏、硫酸镁、硫酸钾、肥料	产品原料 70%以上来自所列资源
5	工矿废水、城镇污水污泥	再生水、土地改良剂、有机肥料	再生水原料 100%来自所列资源。土地改良剂、有机肥料原料 80%以上来自所列资源。产品符合标准
6	焦炉煤气、转炉煤气、高炉煤气、矿热炉尾气、化工废气、石油（炼油）化工废气、发酵废气、炭黑尾气、二氧化碳、氯化氢废气、生物质合成气	电力、热力、硫黄、硫酸、磷铵、硫铵、脱硫石膏、可燃气、轻烃、氢气、硫酸亚铁、有色金属、二氧化碳（纯度≥99.9%）、干冰、甲醇、合成氨、甲烷、变性燃料乙醇（纯度≥99.5%）、乙醇梭菌蛋白/菌体蛋白（粗蛋白≥80%）、天然气、氯气	产品原料 100%来自所列资源。乙醇、蛋白产品等符合国家和行业标准

4.3.3 《生态环境损害赔偿制度改革方案》

2017 年 12 月，中共中央办公厅、国务院办公厅印发《生态环境损害赔偿制度改革方案》，内容摘要如下。

生态环境损害是指因污染环境、破坏生态造成大气、地表水、地下水、土壤、森林等环境要素和植物、动物、微生物等生物要素的不利改变，以及上述要素构成的生态系统功能退化。

【目标要求】通过在全国范围内试行生态环境损害赔偿制度，进一步明确生态环境损害赔偿范围、责任主体、索赔主体、损害赔偿解决途径等，形成相应的鉴定评估管理和技术体系、资金保障和运行机制，逐步建立生态环境损害的修复和赔偿制度，加快推进生态文明建设。自 2018 年 1 月 1 日起，在全国试行生态环境损害赔偿制度。到 2020 年，力争在全国范围内初步构建责任明确、途径畅通、技术规范、保障有力、赔偿到位、修复有效的生态环境损害赔偿制度。

【工作原则】依法推进，鼓励创新；环境有价，损害担责；主动磋商，司法保障；信息共享，公众监督。

【适用范围】依法追究生态环境损害赔偿责任事项：发生较大及以上突发环境事件的；在国家和省级主体功能区规划中划定的重点生态功能区、禁止开发区发生环境污染、生态破坏事件的；发生其他严重影响生态环境后果的。各地区应根据实际情况，综合考虑造成的环境污染、生态破坏程度以及社会影响等因素，明确具体情形。

【明确赔偿范围】生态环境损害赔偿范围包括清除污染费用、生态环境修复费用、生态环境修复期间服务功能的损失、生态环境功能永久性损害造成的损失以及生态环境损害赔偿调查、鉴定评估等合理费用。各地区可根据生态环境损害赔偿工作进展情况和需要，提出细化赔偿范围的建议。鼓励各地区开展环境健康损害赔偿探索性研究与实践。

【确定赔偿义务人】违反法律法规，造成生态环境损害的单位或个人，应当承担生态环境损害赔偿责任，做到应赔尽赔。现行民事法律和资源环境保护法律有相关免除或减轻生态环境损害赔偿责任规定的，按相应规定执行。各地区可根据需要扩大生态环境损害赔偿义务人范围，提出相关立法建议。

【明确赔偿权利人】国务院授权省级、市地级政府作为本行政区域内生态环境损害赔偿权利人。省域内跨市地的生态环境损害，由省级政府管辖；其他工作范围划分由省级政府根据本地区实际情况确定。省级、市地级政府可指定相关部门或机构负责生态环境损害赔偿具体工作。省级、市地级政府及其指定的部门或机构均有权提起诉讼。跨省域的生态环境损害，由生态环境损害地的相关省级政府协商开展生态环境损害赔偿工作。在健全国家自然资源资产管理体制试点区，受委托的省级政府可指定统一行使全民所有自然资源资产所有者职责的部门负责生态环境损害赔偿具体工作；国务院直接行使全民所有自然资源资产所有权的，由受委托代行该所有权的部门作为赔偿权利人开展生态环境损害赔偿工作。各省（自治区、直辖市）政府应当制定生态环境损害索赔启动条件、鉴定评估机构选定程序、信息公开等工作规定，明确国土资源、环境保护、住房和城乡建设、水利、农业、林业等相关部门开展索赔工作的职责分工。建立对生态环境损害索赔行为的监督机制，赔偿权利人及其指定的相关部门或机构的负责人、工作人员在索赔工作中存在滥用职权、玩忽职守、徇私舞弊的，依纪依法追究责任；涉嫌犯罪的，移送司法机关。对公民、法人和其他组织举报要求提起生态环境损害赔偿的，赔偿权利人及其指定的部门或机构应当及时研究处理和答复。

【开展赔偿磋商】经调查发现生态环境损害需要修复或赔偿的，赔偿权利人根据生态环境损害鉴定评估报告，就损害事实和程度、修复启动时间和期限、赔偿的责任承担方式和期限等具体问题与赔偿义务人进行磋商，统筹考虑修复方案技术可行性、成本效益最优化、赔偿义务人赔偿能力、第三方治理可行性等情况，达成赔偿协议。对经磋商达成的赔偿协议，可以依照民事诉讼法向人民法院申请司法确认。经司法确认的赔偿协议，赔偿义务人不履行或不完全履行的，赔偿权利人及其指定的部门或机构可向人民法院申请强制执行。磋商未达成一致的，赔偿权利人及其指定的部门或机构应当及时提起生态环境损害赔偿民事诉讼。

【完善赔偿诉讼规则】各地人民法院要按照有关法律规定、依托现有资源，由环境资源审判庭或指定专门法庭审理生态环境损害赔偿民事案件；根据赔偿义务人主观过错、经营状况等因素试行分期赔付，探索多样化责任承担方式。各地人民法院要研究符合生态环境损害赔偿需要的诉前证据保全、先予执行、执行监督等制度；可根据试行情况，提出有关生态环境损害赔偿诉讼的立法和制定司法解释建议。鼓励法定的机关和符合条件的社会组织依法开展生态环境损害赔偿诉讼。生态环境损害赔偿制度与环境公益诉讼之间衔接等问题，由最高人民法院商有关部门根据实际情况制定指导意见予以明确。

【执行和监督】加强生态环境修复与损害赔偿的执行和监督。赔偿权利人及其指定的部门或机构对磋商或诉讼后的生态环境修复效果进行评估，确保生态环境得到及时有效修复。生态环境损害赔偿款项使用情况、生态环境修复效果要向社会公开，接受公众监督。

【鉴定评估】各地区要加快推进生态环境损害鉴定评估专业力量建设，推动组建符合条件的专业评估队伍，尽快形成评估能力。研究制定鉴定评估管理制度和工作程序，保障独立开展生态环境损害鉴定评估，并做好与司法程序的衔接。为磋商提供鉴定意见的鉴定评估机构应当符合国家有关要求；为诉讼提供鉴定意见的鉴定评估机构应当遵守司法行政机关等的相关规定规范。

【赔偿资金管理】经磋商或诉讼确定赔偿义务人的，赔偿义务人应当根据磋商或判决要求，组织开展生态环境损害的修复。赔偿义务人无能力开展修复工作的，可以委托具备修复能力的社会第三方机构进行修复。修复资金由赔偿义务人向委托的社会第三方机构支付。赔偿义务人自行修复或委托修复的，赔偿权利人前期开展生态环境损害调查、鉴定评估、修复效果后评估等费用由赔偿义务人承担。赔偿义务人造成的生态环境损害无法修复的，其赔偿资金作为政府非税收入，全额上缴同级国库，纳入预算管理。赔偿权利人及其指定的部门或机构根据磋商或判决要求，结合本区域生态环境损害情况开展替代修复。

建立健全生态环境损害赔偿制度是生态文明体制改革的重要组成部分。2022 年 4 月，经中央全面深化改革委员会审议通过，生态环境部联合最高法、最高检和科技部、公安部等 11 个相关部门共 14 家单位印发了《生态环境损害赔偿管理规定》，提出了下一步工作要求和目标，针对实践中的突出问题进行了相关制度设计和安排，为深化生态环境损害赔偿工作提供了有力的制度保障。

【案例 4.1　环境保护税行政公益诉讼案】

2020 年 6 月，赣州市人民检察院在与住建、生态环境行政主管部门工作沟通时发现，新税种环境保护税可能存在漏征现象，遂于 7 月决定立案调查。赣州市人民检察院从市税务局调取了 2018 年以来环境保护税的征收情况及明细表，从市住建部门调取了市本级监管工程项目表，从市生态环境行政主管部门调取了企业减排措施情况材料，经对以上材料进行比对，发现赣州市税务局监管的 25 个房产开发建设工程项目未依法缴纳环境保护税，其中包括 15 个房地产开发项目在建工程、2 个快速路市政在建工程及 8 个公共停车场建设工程项目。通过实地了解，以上 25 个项目均存在施工扬尘的问题。根据《环境保护税法》的规定，建筑扬尘为应税大气污染物，建筑施工企业应按照一般性粉尘税目实行核定计算办法，申报缴纳环境保护税。

2020 年 8 月 7 日，赣州市人民检察院主动到市税务局进行充分交流互动，并达成共识。8 月 20 日，赣州市人民检察院向市税务局公开宣告送达检察建议，建议追缴涉案建设工程项目的环境保护税，并进行全面排查，对未按照规定办理纳税申报的行为进行处罚。市税务局收到检察建议书后高度重视，组织开展了专项清查、补报，对案涉的 25 个工程项目共征收环境保护税 35.35 万元、滞纳金 2.86 万元。针对辖区内企业对环境保护税这一新税种了解不多、主动申报较少的情况，市税务局以本案为推手，采取召开纳税人座谈会、上门走访等方式宣传环境保护税法，做到重点工程纳税人户户见面，仅市区就覆盖纳税人 800 多户。同时，加强与生态环境、住建、财政等部门的沟通协作，完善涉税基础信息共享，建立环境保护税纳税人税源清册，实现了环境保护税的依法有序规范征缴。

【案例 4.2　排污权抵押融资案】

2020 年 3 月，在山西环境能源交易中心和山西省排污权交易中心的帮扶协助下，山西漳电同华发电有限公司以企业部分排污权作抵押，融资 2 000 万元。这成为山西首笔排污权抵押贷款。

目前，山西省排污权抵押融资业务已经成熟。山西环境能源交易中心首先对排污权抵押融资项目做绿色评级和分类，并将同类性质的项目精准推介给对此类项目有贷款偏好的银行机构，从而实现项目与资金的高效对接，加快了绿色信贷的进程。据了解，山西漳电同华发电有限公司排污权抵押融资项目贷款额度为排污权估值的 70%，融资期限 1 年，利率按 1 年期国家法定利率执行。贷款主要用于企业减少污染物排放进行的技术改造。

【案例 4.3　环境损害赔偿案】

2019 年 11 月，媒体报道，位于腾格里沙漠内蒙古和宁夏交界区域的某公司速生林基地存在环境污染问题。宁夏中卫市和内蒙古阿拉善盟开展情况摸排，核实案件线索。经调查发现，该公司于 2003 年 8 月至 2007 年 6 月，违法倾倒造纸产生的黑色黏稠状废物，造成腾格里沙漠内蒙古、宁夏交界区域 14 个地块的土壤、地下水和植被损害。2020 年 2 月，宁夏中卫市生态环境局、内蒙古阿拉善盟生态环境局和该公司共同委托第三方鉴定评估机构，对其非法倾倒污染物造成的生态环境损害进行鉴定评估。鉴定评估报告量化了生态环境损害，并建议进一步开展林区生态建设的生态环境效益评估，以林区的生态效益，替代性补偿本次土壤和地下水环境损害带来的损失；对效益不足的部分，采用其他方式予以补偿。

该案受污染地块主要位于内蒙古，但该公司所在地和受污染的地下水下游位于宁夏，赔偿权利人中卫市人民政府和阿拉善盟行政公署分属两个省份，在职责分配、赔偿方式、采用的修复技术方法、修复效果评估和后续监管等方面需要两个赔偿权利人与义务人三方达成统一意见，整体磋商难度较大。此外，该案的涉案金额数额高，赔偿义务人自身直接赔付能力不足。通过探索“一次签约、分段实施”的方式，宁夏中卫市人民政府、内蒙古阿拉善盟行政公署与该公司于 2020 年 12 月达成赔偿协议。赔偿工作分两个阶段实施：第一阶段开展污染状况调查以及污染清理实施工程，支出费用 4 423 万元；第二阶段开展补偿性恢复、地下水监测、污染地块风险管控、林区管护、生态环境效益评估等工作，并以开展补偿性恢复荒漠和以林地生态效益抵扣两种方式，赔偿生态资源期间服务功能损失 1.54 亿元。2021 年 3 月，中卫市中级人民法院经审查作出民事裁定书，对三方经磋商达成的赔偿协议，予以确认。

【思考题】

1. 什么污染物的污染当量值是 1？为什么？
2. 企业在什么情况下可以减半缴纳环境保护税？
3. 某一污水排放口最多会缴纳几种污染物的环境保护税？
4. 什么企业的污水只要达标排放就免交环境保护税？
5. 哪些污染排放是超标了才要收环境保护税？
6. 同一污水排放口中 COD、BOD_5、TOC 只收一项环境保护税，应该收哪一项？
7. 什么情况下噪声环境保护税加倍征收？什么情况下减半征收？
8. CH_4 的二氧化碳当量怎么算？

9. 中国的“3060”双碳目标是什么？

10. 某建筑工地处于土石方阶段，施工噪声影响周围居民生活，经调查监测，某月昼间施工 26 天，夜间施工 13 天。其场东界昼间等效声级为 85 dB，夜间为 54 dB；场南界昼间等效声级为 76 dB，夜间为 68 dB；场北界昼间等效声级为 83 dB，夜间为 73 dB，东、南、北场界分别为 110 m、105 m、80 m，计算该施工单位本月应缴多少环境保护税。

11. 上海市某企业 2020 年 8 月向水体直接排放污水 10 000 t，其中主要污染物浓度及其该企业执行的排放标准见下表。已知上海市水污染物环境税税额标准是：每污染当量 COD 5 元、NH_3-N 4.8 元、其他水污染物 1.4 元。请计算该企业 8 月应缴纳的水污染物环境保护税。

污染物	COD	BOD	SS	NH_3-N	TOC	TP	TN	As
执行标准/（mg/L）	60	20	30	5	20	0.5	15	0.05
当月浓度/（mg/L）	55	21	26	2	19	0.3	3	0.03

第 5 章　环境管理的技术手段

环境管理的技术手段包括环境监测技术、环境预测技术、环境评价技术、环境统计技术、环境规划技术、污染源管理技术、环境质量管理技术、环境管理体系、清洁生产审核等。考虑到专业课程体系的统一安排，本章主要介绍环境规划、环境统计、污染源管理、环境质量管理等。

5.1　环境规划

环境规划

5.1.1　环境规划概述

环境规划是指为使环境与社会经济协调发展，而对人类自身活动和环境所做的在时间和空间上的合理安排。环境规划是克服人类经济社会活动、环境保护活动的盲目性和主观随意性的科学决策活动。

环境规划的对象是社会经济环境这个复合生态系统。通过环境规划，促进环境与经济社会的可持续发展，保障环境保护活动纳入国民经济和社会发展计划，合理布局合理分配排污削减量，约束排污者的行为，以最小的投资获取最佳的环境效益，为环境目标管理提供科学依据。

按覆盖的范围和管理层次，环境规划可以分为国家、省、市、县、乡的环境规划。其中，上一层次环境规划是下一层次环境规划的依据和综合，下一层次环境规划是上一层次规划的条件和分解，因而下一层次环境规划的实现是上一层次环境规划完成的基础。

按跨越时间长度划分，环境规划可以分为长远规划、中期规划和短期规划。长远规划的时间跨度在 10 年以上。中期规划一般是 5～10 年，最常见的是五年规划。短期规划指年度环境规划或者是五年规划的年度安排。其中，五年规划是目前环境规划的核心。因为长远规划是制定长远环境目标和战略措施的，具有宏观特点，一般不具体。而年度环境规划内容具体却不全面。

表 5.1 我国的五年规划和环境规划

五年规划	年份	环境规划
第一个五年计划	1953—1957	—
第二个五年计划	1958—1962	—
调整期	1963—1965	—
第三个五年计划	1966—1970	—
第四个五年计划	1971—1975	—
第五个五年计划	1976—1980	—
第六个五年计划	1981—1985	独立篇章
第七个五年计划	1986—1990	独立篇章
第八个五年计划	1991—1995	独立篇章
第九个五年计划	1996—2000	独立环境规划
第十个五年计划	2001—2005	独立环境规划
第十一个五年规划	2006—2010	独立环境规划
第十二个五年规划	2011—2015	独立环境规划
第十三个五年规划	2016—2020	独立环境规划
第十四个五年规划	2021—2025	独立环境规划

按规划内容划分，环境规划可以分为宏观环境规划、专项环境规划和环境规划实施方案。宏观环境规划是指战略层次的环境规划。专项环境规划包括大气、水、固体废物、噪声污染控制规划，污染综合整治规划，污染物排放总量控制规划等。

按环境规划性质划分，环境规划可以分为生态规划、污染综合防治规划、自然保护规划、环境科学技术与产业发展规划等。生态规划是在综合分析各种土地利用的生态适宜度的基础上，制订的土地利用规划。包括生态建设规划，如植树造林规划、沙漠治理规划等；还包括生态保护规划，如城市、海洋、农村生态保护规划。

按环境与经济的辩证关系划分，环境规划可以分为经济制约型环境规划、协调型环境规划、环境制约型环境规划。经济制约型环境规划是指环境保护服从经济发展的需要，所谓先污染后治理。协调型环境规划指为经济社会和环境协调发展而进行的规划，是当前的主流。环境制约型环境规划是指经济发展服从环境保护的需要，这种情况较少。

环境规划是国民经济和社会发展规划的重要组成部分，国民经济和社会发展规划是环境规划的制订依据，环境规划需要通过纳入国民经济和社会发展规划得以实现。环境规划是国土规划的重要组成部分。环境规划要因地制宜，发挥地区优势，环境规划是经济区划的补充和完善。环境规划是城市总体规划的主要组成部分。

环境规划要坚持下列原则：坚持环境保护基本国策和可持续发展原则；遵循生态规律，合理利用环境资源的原则；坚持整体优化原则（系统原则）；坚持实事求是、因地制宜的原则；坚持以改善环境质量为目标，保障环境安全原则；坚持预防为主，经济建设、城乡建设和环境建设同步的原则；坚持污染预防与生态保护并重的原则。

环境规划的基本特征：

（1）综合性。环境规划涉及社会、环境、经济三大复杂系统，影响因素众多；环境规划对策措施综合，规划过程运用多学科的知识，包括环境科学、管理学、经济学、生态学、系统学等；环境规划部门协调复杂，需各部门协调配合。

（2）区域性。各地域的环境质量现状、环境治理技术水平、环境管理方式各有各的特点。自然环境不同意味着环境质量、环境容量不同；产业不同，生活水平、生活习惯不同，意味着排放污染物不同；社会经济发展方向和速度不同，意味着污染发展趋势不同。

（3）整体性。环境规划管理区域的自然环境具有整体性。规划管理对象（社会、经济、环境）作为复合生态系统，具有整体性。规划管理过程各环节之间关系紧密、关联度高。20 世纪 80 年代初，马世骏等中国生态学家在总结了整体、协调、循环、自生为核心的生态控制论原理的基础上，提出了社会—经济—自然复合生态系统的理论。指出可持续发展问题的实质是以人为主体的生命与其栖息劳作环境、物质生产环境及社会文化环境间的协调发展。

（4）动态性。环境规划具有较强的时效性。因为影响因素在不断变化：环境本身在变化，人们对环境的要求日新月异，经济发展的方向和速度在变，环境政策也在进步发展之中。因此，环境规划要考虑动态因素，完成后也要在相关因素改变时更新调整、修订。

（5）信息密集。规划管理全过程中，自始至终需要收集、消化、吸收、参考和处理各类相关的信息。环境规划管理的成功与否很大程度上取决于收集的信息是否完全、准确，以及信息是否得到有效的利用。

（6）政策性强。环境规划以政策法规为基础。规划过程不是“1+1=2”的数学运算过程，许多环节都会出现从各种可能性中进行选择的问题，选择的依据就是环境保护法律法规。因此，环境规划人员应有较高的环境保护政策水平和政策分析能力。环境规划过程就是环境政策的分析和应用过程。

（7）自适应性。在规划过程中，要充分利用自然环境的自适应性（适应外界变化的能力）。如资源再生能力、环境自净能力、生物防治等。

（8）群众性。环境规划需要群众的理解和参与。环境规划要求征求群众的意见，公众的理解和参与是环境规划目标实现的前提。

5.1.2 环境规划的主要内容

环境规划的一般程序：明确规划目的和规划边界范围；收集相关资料和数据，进行调查和分析；寻找存在的问题和解决问题的关键因素；规划草案的优化决策；形成规划方案。

1. 环境现状调查与评价

环境现状调查与评价是以区域环境调查为基础，进行环境现状评价，目的是明确规划区域环境质量现状、环境承载力现状、环境保护基础条件，以及了解现有的环境问题。

污染源调查评价。开展区域社会经济现状调查，进行经济结构现状分析、产业结构分析、能源结构分析、交通结构分析，了解污染排放的发展趋势和水平。整理主要污染源分布图，统计污染物年排放量及排污分担率，进行污染源评价，确定主要污染源和主要污染物。

环境污染破坏效应调查。包括人体效应调查分析，如调查区域内呼吸疾病的发病率、死亡率及其分布，与大气污染分布图对照分析，确定相关性；经济效应调查分析，调查污染带来的经济损失；生态效应调查分析，调查污染对农业、渔业、林业、水利、矿业的影响。

环境保护措施效益分析。包括环境保护工程措施效应分析和环境管理措施效应分析。通过环保设施运行效果评价，“三同时”制度、排污许可制度等落实情况调查，进行区域环境保护基础能力分析。

环境质量现状评价。调查当地气候、水文、植被、土壤等生态环境，调查评价区域大气环境质量、水环境质量、声环境质量、土壤环境质量等，为完善区域环境功能区划、评估环境承载力服务。

2．环境预测分析

环境预测是指在环境现状调查评价和科学实验的基础上，结合经济社会发展情况，对环境的发展趋势作出科学分析和判断。即根据已掌握的资料，对未来环境质量状况和环境质量发展趋势进行分析预测。目的是掌握未来环境问题之所在，以便在规划与管理中采取措施解决问题。

环境预测的依据：社会经济发展规划是环境预测的主要依据，体现着污染趋势；环境质量现状评价是环境预测的基础；社会、经济发展规划中各水平年的发展目标也是环境预测的主要依据；城镇发展规划对环境预测也有影响，包括交通、绿化、集中供热、煤气化、建设污水处理厂等。

环境预测方法包括定性预测和定量预测。定性预测法是以逻辑思维为基础，凭专家的直觉、经验预测。预测结果一般没有量化，不能满足现代环境管理要求，但适合对宏观、复杂的问题作预测。定量（或半定量）预测是通过掌握环境污染发展的规律，设计出数学模型用于预测，从而得到准确具体的预测值。环境预测的专家会议法是定性预测的一种，但这种方式也有缺陷，面对面有时无法让意见充分表达，可以采用德尔菲法（匿名调查征询法）。

环境预测的主要内容：

（1）社会和经济发展预测。可以引用其他规划中的分析预测，目的在于据此了解社会经济发展可能带来的各种环境问题。社会发展预测的重点是人口预测，经济发展预测的重点是能源消耗预测、国民生产总值预测、工业总产值预测。

（2）环境容量和资源预测。环境容量预测是随着社会经济的发展，环境容量如何变化，污染物排放有没有超过环境容量的预测；资源预测主要是资源供需平衡预测和资源利用效果的预测，包括水、土、生物（森林、草原、动植物）、矿产等。

（3）环境污染预测。包括现有污染物的发展变化、新污染物的种类和排放量、污染可能造成的损失等。

（4）环境治理和投资预测。对污染治理效果和环保投资预期进行预测，以便规划时进行合理化再安排。

（5）生态环境预测。对规划区的森林、草原、物种，以及城市的水资源、绿化，农村的耕地、盐碱地、水土流失等变化趋势进行预测，以期发现生态破坏因素。

（6）环境风险预测。开展区域突发环境事件风险评估工作，分析可能发生的突发环境事件，提高区域环境风险防范能力。

3. 环境功能区划

环境功能区是指对经济和社会发展起特定作用的地域或环境单元。环境功能区划是依据社会经济发展需要和不同地区在环境结构、环境状态和使用功能上的差异，对规划区域进行合理的空间划分。

环境功能区划的目的：实现区域环境分区分类管理；便于环境目标管理和污染物总量控制，不同功能区采用不同的环境管理目标；为城市社会发展和经济开发建设活动提供科学依据；为城市工业布局、产业结构调整提供指导意见；方便纳入城市总体规划。

表 5.2　我家环境功能区划体系

<table>
<tr><td rowspan="2">单要素区划</td><td>综合环境功能区划</td></tr>
<tr><td>国家环境功能区划</td></tr>
<tr><td>大气环境功能区划</td><td rowspan="5">各省、市县环境功能区划</td></tr>
<tr><td>水环境功能区划</td></tr>
<tr><td>声环境功能区划</td></tr>
<tr><td>土壤环境功能区划</td></tr>
<tr><td>生态环境功能区划</td></tr>
</table>

（1）综合环境功能区划

改革开放 40 多年来，国土空间开发问题日益突出，集中表现在村村点火、户户冒烟，厂居混杂、布局杂乱，碎片化、无序化开发，生态环境空间被蚕食侵占现象普遍。要改变这种格局，迫切需要编制实施区域性环境功能区划，针对区域的环境资源禀赋，明确不同的环境功能定位、生态环境管控要求和建设项目环境准入门槛，从生态环境角度全面加强空间管制，实现国土空间开发格局的全面优化。

早期的环境功能区划以城镇环境功能区划为主，为了管理方便，环境功能区划经常和社会经济功能区划一致，简单划分为工业区、生活区、商业区等。

2015 年 7 月，环境保护部和国家发改委联合下发《关于贯彻实施国家主体功能区环境政策的若干意见》（环发〔2015〕92 号），同时明确要求编制《环境功能区划》，实施分区差别化管理。以浙江省为例，2016 年 7 月省政府正式批复《浙江省环境功能区划》(含各市区、县/市)。

如表 5.3 所示，自然生态红线区属于生态环境极敏感、生态功能极重要、具有特殊保护价值的区域，实行环境禁止准入管理。生态功能保障区属于生态环境高度敏感或生态服务功能重要的区域。农产品安全保障区是保障主要农、牧、渔业产品产地环境安全的区域，人居环境保障区是以居住、商业等为主的城镇化区域，实行环境限制准入管理。现有以工业开发为主、区域开发比较成熟、环境问题凸显的区域，实行环境优化准入管理。工业化发展潜力较大、未来重点开发、产业集聚的区域，实行环境重点准入管理。

表 5.3　浙江省环境功能区划分类

<table>
<tr><th>国家环境功能区类型</th><th>国家环境功能区亚类名称</th><th>浙江省功能区名称</th><th>衔接生态功能区</th></tr>
<tr><td>自然生态保留区</td><td>自然资源保留区</td><td>自然生态红线区</td><td>禁止准入区</td></tr>
<tr><td rowspan="3">生态环境保育区</td><td>水源涵养区</td><td rowspan="3">生态功能保障区</td><td rowspan="5">限制准入区</td></tr>
<tr><td>水土保持区</td></tr>
<tr><td>生物多样性保护区</td></tr>
<tr><td>农产品环境安全保障区</td><td>粮食与优势农作物环境安全保障区</td><td>农产品安全保障区</td></tr>
<tr><td rowspan="3">聚居环境维护区</td><td>环境优化区</td><td>人居环境保障区</td></tr>
<tr><td rowspan="2">环境控制区</td><td>环境优化准入区</td><td>优化准入区</td></tr>
<tr><td>环境重点准入区</td><td>重点准入区</td></tr>
<tr><td>资源开发引导区</td><td>—</td><td colspan="2">据具体情况纳入环境限制、优化、重点准入区</td></tr>
</table>

2020 年 5 月，浙江省生态环境厅印发《浙江省“三线一单”生态环境分区管控方案》，取代《浙江省环境功能区划》。以改善生态环境质量为核心，明确生态保护红线、环境质量底线、资源利用上线，划定环境管控单元，在一张图上落实“三线”的管控要求，编制生态环境准入清单，构建环境分区管控体系。

环境规划

【生态保护红线】指在生态空间范围内具有特殊重要生态功能、必须强制性严格保护的区域，是保障和维护国家生态安全的底线和生命线，通常包括具有重要水源涵养、生物多样性维护、水土保持、防风固沙、海岸生态稳定等功能的生态功能重要区域，以及水土流失、土地沙化、石漠化、盐渍化等生态环境敏感脆弱区域。按照“生态功能不降低、面积不减少、性质不改变”的基本要求，实施严格管控。浙江省生态保护红线总面积 38 928.15 km^2，占全省总面积和管辖海域的 26.25%。陆域生态保护红线面积 24 843.91 km^2，占全省陆域面积的 23.82%。海洋生态保护红线面积 14 084.24 km^2，占全省管辖海域面积的 31.72%，其中禁止类红线区面积 768.80 km^2，占全省海洋红线区面积的 5.46%；限制类红线区面积 13 315.44 km^2，占全省海洋红线区 94.54%。

【环境质量底线】指按照水、大气、土壤环境质量不断优化的原则，结合环境质量现状和相关规划、功能区划要求，考虑环境质量改善潜力，确定的分区域分阶段环境质量目标及相应的环境管控、污染物排放控制等要求。浙江省分区域分时段明确了环境质量控制底线。

【资源利用上线】指按照自然资源资产"只能增值、不能贬值"的原则，以保障生态安全和改善环境质量为目的，利用自然资源资产负债表，结合自然资源开发管控，提出的分区域分阶段的资源开发利用总量、强度、效率等上线管控要求。浙江省分类别分时段明确了资源利用上线。

【环境管控单元】指集成生态保护红线、环境质量底线、资源利用上线的管控区域，衔接行政边界，划定的环境综合管控单元。浙江省共划定陆域环境管控单元 2 507 个，其中优先保护单元 1 063 个，重点管控单元 1 117 个，一般管控单元 327 个。其中优先保护单元为自然保护区等重要保护地，重点管控单元为工业发展、城镇建设集中区域。

【生态环境准入清单】指基于环境管控单元，统筹考虑生态保护红线、环境质量底线、资源利用上线的管控要求，提出的空间布局、污染物排放、环境风险、资源开发利用等方面的环境准入要求。《浙江省"三线一单"生态环境分区管控方案》中的生态环境准入清单，包括总体准入清单和各类控制单元的准入清单。

综合性环境功能区划有了新要求、新形式和新的实际。

（2）单要素环境功能区划。

区域单要素环境功能区划也是必要的，因为不同环境单元的社会功能不同，对单一环境要素提出的环境质量要求也不同。

要素环境功能区划是综合环境功能区划的基础，综合环境功能区划是要素环境功能区划的指导。在同一区域空间，既存在基于维护国家生态环境安全格局需求的综合引导区划，又存在若干针对要素功能控制的区划方案。针对不同要素功能区划，其划分方法、功能类型、空间范围等可能有较大差异。

大气环境功能区宜粗不宜细。根据《环境空气质量标准》（GB 3095—2012），环境空气功能区分一类功能区和二类功能区。一类功能区包括自然保护区、风景名胜区和其他需要特殊保护的区域；二类功能区包括：居住区、商业交通居民混合区、文化区、工业区、农村地区。

水环境功能区划，强调对饮用水水源的保护。根据《地表水环境质量标准》（GB 3838—2002），地表水环境功能区分五类。Ⅰ类区包括国家自然保护区、源头水；Ⅱ类区包括集中式生活饮用水地表水源地一级保护区、珍稀水生生物栖息地、鱼虾类产卵地等；Ⅲ类区包括集中式生活饮用水地表水源地二级保护区、鱼虾类越冬场、洄游通道、水产养殖区、游泳区等；Ⅳ类区包括一般工业用水区、人体非直接接触的娱乐用水区；Ⅴ类区包括农业用水区、一般景观区。

声环境功能区划，可以比较精细。根据《声环境质量标准》（GB 3096—2008），声环境功能区分五类。0类声环境功能区包括康复疗养区等；1类声环境功能区包括居民住宅、医疗卫生、文化教育、科研设计、行政办公等区域；2类声环境功能区包括商业金融、集市贸易区、居住商业工业混杂区等；3类声环境功能区包括工业生产区、仓储物流区等；4类声环境功能区包括交通干线两侧区域等。

4．环境规划目标

环境规划目标主要是对规划对象在未来某一阶段环境质量状况的发展方向和发展水平所作的规定，还包括污染防治指标、环境管理能力指标等。

环境规划目标应该经济上合理、技术上可行、社会上满意；能保障国民经济和社会持续发展；应具有先进性和可实施性。环境规划目标在规划实施过程中，成为环境管理的方向、目标、依据。

环境规划目标按规划内容分类。环境质量目标：反映大气、水、噪声、生态环境质量要求的目标；污染物总量控制目标：允许排放量、污染物削减目标等。

环境规划目标按规划目的分类。环境污染控制目标：污染源控制目标（排放量）、环境污染控制目标（浓度）；生态保护目标：保护目标和建设目标；环境管理目标：环境保护的组织、协调、监督、宣传、教育等目标。

环境规划目标既可以用具体的数据指标定量或半定量确定，也可以用文字定性确定。定性目标用于难以定量化或无明确数量化要求的情况，常用于中长期规划。

确定规划目标的原则：

（1）客观性原则，以规划区环境特征、性质和功能为基础。环境特征、性质表征了环境现状、环境容量，决定了污染排放目标；环境功能决定环境质量目标。

（2）社会经济可持续发展原则，以经济社会发展的战略思想为依据，环境和经济社会协调发展。

（3）满足人们生存发展对环境质量的基本要求，规划目标应高于人们生活对环境质量的要求，规划目标应高于生产对环境质量的要求。

（4）保证目标的可行性，规划目标应符合现有的技术经济条件。规划目标应该经过可达性分析并修改完善。其可达性分析包括环境保护投资分析、技术力量分析、污染负荷削减能力分析等。

（5）保证目标的可实施性，规划目标尽量定量化，规划目标应能做时空分解，方便管理、监督、检查和执行。

例：上海市生态环境保护“十四五”规划。

环境规划

【总体目标】到 2025 年，生态环境质量稳定向好，生态服务功能稳定恢复，节约资源和保护环境的空间格局、产业结构、生产方式、生活方式初步形成，生态环境治理体系和治理能力现代化初步实现，让绿色成为上海城市发展最动人的底色，成为人民城市最温暖的亮色，为早日建成令人向往的生态之城和天蓝地绿水清的美丽上海奠定坚实基础。

【具体指标】生态环境质量方面。到 2025 年，大气六项常规污染物全面稳定达到国家二级标准，部分指标优于国家一级标准。其中，$PM_{2.5}$ 年均浓度稳定控制在 35 μg/m^3 以下；AQI 优良率稳定在 85%左右，全面消除重污染天气；集中式饮用水水源地水质稳定达到或好于III类，地表水达到或好于III类水体比例达到 60%以上，重要江河湖泊水功能区基本达标，河湖水生态系统功能逐步恢复；土壤和地下水环境质量保持稳定；近岸海域水质优良率稳定在 14%左右。

生态环境治理方面。到 2025 年，城镇污水处理率达到 99%，农村生活污水处理率达到 90%以上，生活垃圾回收利用率达到 45%以上；受污染耕地安全利用率和污染地块安全利用率达到 95%以上；森林覆盖率达到 19.5%以上，人均公园绿地面积达到 9.5 m^2 以上；湿地保护率维持 50%以上，生态系统功能逐步恢复。

表 5.4　上海市“十四五”生态环境保护主要指标

类别	序号	指标名称	单位	2025 年目标	属性
生态环境质量	1	$PM_{2.5}$ 年均浓度	μg/m^3	<35	约束性
	2	AQI 优良天气比例	%	85	约束性
	3	集中式饮用水水源地水质达到或好于III类比例	%	100	约束性
	4	地表水达到或好于III类水体比例	%	>60	约束性
	5	地下水质量V类水比例		保存稳定	预期性
	6	近岸海域水质优良比例	%	14	预期性
	7	公众对生态环境满意率	%	80	预期性
生态环境治理	8	城镇污水处理率	%	≥99	约束性
	9	农村生活污水处理率	%	≥90	预期性
	10	生活垃圾回收利用率	%	>45	约束性
	11	受污染耕地安全利用率	%	≥95	预期性
	12	污染地块安全利用率	%	≥95	预期性
	13	森林覆盖率	%	>19.5	约束性
	14	人均公园绿地面积	m^2	>9.5	约束性
绿色低碳发展	15	主要污染物减排	完成国家要求		约束性
	16	单位生产总值二氧化碳排放降低率	完成国家要求		约束性
	17	单位生产总值能源消耗降低率	完成国家要求		约束性
	18	万元生产总值用水量降低率	完成国家要求		约束性
	19	中心城绿色交通出行比例	%	≥	预期性
	20	农田化肥和农药施用量降低率	%	9/10	约束性

绿色低碳发展方面。主要污染物减排完成国家相关要求，碳排放总量提前实现达峰，单位生产总值二氧化碳排放、单位生产总值能源消耗、万元生产总值用水量持续下降并完成国家要求，农田化肥施用量和农药使用量分别下降 9%和 10%。

5. 环境规划措施

环境规划措施是环境规划方案的主体内容，基于解决环境现状调查和环境预测所确定的环境问题，服务于实现环境规划目标，实事求是，要求经济上合理、技术上先进，符合可持续发展要求。

5.1.3　环境规划的决策

环境规划方案应该能达到环境规划目标，并且经济上合理、技术上先进。其中的规划措施应该能解决现有的环境问题和预防未来可能发生的环境风险。

环境规划方案的制定应该广泛征求意见，听取各方面的建议，汇总多方面的计划安排，认真优化方案，按程序依法决策。规划方案的优化可以是对多个不同的规划建议草案进行分析比较，选出几个满足上述要求的比较好的方案。而环境规划方案的决策经常是从经过优化的几个方案中选定一个切实可行的实施方案。

各级人民政府是环境规划实施的主要领导者、组织者和责任承担者。按行政区划进行的环境规划，一般由当地生态环境行政主管部门作为管理、实施部门。跨地域的环境规划，要设立专门的环境管理委员会。人大是区域环境规划决策和监督管理的最高权力机构。

因为复合生态系统的复杂性，经济行为和社会活动的不确定性，其中相互影响因素也并未完全搞清楚，综合性环境规划的决策属于非结构化决策或半结构化决策。环境规划的决策还有多目标特征。因此，环境规划的决策不能仅取决于决策者的价值观念和价值取向，应有规范化的决策分析过程。

1．单目标决策

环境规划中的某个具体问题的决策，可以采用单目标决策分析方法，包括环境费用效益分析方法、环境数学规划方法等。

环境费用效益分析是用经济活动中的费用效益分析方法，来分析环境保护的效益。将环境规划的投入和效益都折算成货币，通过比较净效益或费效比来分析评价规划的合理性。

环境保护经济效益具有难计量性。虽然环境效益评价的货币化技术方法有多种，包括市场价格法、人力资本法或工资损失法、机会成本法、资产价值法、工资差额法、防护费用法、恢复费用法、影子工程法等，但是其效果不佳，采用环境费用效益分析方法还有困难。因此，可以采用费用效果分析来进行决策。所谓费用效果分析，就是在满足环境要求的前提下（能达到环境规划目标），选择费用最小的方案，而不必进行环境效益分析。

环境数学规划方法也是常用的单目标决策分析方法。根据环境规划对象的具体特征和环境规划目标要求将需要决策的问题用一个目标函数和若干个约束条件来表达，求该函数的极值。数学规划方法包括线性规划、非线性规划和动态规划。

例：规划区空气质量规划目标的最优化决策。

（1）决策变量 X_1、X_2、X_3、X_4、X_5、X_6 分别代表某地环境空气 SO_2、O_3、CO、NO_2、$PM_{2.5}$、PM_{10} 的浓度。

已知当地政府对 SO_2、O_3、CO、NO_2、$PM_{2.5}$、PM_{10} 的重视程度（权重）分

别为 0.25、0.15、0.1、0.1、0.25、0.15。

已知当地环境空气中 SO_2、O_3、CO、NO_2、$PM_{2.5}$、PM_{10} 的执行标准分别为 B_1=0.15 mg/m^3、B_2=0.16 mg/m^3、B_3=4 mg/m^3、B_4=0.08 mg/m^3、B_5=0.075 mg/m^3、B_6=0.15 mg/m^3。

（2）设置目标函数。

$f= 0.25X_1/B_1+0.15X_2/B_2+0.1X_3/B_3+0.1X_4/B_4+0.25X_5/B_5+0.15X_6/B_6$

$=1.667X_1+0.938X_2+0.025X_3+1.25X_4+3.333X_5+X_6$

根据规划目标求该函数的最小值。

目标函数：$\min f=1.667X_1+0.938X_2+0.025X_3+1.25X_4+3.333X_5+X_6$

（3）设置约束条件。

$X\geqslant 0$；$X_1\leqslant 0.15$；$X_2\leqslant 0.16$；$X_3\leqslant 4$；$X_4\leqslant 4$；$X_5\leqslant 0.075$；$X_6\leqslant 0.15$；

规划措施资金投入不超过人民币若干元等。

数学规划函数求解变量多，函数复杂，纯数学求解困难。如上述具体决策问题，可以先根据约束条件选择符合条件的环境规划方案，然后将规划方案的数据代入目标函数，数值最小的就是最佳方案。

2. 多目标决策

环境规划的决策往往是多目标决策，虽然其中有一些可以简化为单目标决策问题，但大多数情况还是应该用多目标决策分析帮助正确决策。有限方案的多目标决策分析方法有矩阵法和层次分析法等。

以矩阵法为例，假设：

决策问题有 n 个目标：X_1，X_2，X_3，…，X_n

为达到目标设计了 m 个可行方案：A_1，A_2，…，A_m

n 个目标的相对重要性评价值（权重）为：w_1，w_2，…，w_n

（1）V_{ij} 的确定。

V_{ij} 是方案 A_i 下目标 X_j 的实现值（目标属性值）。

由于目标属性值单位不同，数量级不同，表达的目标实现程度不同，因此相互之间难以进行比较分析。比如，X_1 是 COD 浓度，单位 mg/L；X_2 是噪声控制目标，单位 dB（A）；X_3 是排放量控制目标，单位 t/d；X_4 是达标率，单位%。

表 5.5 多目标决策评价矩阵

方案	指标					
	X_1	X_2	…	X_j	…	X_n
	w_1	w_2	…	w_j	…	w_n
A_1	V_{11}	V_{12}	…	V_{1j}	…	V_{1n}
A_2	V_{21}	V_{22}	…	V_{2j}	…	V_{2n}
A_i	V_{i1}	V_{i2}	…	V_{ij}	…	V_{in}
A_m	V_{m1}	V_{m2}	…	V_{mj}	…	V_{mn}

（2）V_{ij} 的规范化。

为了相互之间具有可比性，应该把目标属性值规范化，无量纲化，统一变换到 0～1 范围内。规范化方法包括向量规范化、线性变换等。向量规范化：

$$Z_{ij} = \frac{V_{ij}}{\sqrt{\sum_{1}^{m} V_{ij}^2}}$$

规范值 Z_{ij} 是某属性值除以同一目标下各方案属性值的平方和的开根号值，用来表示相同目标下各属性值的相对大小。其最大值和最小值不一定是 1 和 0。

表 5.6 多目标决策评价矩阵

方案	指标						
	X_1	X_2	…	X_j	…	X_n	V_i
	w_1	w_2	…	w_j	…	w_n	
A_1	Z_{11}	Z_{12}	…	Z_{1j}	…	Z_{1n}	V_1
A_2	Z_{21}	Z_{22}	…	Z_{2j}	…	Z_{2n}	V_2
A_i	Z_{i1}	Z_{i2}	…	Z_{ij}	…	Z_{in}	V_i
A_m	Z_{m1}	Z_{m2}	…	Z_{mj}	…	Z_{mn}	V_m

线性变换：

越大越好型：$Z_{ij} = V_{ij}/\max V_{ij}$

越小越好型：$Z_{ij} = 1 - V_{ij}/\max V_{ij}$

Z_{ij} 的大小、方向要统一，越大越好型和越小越好型不能同时存在。

（3）V_i 的确定。

V_i 表示某个备选方案在多个目标下的综合评价结果。常用加权法计算。

$$V_i = \sum_{i=1}^{n} w_j Z_{ij}$$

决策分析结果供决策参考。V_i 不一定越大越好。越大越好型的 V_i 越大越好，越小越好型的 V_i 越小越好。

5.1.4　大气环境规划与管理

环境规划

大气环境规划就是要协调大气环境和社会经济之间的关系，使得每个大气环境功能区的大气环境质量分别满足生产和生活的需要。

1．能流分析

能流分析是大气环境规划的基本技术方法之一，因为大气污染物主要来自能源的使用过程。能流分析包括：能源输入过程分析，分析能源种类、产地、总量、结构及污染物含量等；能源集中转换过程分析，分析转换总量、比例、效率等；能源分配过程分析，看能源分配是否合理；终端用能过程分析，分析用能总量、能源结构，及其对大气环境的危害。

目前我国是以煤烟型污染为主，因此应重视能源集中转换过程，转换量和转换效率的大小反映城市能源供给技术的总体水平。能流转换生成较清洁能源，使用过程少产生污染。但是，能源转换需要成本，转换过程也会产生污染。因此应从经济合理和控制污染排放两方面进行考虑，合理优化能源分配，合理安排能源改造项目。

2．大气环境容量分析

环境容量是指在确保人类生存和发展不受危害、自然生态平衡不受破坏的前提下，某一环境所能容纳某污染物的最大负荷值。一个特定的环境（如一个自然区域、一个城市）对污染物的容量是有限的，环境容量是一种重要的环境资源。某污染物的环境容量的大小与环境空间的大小、各环境要素的特性、污染物本身的物理和化学性质有关。

污染物的环境容量是一个变量，它包括两个组成部分，即基本环境容量（或称差值容量、稀释容量）和变动环境容量（或称同化容量、自净容量）。前者可通过拟定的环境标准减去环境本底值后乘以环境介质体积求得，后者是指该环境单元的自净能力。

大气环境容量是指在一定环境功能条件下，区域大气环境所能容纳某污染物的最大允许负荷量。换言之，即在一定的大气环境单元内所允许某污染物的排放量。在进行区域大气环境容量计算时，通常可利用该区域的大气污染源和长期气象资料数据，选用适宜的大气环境污染预测模式进行。

（1）箱式模型概念。

污染物在理想箱体范围内扩散，将总量控制区上空的空气混合层视为承纳地面排放污染物的一个箱体。

$$\frac{Q}{WHu} \leqslant C_b - C_0$$

$$E_a = Q \leqslant (C_b - C_0) WHu$$

式中，E_a——某区域某大气污染物的环境容量，mg/s；

Q——某区域某大气污染物的允许排放量，mg/s；

W——该区域大气扩散的混合宽度，m；

H——该区域大气扩散的混合层厚度，m；

u——风速，m/s；

C_b——该区域该大气污染物的环境质量标准，mg/m^3；

C_0——该区域该大气污染物的环境本底浓度，mg/m^3。

这样的箱式模型只考虑输送和扩散过程的环境容量（基本环境容量），而忽略了干、湿沉积和化学转化过程所恢复的环境容量（变动环境容量）。不同面积区域的基本环境容量及变动环境容量所占比例见表 5.7。

表 5.7　基本环境容量和变动环境容量

区域面积/km^2	基本环境容量/%	变动环境容量/%			
		干沉降	湿沉降	化学转化	合计
10	92.4	1.76	4.59	1.21	7.56
100	79.5	4.77	12.5	3.31	20.55
400	65.9	7.92	20.7	5.48	34.09
6 000	32.7	15.6	40.9	10.83	67.31

由表 5.7 可知，随着区域尺度的增大，基本环境容量占总环境容量的百分比逐渐减小，变动环境容量所占百分比则明显增大。对于区域面积 10 km^2 以内的中小尺度区域，大气的平流输送、扩散作用是决定大气污染物环境容量的主要因子。区域面积在 10 km^2 以上的较大区域，干、湿沉积和化学转化过程对污染物的去除

作用不可忽视。否则会产生较大误差，导致估算出的污染物允许排放量限值小于实际环境容量，不利于充分利用大气环境容量。

（2）A 值法。

根据《关于印发全国地表水环境容量和大气环境容量核定工作方案的通知》（环发〔2003〕141号）制定的《城市大气环境容量核定技术报告编制大纲》规定，城市控制区的环境容量主要依据 A 值法确定，城区控制区的环境容量要在 A 值法容量测算的基础上，应用 P 值法或各类多源模式进行调整，得出实际环境容量结果。

$$Q_{aki} = A \cdot C_{bki} \cdot \frac{S_i}{\sqrt{S}}$$

式中，Q_{aki}——第 i 功能区 k 污染物的环境容量，$10^4\ t^2/a$；

A——某地理区域的总量控制系数，$10^4\ km^2/a$；

C_{bki}——k 污染物在第 i 功能区的浓度限值，mg/m^3；

S_i——分区（功能区）面积，km^2；

S——控制区总面积，km^2。

A 值法是以地面大气环境空气质量为目标值，使用简便的箱式模型来实现总量控制目的。其中箱体高度和自净能力属于自然条件随地区而定，方法中用 A 值来表示。在不同地区可根据当地的 A 值和当地总量控制区的环境空气质量目标以及控制区面积来确定总量控制区的某污染物年允许排放量（环境容量）。

表5.8中的 A 值是一个范围，实际工作中可以采用推荐的确定值：在 A 值范围最小值的基础上增加最大值和最小值之差的10%，作为 A 值的确定值。

表5.8 A 值和 P 值

序号	省份	A 值	α	P 值	
				总量控制区	非总量控制区
1	新疆、西藏、青海	7.0～8.4	0.15	100～150	100～200
2	黑龙江、吉林、辽宁、内蒙古（阴山以北）	5.6～7.0	0.25	120～180	120～240
3	北京、天津、河北、河南、山东	4.2～5.6	0.15	100～180	120～240
4	内蒙古（阴山以南）、山西、陕西（秦岭以北）、宁夏、甘肃（渭河以北）	3.5～4.9	0.20	100～150	100～200
5	上海、广东、广西、湖南、湖北、江苏、浙江、安徽、海南、台湾、福建、江西	3.5～4.9	0.25	50～100	50～150
6	云南、贵州、四川、甘肃（渭河以南）、陕西（秦岭以南）	2.8～4.2	0.15	50～75	50～100
7	静风区（年平均风速小于1 m/s）	1.4～2.8	0.25	40～80	40～90

用 A 值法估算的大气环境容量被称为理想环境容量。实际工作中还采用线性规划法、模型模拟法等估算大气环境容量。

例：长春市城区及其各行政区 SO_2 环境容量计算。

长春市面积 20 571 km²，城区面积 415 km²。城区执行《环境空气质量标准》二类区标准。计算过程：

（1）查表，采用推荐 A 值：5.74（5.6+0.14）。

（2）确定城区 SO_2 年平均浓度限值为 0.06 mg/m³。确定上风向 SO_2 本底浓度为 0.01 mg/m³。

（3）确定长春城区控制区的面积及其各行政区面积见表 5.9。

表 5.9 长春市城区控制区的 SO_2 环境容量和分区容量

区域	面积/km²	A 值	C_b-C_0 /（mg/m³）	Q /（10^4 t/a）
朝阳区	35	5.74	0.05	0.493 093
南关区	30	5.74	0.05	0.422 651
二道区	57	5.74	0.05	0.803 038
宽城区	40	5.74	0.05	0.563 535
绿园区	105	5.74	0.05	1.479 28
经开区	45	5.74	0.05	0.633 977
高新区	33	5.74	0.05	0.464 917
净月区	70	5.74	0.05	0.986 187
总面积	415	5.74	0.05	5.846 677

（4）计算城区控制区环境容量。

$$Q_{aki} = A \cdot C_{bki} \cdot \frac{S_i}{\sqrt{S}} = 5.74 \times (0.06 - 0.01) \times \frac{415}{\sqrt{415}} = 5.846\,6 \times 10^4 \text{ t/a}$$

以朝阳区 SO_2 环境容量计算为例，各行政区环境容量见表 5.8：

$$Q_{ai} = 5.74 \times 0.05 \times \frac{35}{\sqrt{415}} = 0.493\,1 \times 10^4 \text{ t/a}$$

3. 大气污染物总量控制

大气污染控制经历了从浓度控制到 P 值控制再到总量控制的发展历程。

浓度控制是以国家制定的污染物排放标准为依据，以控制污染源排放口特定污染因子的浓度为目标。浓度控制强调点污染源的分散控制；优先考虑的是污染因子瞬时、独立的危害作用，较少顾及多源叠加在环境中累积造成的持续破坏。

浓度控制的弊端：缺少排放时间的规定，不能控制每个污染源的长期排放量；浓度控制忽视了不同外部环境（如气象条件、地形等）对污染源控制的不同要求，不利于大气环境容量资源的合理开发利用；对无组织排放约束力不大；对污染源的排放高度没有加以约束；不能保证当地环境质量达标。

20 世纪 80 年代国家环境保护局根据我国自然地理特征、大气污染控制的实际，提出“P 值控制法”。根据污染物最大落地浓度与污染物排放高度的平方成反比而与排放量成正比的原理，将烟气排放高度和允许排放量用一个 P 值联系起来。

$$Q = PC_{ki} \times 10^{-6} \times H_e^2$$

其中 P 值见表 5.8，H_e 为排气筒的有效源高。

P 值控制法仍是针对单个污染源的控制，没有从区域空气质量达标的总体目标出发，无法限制污染源数量的增加，也不可能实现污染源布局的科学化；增加烟囱高度可以降低地面污染物的浓度，但大气污染物的排放总量并没有减少，高烟囱化的结果还将扩大污染范围，加重区域的大气污染；P 值控制法无法用于民用烟源和其他小烟源群。

大气污染物总量控制是通过控制给定区域污染源的允许排放总量，并将其优化分配到污染源，以确保实现大气环境质量目标值的方法。总量控制可以有效保障区域大气环境质量达标。

大气污染物总量控制区的边界，根据城镇规划、经济发展和环境保护三方面要求确定。一般为“超标区”加“污染源”形成的完整的控制单元，也可以是“污染源密集区”加“影响区域”，还可以是新规划区（开发区、新城市等）。其中主要污染源的最大落地浓度一般应在控制区范围内。

A-P 值法是指用 A 值法计算控制区域中允许排放总量，用修正的 P 值法分配到每个污染源的一种方法。具体操作如下：

首先，为了防止夜间低架源产生污染，需确定低架源的允许排放量。这里所谓的低架源是指烟囱高度＜30 m 的或是无组织排放源。i 功能区 K 污染物的低架源允许排放量：

$$Q_{bki} = \alpha Q_{aki}$$

式中，α ——低架源排放分担率，见表 5.8。

总量控制区内点源（几何高度≥30 m 的排气筒）的污染物排放速率限值由下

式计算：

$$Q_{pki}=P_{ki}\times H_e^2\times10^{-6}$$

式中，Q_{pki} ——第 i 功能区内某点源污染物 k 的允许排放速率限值，t/h；

P_{ki} ——第 i 功能区内某点源污染物 k 的排放控制系数，t/（h·m^2）

$$P_{ki}=P\times C_{bki}$$

C_{bki} ——与第 i 功能区类别相应的年日平均浓度限值，mg/m^3；

P ——地理区域性点源排放控制系数，见表 5.7。

高架源（＞100 m）影响整个污染控制区，中架源（30～100 m）主要影响本功能区。

对于某个功能区，排放量不能超过环境容量，所以，

$$Q_{bki}+Q_{mki}\leqslant Q_{aki}$$

中架源排放量 $Q_{mki}=\Sigma P_{ki}\times H_e^2\times10^{-6}$

否则中架源应削减：

$$Q_{bki}+\beta_i Q_{mki}=Q_{aki}$$

$$\beta_i=(Q_{aki}-Q_{bki})/Q_{mki}$$

式中，β_i——第 i 功能区某种污染物的点源调整系数。

总量控制全区：

低架源 $Q_b=\Sigma Q_{bki}$；中架源 $Q_m=\Sigma\beta_i Q_{mki}$；高架源 $Q_h=\Sigma\beta_i Q_{hki}$

$$Q_b+Q_m+Q_h\leqslant Q_a$$

否则，还应考虑总调整系数：

$$Q_b+\beta Q_m+\beta Q_h=Q_a$$

$$\beta=(Q_a-Q_b)/(Q_m+Q_h)$$

$$P_{ki}=\beta\times\beta_i\times P\times C_{Bki}$$

因此，各点源允许排放量：

$$Q_{pki}=P_{ki}\times H_e^2\times10^{-6}$$

$$P_{ki}=\beta\times\beta_i\times P\times C_{Bki}$$

$$Q_{pki}=\beta\times\beta_i\times P\times C_{Bki}H_e^2\times10^{-6}$$

A-P 值法是一种比较科学的方法，但也非尽善尽美，如它没考虑排气筒位置的差异。现在实际工作中，多采用软件来确定总量控制方案，可以将问题考虑得

更全面。

5.1.5　水环境规划与管理

环境规划

水环境规划的对象包括河流、湖泊、水库、地下水、海洋等，目的是在经济社会发展的同时保护好水质，合理开发和利用水资源。

首先，在对水环境系统综合分析的基础上（污染源调查、水环境质量调查、水环境现状评价和趋势预测），了解水环境质量和水资源利用状况，明确水环境主要问题（包括水量和水质两个方面）。水资源供需是否平衡？水质对生活生产的影响如何？水资源是否得到合理利用？

其次，根据规划目标和需要解决的环境问题制定规划方案。规划目标包括满足生产、生活、生态要求的水质目标和对水资源的合理规划分配，缺水地区还要有引水措施。

1．水环境容量

水环境容量是在给定水域范围和水文条件下，在规定排污方式和水质目标的前提下，单位时间内该水域对某污染物的最大允许纳污量。水环境容量是水环境规划的主要环境约束条件，也是污染物总量控制的关键参数。

水环境容量可以分为稀释容量和自净容量，可以分为可更新容量和不可更新容量，或者分为自然水环境容量、管理水环境容量、规划环境容量。

稀释容量是依靠稀释达到水质目标所能承纳的污染物量，相当于基本环境容量。而自净容量是依靠自净重新释放出来的环境容量，也就是变动环境容量或称为同化环境容量。

可更新容量是可降解污染物的水环境容量，通过污染物降解，环境容量可以不断再生、永续利用。不可更新容量是指不可降解或长时间内只能微量降解的污染物的环境容量，其容量恢复只表现在污染物的迁移、吸附、沉积和相的转移上，在大环境水体中的总数量基本不变，如重金属的水环境容量。

自然水环境容量以污染物在水体中的基准值为水质目标。管理水环境容量以污染物在水体中的标准值为水质目标。规划环境容量是以水污染损害费用与治理费用之和最小化为约束条件所允许的排污量。基准值是环境中污染物对特定对象（人或其他生物）不产生不良或有害影响的最大剂量或浓度，由污染物和特定对象之间的剂量反应关系确定，不考虑人为主观因素，因此自然水环境容量具有客观性。

影响水环境容量的要素：

（1）水域特性。包括水体的形状、大小、流量、流速、水温、pH、污染物本底值等。

（2）环境功能要求。就水体的功能而言，功能不同所执行的水质标准不同，水质标准不同则环境容量也不同。因地域差异还存在地方标准的不同等。

（3）污染物特性。污染物的危害性越大其环境容量越小，污染物在水体中的迁移转化特点也影响其自净容量。

（4）排放方式。污染物集中排放比分散排放环境容量小；污染物瞬时排放比连续排放环境容量小；污染物江边排放比江心排放环境容量小。

水环境容量计算步骤：水域概化，方便用数学模型来描述；基础资料调查与分析；选择控制边界，确定控制断面和浓度控制标准；建立水质模型；环境容量计算分析；环境容量确定：扣除非点源影响部分，得出实际可利用的水环境容量。

【水域概化】是将天然水域（河流、湖泊、水库）概化成计算水域，例如，天然河道可概化成顺直河道，复杂的河道地形可进行简化处理，非稳态水流可简化为稳态水流等。水域概化后能够利用简单的数学模型来描述水质变化规律。同时，支流、排污口、取水口等影响水环境的因素也要进行相应概化。

若类似的排污口距离较近，可把多个排污口简化成集中的一个排污口。其排污口概化的重心计算：

$$X=(Q_1C_1X_1+Q_2C_2X_2+\cdots Q_nC_nX_n)/(Q_1C_1+Q_2C_2+\cdots Q_nC_n)$$

式中，X——概化排污口到功能区划下断面或控制断面的距离；

Q_n——第 n 个排污口（支流口）的水量；

X_n——第 n 个排污口到功能区划下断面的距离。

【基础资料调查与分析】包括水域水文资料（流速、流量、水位、体积等），水域水质资料（多项污染因子的浓度值等），水域内的排污口资料（排放量及其浓度等），支流资料（支流水量及其污染物浓度等），取水口资料（取水量、取水方式等），并进行数据一致性分析，形成数据库。

【选择控制边界】根据水环境功能区划和水域内的水质敏感点位置分析，确定水质控制断面的位置和浓度控制标准。若包含排污混合区，则需根据环境管理的要求先确定污染混合区的控制边界，控制断面不要设在混合区内。一般情况下，计算单元内可以直接按照水环境功能区上下边界、监测断面等设置控制点或节点。某一功能区划水域内存在多个常规性监测断面，选取最高级别的监测断面、最有代表性的监测断面、最能反映最大取水量取水口水质的监测断面。控制断面应能反映敏感点的水质，控制断面应能反映出境水质达标状况。

【参数确定】一般以水环境功能区为基本计算单元。需确定的水文参数包括水位、流速、流量、水温等。河流流量和水库库容是重要水文参数，河流流量一般采用 30Q10（近 10 年最枯月平均流量），水库库容一般采用 30V10（近 10 年最枯月平均库容）。流速等其他水文参数根据流量相应选择确定。水质标准根据水环境功能区划确定，本底浓度采用上游水环境功能区标准上限。水环境容量计算的单位时间一般为 1 年，具体计算时通过最枯月、季换算得到年度环境容量。不过有的时候需要具体情况具体分析，如北方枯水期流量（库容）很小，可以采用 90Q10 和 90V10；有闸坝的河段，用 10 年平均水位进行计算。

河流水环境容量的计算分零维模型、一维稳态模型、二维稳态模型。

（1）零维模型。适用条件：充分迅速混合的河段，水体中污染物浓度均等。河水流量与污水流量之比大于 10、不需考虑污水进入水体的混合距离的情况可概化为零维问题。

此时，若上游来水的流量和浓度分别为 Q_0、C_0，允许排放的污水流量和浓度分别为 Q_P 和 C_P，则混合以后的污染物浓度（C）应该不超过控制标准（C_b）。

$$C = \frac{C_0Q_0 + C_PQ_P}{Q_0 + Q_P} \leqslant C_b$$

$$C_PQ_P + C_0Q_0 \leqslant C_bQ_P + C_bQ_0$$

环境容量=允许排放量：

$$E = C_PQ_P = C_b(Q_P + Q_0) - C_0Q_0$$

（2）一维稳态模型。河流一维模型假定污染物浓度仅在河流纵向上发生变化，比如宽浅河段，污染物在横断面上均匀排放，较短的时间内混合均匀，横向和垂向的污染物浓度梯度可以忽略。

此时，若上游来水的流量和浓度分别为 Q_0、C_0，允许排放的污水流量和浓度分

别为 Q_P 和 C_P，则混合以后的污染物浓度可以超过控制标准（C_b），要求到达控制断面时该污染物浓度不超过标准值。污染物浓度沿着河流衰减的公式可以表达为

$$C_2 = C_1 \cdot e^{-\frac{Kx}{u}}$$

式中，C_2——沿程污染物浓度，mg/L；

C_1——前一个节点污染物浓度，mg/L；

u——河流断面平均流速，m/s；

x——沿程距离，m；

K——综合降解系数，1/s。

将控制断面该污染物的浓度限值 C_b 代入为沿程污染物浓度 C_2，则：

$$C_1=C_b\exp（Kx/u）$$

污染物排入一维水域，混合后的污染物浓度应该不超过 C_1，才能保障在控制断面污染物浓度不超标。

环境容量 $E=（Q_0+Q_P）C_1- C_0Q_0$，即

$$E=（Q_0+Q_P）C_b\exp（Kx/u）- C_0Q_0$$

上式是理论推导结果，采用标准单位，环境容量单位为 g/s。若环境容量单位用 kg/d，综合降解系数 K 的单位为 1/d，上式可以表达为

$$E=\left[\left(Q_0+Q_P\right)C_b\exp\left(\frac{Kx}{86\,400u}\right)-C_0Q_0\right]\times 86.4$$

表 5.10　河道水质降解系数参考值

水质及水生态环境状况	水质降解系数参考值/（1/d）	
	COD	NH_3-N
优（Ⅱ～Ⅲ）	0.18～0.25	0.15～0.20
中（Ⅲ～Ⅳ）	0.10～0.18	0.10～0.15
劣（Ⅴ或劣Ⅴ）	0.05～0.10	0.05～0.10

（3）二维稳态模型。适用情况：污染物浓度在水流方向不断衰减，在垂直方向也存在浓度梯度。

2. 水环境规划决策分析简单案例

某河段上三个污染源向河水中排放污染物 A。已知上游河水流量 500 000 m^3/d，A 的本底浓度为 0.2 mg/L，A 在河水中降解规律符合 $C=C_0e^{-KL}$，其中降解系数 K=0.03 km^{-1}。已知沿河三个污染源分别相距 10 km 和 15 km。三个污染源的污水排放量和其中污染物 A 的浓度分别为：100 000 m^3/d、10 mg/L；50 000 m^3/d、20 mg/L；200 000 m^3/d、8 mg/L。污染物 A 的净化费用为每 1 000 m^3 污水 50X 元（X 为去除率）。要求整个河段 A 的浓度不超标（≤1 mg/L），并且最省钱。请规划三个污染源 A 污染物的最佳去除效率组合，列出线性规划模型的标准型。

解：

把要求费用最省设计为目标函数。

主要约束条件：整个河段污染物 A 的浓度不超标（≤1 mg/L），即各污染源排放口断面混合浓度≤1 mg/L。

假设污染源（1）（2）（3）的污染物 A 去除率分别为 X_1、X_2、X_3

污染源（1）（2）（3）的污染物去除费用分别为

$$Z_1=50X_1(100\,000/1\,000)$$

$$Z_2=50X_2(50\,000/1\,000)$$

$$Z_3=50X_3(200\,000/1\,000)$$

污染治理总费用：$Z=5\,000X_1+2\,500X_2+10\,000X_3$

目标函数：$\min Z=5\,000X_1+2\,500X_2+10\,000X_3$

假设各污染源污染物 A 排入河中混合后的浓度分别为 C_{B1}、C_{B2}、C_{B3}，则

$$C_{B1}\leqslant 1\text{ mg/L};\ C_{B2}\leqslant 1\text{ mg/L};\ C_{B3}\leqslant 1\text{ mg/L}$$

$$C_{B1}=[100\,000\times 10(1-X_1)+500\,000\times 0.2]/(500\,000+100\,000)$$
$$=(11-10X_1)/6\leqslant 1$$

解得：$X_1\geqslant 0.5$

浓度为 C_{B1} 的河水经降解到达污染源（2）所在断面时浓度：

$$C_2=C_{B1}e^{-KL}=[(11-10X_1)/6]e^{-0.3}$$
$$=1.36-1.23X_1$$

$$C_{B2}=[600\,000C_2+50\,000\times 20(1-X_2)]/(600\,000+50\,000)$$
$$=2.79-1.14X_1-1.54X_2\leqslant 1$$

解得：$1.14X_1+1.54X_2 \geqslant 1.79$

浓度为 C_{B2} 的河水经降解到达污染源（3）所在断面时浓度：

$$C_3=C_{B2}e^{-KL}=1.79-0.73X_1-0.98X_2$$

$$C_{B3}=[650\,000C_3+200\,000\times 8（1-X_3）]/（650\,000+200\,000）$$

$$=3.24-0.55X_1-0.74X_2-1.88X_3 \leqslant 1$$

解得：

$$0.55X_1+0.74X_2+1.88X_3 \geqslant 2.24$$

规划模型标准式：

目标函数：

$$\min Z=5\,000X_1+2\,500X_2+10\,000X_3$$

约束条件：

$$1.14X_1+1.54X_2 \geqslant 1.79$$

$$0.55X_1+0.74X_2+1.88X_3 \geqslant 2.24$$

$$0.5 \leqslant X_1 \leqslant 1$$

$$0 \leqslant X_2 \leqslant 1$$

$$0 \leqslant X_3 \leqslant 1$$

现实中，A 的成熟的净化工艺只有若干种选择，不是无限可选的。所以，有了上述规划模型后该环境问题的决策分析是可以有具体结果的。

5.2 环境统计

5.2.1 环境统计概述

环境统计

环境统计是指对环境状况和环境保护工作情况进行统计调查、统计分析，提供统计信息和咨询，实行统计监督。环境统计的内容包括环境质量、环境污染及其防治、生态保护、核与辐射安全、环境管理及其他有关环境保护事项。

环境统计是环境保护的一项基础工作，是环境管理活动中最基本的环节之一。环境统计是因为环境管理的需要而产生的，是环境管理日常工作的重要组成部分，是环境管理的重要工具。环境监测数据通过环境统计发挥作用。

环境统计的类型包括普查和专项调查，分为定期调查和不定期调查。根据《全国污染源普查条例》，污染源普查每十年一次，2017 年开展了第二次全国污染源普查。定期调查包括统计年报、半年报、季报和月报等。

环境统计范围包括：环境污染与防治统计；自然生态环境保护统计；环境保护年度计划执行、环境管理制度的实施、环境科技工作、环境保护档案工作情况等环境管理统计；环境保护系统的自身建设统计等。

环境统计的基本任务包括：向各级政府及其环保部门提供环境状况的数字资料和分析资料，为制定环境保护方针政策、环境规划提供科学的依据；监督检查环境保护政策法规和计划的执行情况，及时发现新情况和新问题，以便及时采取措施，加强环境管理，协调经济发展与环境保护的关系；反映环境保护事业发展的规模和速度；为宣传教育群众提高环保意识为群众参加环境管理提供资料；为总结环境保护工作的经验教训，开展环境科学研究工作服务。

国务院环境保护行政主管部门对全国环境统计工作实行统一管理，制定环境统计的规章制度、标准规范、工作计划，组织开展环境统计科学研究，部署指导全国环境统计工作，汇总、管理和发布全国环境统计资料。县级以上地方环境保护行政主管部门在上级环境保护行政主管部门和同级统计行政主管部门的指导下，负责本辖区的环境统计工作。

为加强环境统计管理，保障环境统计资料的准确性和及时性，2006 年 11 月国家环境保护总局发布《环境统计管理办法》。规定环境统计机构和统计人员在环境统计工作中依法独立行使统计调查权、统计报告权、统计监督权，任何单位和个人不得干扰或者阻挠。统计调查权是指调查、搜集有关资料，召开有关调查会议，要求有关单位和人员提供环境统计资料，检查与环境统计资料有关的各种原始记录，要求更正不实的环境统计数据。统计报告权是指：调查人员必须将环境统计调查所得资料和情况进行整理、分析，及时、如实地向上级机关和统计部门提供环境统计资料。统计监督权是指对环境统计工作进行监督，指出存在的问题，提出改进建议。

为加强污染源统计工作管理，规范污染源统计行为，保证污染源统计数据的质量，2015 年 11 月环境保护部发布国家环境保护标准《环境统计技术规范　污染源统计》（HJ 772—2015）。生态环境部与时俱进，经常发布年度环境统计的规范性文件，如 2021 年的《排放源调查统计制度》。

环境统计工作步骤：

（1）统计方案设计。根据统计目的需要收集哪些资料？人力、物力、财力和客观条件是否可能办到？用什么方式和方法取得原始资料？怎样对取得的原始资料作进一步整理汇总？怎样对汇总后的资料作进一步加工分析？预期会得到什么结果？开展工作前要做好计划。现实具体的日常工作中，上级部门对环境统计工作有明确的方案、要求、说明和规范。

（2）收集资料。根据统计项目工作计划的要求，及时取得准确、完整的原始数据。若有必要，还需要补充检测以获得相关数据。

（3）整理资料。整理资料就是把收集到的原始资料，有目的、有计划地进行科学加工，使分散的、凌乱的资料变成系统化、条理化的资料，以便进一步的统计分析。

（4）分析资料。分析资料就是运用各种统计分析方法，结合专业知识，计算有关指标，进行统计描述和统计推断，阐明事物内在联系和规律，得出相关结论，包括污染水平、改善程度、发展趋势等。

5.2.2 环境统计报表制度

环境统计报表是国家或地方政府定期取得环境统计资料的基本调查组织形式。包括环境统计基层报表制度、综合报表制度、专业报表制度等。基层报表由相关企业根据原始台账填报（表 5.12），综合报表和专业报表由当地环境保护行政管理部门负责填报。综合报表反映本区域的全面情况，部分数据来自基层报表的汇总，部分数据由环保部门估算。而专业报表反映的是环境管理工作情况和环保系统自身建设情况，统计内容包括环境信访、环评、环境监察、环境监测、环境法制、环境科技、环保产业、环境宣教、环境行政处罚、环境管理制度的执行情况，以及人大政协提案办理情况等业务部门工作。

1. 调查统计范围

年报调查范围为统计区域内有污染物（温室气体）产生或排放的工业源、农业源、生活源、移动源，以及实施污染物集中处理的污水处理厂、生活垃圾处理厂、危险废物（医疗废物）集中处理厂等集中式污染治理设施。季报调查范围为工业源和集中式污染治理设施。

2. 调查统计对象

环境统计

（1）年报。工业源的调查对象为《国民经济行业分类》（GB/T 4754）中采矿业（B），制造业（C），电力、热力、燃气及水的生产和供应业（D）三个门类中纳入重点调查的工业企业（不含军队企业）。农业源的调查对象为省级负责种植业、畜禽养殖业和水产养殖业统计工作的部门，其中畜禽养殖业主要包括生猪、奶牛、肉牛、蛋鸡、肉鸡五类畜种的规模养殖场及规模以下养殖户。生活源的调查对象为地市级负责城乡居民生活及《国民经济行业分类》中第三产业统计工作的部门。集中式污染治理设施的调查对象为污水处理厂、生活垃圾处理厂、危险废物（医疗废物）集中处理厂。其中，污水处理厂包括城镇污水处理厂、工业废水集中处理厂（不包括企业内部自建自用废水处理厂）以及其他污水处理设施和农村集中式污水处理设施。移动源的调查对象为省级负责机动车保有量数据统计工作的部门。

（2）季报。调查对象为重点排污单位中的火电（火力发电行业代码 4411，热电联产行业代码 4412 和自备电厂）、水泥制造业（行业代码 3011）、黑色金属冶炼业（行业代码 31）、造纸和纸制品业（行业代码 22）、原油加工及石油制品制造业（行业代码 2511）等重点行业企业；城镇污水处理厂、工业废水集中处理厂。

3. 调查统计内容和时间

年报的调查内容包括工业企业基本情况、产品产能产量、污染治理设施运行、污染物和温室气体产生排放等内容；农业、生活、机动车的基本情况、污染物和温室气体产生排放等内容；集中式污染治理设施的基本情况、运行及污染排放等内容。

季报的调查内容包括工业企业基本情况、产品产能产量、污染治理设施运行、污染物和污染治理项目投运情况调度等内容；污水处理厂的基本情况、运行及污泥处置等内容。

年报标准时点为调查年度的 12 月 31 日，时期资料为年度资料。季报标准时点为调查年度的 3 月 31 日、6 月 30 日、9 月 30 日、12 月 31 日，时期资料为季度资料。

4. 调查方法

季报调查方法为调查对象逐家调查。

年报调查方法：工业源调查方法是对重点调查单位逐家调查，对非重点调查单位的产排污情况实行整体估算。工业企业污染防治投资的调查方法为对调查年度内有污染治理投资项目的重点调查单位逐家调查。农业源的调查方法为根据种植、畜禽养殖、水产养殖相关基础数据和技术参数进行估算。生活源的调查方法为依据人口、生活用水量、能源消费量等相关基础数据和技术参数进行估算。集中式污染治理设施的调查方法为对集中处理处置单位逐家调查，包括污水处理厂、生活垃圾集中处理厂、危险废物（医疗废物）集中处理厂。机动车的调查方法为依据相关基础数据和技术参数进行估算。

重点调查单位的筛选原则：以地市级行政区域为基本单元，以上次全国污染源普查名录库为总体样本，对化学需氧量、氨氮、总氮、总磷、二氧化硫、氮氧化物、颗粒物、挥发性有机物、氨排放量，一般工业固体废物产生量满足筛选定义要求，有废水或废气重金属（砷、镉、铅、汞、六价铬或总铬）产生的、有危险废物产生的符合《排放源统计技术规定》筛选条件的工业企业初步确定为重点调查单位。

重点调查单位每调查年度开展动态更新调整，将筛选指标污染物产生量或排放量大于规模值的工业企业、新（改、扩）建项目中有废水或废气重金属（砷、镉、铅、汞、六价铬或总铬）产生的工业企业、新（改、扩）建项目中有危险废物产生的工业企业、已列为重点排污单位的工业企业、已发放排污许可证且重点管理的工业企业等纳入重点调查范围。删除长期停产、关闭企业或因其他原因低于筛选指标规模值的企业。各地生态环境部门可以根据当地管理需要适当增加重点调查单位。

非重点调查单位的估算方法是以地市为单位，核算非重点调查单位的废水主要污染物排放量；非重点调查单位废气污染物与生活源合并核算。

符合表 5.10 任何一项条件的即纳入重点调查范围。

表 5.11　重点调查单位筛选条件

序号	类别	污染物	规模值	补充条件
1	废水	化学需氧量	年排放 5 t 以上	按规模值筛选完后地市级污染物排放量占比不足 85%的，增补企业至达到地市级的 85%
2	废水	氨氮	年排放 0.3 t 以上	
3	废水	总氮	年排放 1 t 以上	
4	废水	总磷	年排放 0.05 t 以上	
5	废气	二氧化硫	年排放 10 t 以上	
6	废气	氮氧化物	年排放 10 t 以上	
7	废气	颗粒物	年排放 20 t 以上	
8	废气	挥发性有机物	年排放 10 t 以上	
9	废气	氨	年排放 1 t 以上	
10	固体废物	一般工业固体废物	年产生 10 000 t 以上	增补企业占比达到省级 85%、地市级的 50%
11	固体废物	危险废物	年产生 10 t 以上	地市级产生量占比不足 50%的，将产生量规模值降至 1 t 以上
12	固体废物	危险废物	年丢弃倾倒 3 t 以上	
13	废水	总铅	年产生 100 kg 以上	对地市级废水重金属产生量占比不足 95%的，增补企业至达到地市级的 95%
14	废水	总砷	年产生 50 kg 以上	
15	废水	总汞	年产生 10 kg 以上	
16	废水	总镉	年产生 50 kg 以上	
17	废水	六价铬	年产生 100 kg 以上	
18	废水	总铬	年产生 100 kg 以上	
19	废气	铅	年产生 100 kg 以上	对地市级废气重金属产生量占比不足 95%的，增补企业至达到地市级的 95%
20	废气	砷	年产生 50 kg 以上	
21	废气	汞	年产生 10 kg 以上	
22	废气	铬	年产生 100 kg 以上	
23	废气	镉	年产生 50 kg 以上	
24	列为重点排污单位的工业企业			
25	列为排污许可重点管理的工业企业			

5. 污染物产排量核算

重点调查单位污染物产生量或排放量核算，优先采用符合规范性要求的监测数据法，也可以采用产排污系数法（物料衡算法）核算污染物产生量或排放量。

符合要求的监测数据使用顺序为自动监测数据、执法监测数据、企业手工监测数据。自动监测数据要求在调查年度全年按照相应技术规范开展校准、校验和运行维护，季度有效捕集率不低于75%的，且保留全年历史数据。执法监测数据指调查年度内由县及以上生态环境部门，按照监测技术规范要求进行执法监测得到的数据。企业手工监测数据指调查年度内由企业自行监测或委托有资质机构，按照有关监测技术规范、标准方法要求监测获得的数据。废气手工监测数据不得用于核算废气及废气污染物产生量或排放量。未安装流量自动监测设备的，废水排放量不得采用自动监测数据进行核算。产排污系数法根据《排放源统计调查制度产排污核算方法和系数手册》核算。

表 5.12 环境统计报表目录

表号	表名	期别	统计范围	报送单位	报送日期及方式
综 100 表	各地区污染物排放总量情况	年报	县级及以上各级行政区	环境厅局	次年 6 月 10 日前网络报送
综 101 表	各地区工业污染物和温室气体排放及治理情况	年报	县级及以上各级行政区	同上	次年 1 月 15 日前网络报送
综 102 表	各地区工业重点调查污染物和温室气体排放及治理情况	年报	县级及以上各级行政区	同上	次年 1 月 15 日前网络报送
综 103 表	各地区锅炉/燃气轮机污染物和温室气体排放及治理情况	年报	县级及以上各级行政区	同上	次年 1 月 15 日前网络报送
综 104 表	各地区水泥污染排放治理情况	年报	县级及以上各级行政区	同上	次年 1 月 15 日前网络报送
综 105 表	各地区钢铁与炼焦工业污染排放及治理情况	年报	县级及以上各级行政区	同上	次年 1 月 15 日前网络报送
综 106 表	各地区钢铁烧结/球团污染排放及治理情况	年报	县级及以上各级行政区	同上	次年 1 月 15 日前网络报送
综 107 表	各地区工业固体物料堆场情况	年报	县级及以上各级行政区	同上	次年 1 月 15 日前网络报送
综 108 表	各地区工业非重点调查污染排放情况	年报	各地市级行政区	同上	次年 1 月 15 日前网络报送
综 109 表	各地区工业污染防治投资情况	年报	县级及以上各级行政区	同上	次年 1 月 15 日前网络报送

表号	表名	期别	统计范围	报送单位	报送日期及方式
综110表	各省（自治区、直辖市）碳排放量及变化趋势	年报	各省级行政区	同上	次年6月10日前网络报送
综201表	各省（自治区、直辖市）种植业污染排放情况	年报	各省级行政区	同上	次年6月10日前网络报送
综202表	各省（自治区、直辖市）畜禽养殖业污染排放情况	年报	各省级行政区	同上	次年6月10日前网络报送
综203表	各省（自治区、直辖市）水产养殖业污染排放情况	年报	各省级行政区	同上	次年6月10日前网络报送
综301表	各地区生活污染排放处理情况	年报	市级及以上行政区	同上	次年6月10日前网络报送
综302表	各市（地、州、盟）生活污染排放及处理情况	年报	各市级行政区	同上	次年6月10日前网络报送
综401表	各地区污水处理情况	年报	县级及以上各级行政区	同上	次年1月15日前网络报送
综402表	各地区农村污水处理情况	年报	县级及以上各级行政区	同上	次年1月15日前网络报送
综403表	各地区生活垃圾集中处理情况	年报	县级及以上各级行政区	同上	次年1月15日前网络报送
综404表	各地区危险废物（医疗废物）集中处理情况	年报	县级及以上各级行政区	同上	次年1月15日前网络报送
综501表	各省机动车保有量情况	年报	各省级行政区	同上	次年6月10日前网络报送
综502表	各地区机动车污染排放情况	年报	市级及以上各级行政区	同上	次年6月10日前网络报送
综601表	各地区建设项目竣工环境保护验收和环保能力建设情况	年报	县级及以上各级行政区	同上	次年6月10日前网络报送
季综102	各地区工业重点调查污染物和温室气体排放及治理情况	季报	市级及以上各级行政区	同上	每个季度结束第1个月的前14个工作日网络报送
季综103	各地区锅炉/燃气轮机污染物和温室气体排放及治理情况	季报	市级及以上各级行政区	同上	同上

表号	表名	期别	统计范围	报送单位	报送日期及方式
季综104	各地区水泥污染排放治理情况	季报	市级及以上各级行政区	同上	同上
季综105	各地区钢铁与炼焦污染排放及治理情况	季报	市级及以上各级行政区	同上	同上
季综106	各地区钢铁烧结/球团污染排放及治理情况	季报	市级及以上各级行政区	同上	同上
季综107	各地区工业固体物料堆存情况	季报	市级及以上各级行政区	同上	同上
季综109	各地区工业企业污染防治项目投运情况	季报	市级及以上各级行政区	同上	同上
季综401	各地区污水处理情况	季报	市级及以上各级行政区	同上	同上
基101表	工业企业污染物和温室气体排放及治理情况	年报	辖区内有污染产生的重点调查单位	调查对象	次年1月15日前网络报送
基102表	工业企业锅炉/燃气轮机污染物和温室气体排放及治理情况	年报	重点调查单位中有工业锅炉的，所有在役火电厂、热电联产企业及工业企业的自备电厂、垃圾和生物质焚烧发电厂	同上	次年1月15日前网络报送
基103表	水泥企业污染排放及治理情况	年报	重点调查单位中有熟料生产工序的水泥企业	同上	次年1月15日前网络报送
基104表	钢铁与炼焦企业污染排放及治理情况	年报	重点调查单位中有炼焦工序的钢铁冶炼企业和炼焦企业	同上	次年1月15日前网络报送
基105表	钢铁企业烧结/球团污染排放及治理情况	年报	重点调查单位中有烧结/球团工序的钢铁冶炼企业	同上	次年1月15日前网络报送
基106表	工业企业有机液体储罐、装载信息	年报	重点调查单位中有有机液体储罐的工业企业	同上	次年1月15日前网络报送
基107表	工业企业含挥发性有机物原辅材料使用信息	年报	重点调查单位中使用含挥发性有机物原辅材料工业企业	同上	次年1月15日前网络报送
基108表	工业企业动静密封点及循环冷却塔信息	年报	重点调查单位中有动静密封点及循环冷却塔的工业企业	同上	次年1月15日前网络报送

表号	表名	期别	统计范围	报送单位	报送日期及方式
基109表	工业企业固体物料堆存信息	年报	重点调查单位中有固体物料堆存的工业企业	同上	次年1月15日前网络报送
基110表	工业企业污染物产排污系数核算信息	年报	重点调查单位中采用产排污系数法核算污染物产生量和排放量的工业企业	同上	次年1月15日前网络报送
基111表	工业企业废水监测数据	年报	重点调查单位中采用废水监测数据核算产生量和排放量的工业企业	同上	次年1月15日前网络报送
基112表	工业企业废气监测数据	年报	重点调查单位中采用废气自动监测数据核算产生量和排放量的工业企业	同上	次年1月15日前网络报送
基113表	工业企业污染防治投资情况	年报	重点调查单位中有污染治理投资项目、工程的工业企业	同上	次年1月15日前网络报送
基401表	污水处理厂运行情况	年报	城镇污水处理厂、工业废水集中处理厂、农村集中式污水处理设施（日处理能力≥500 t）	同上	次年1月15日前网络报送
基402表	生活垃圾处理厂运行情况	年报	辖区内生活垃圾处理厂	同上	次年1月15日前网络报送
基403表	危险废物（医疗废物）集中处理厂运行情况	年报	辖区内危险废物（医疗废物）集中处理厂	同上	次年1月15日前网络报送
基701表	各地区电力调入、调出情况	年报	国家、南方和蒙西电网公司	电网公司	次年1月15日前网络报送
季基101	工业企业污染物和温室气体排放及治理情况	季报	季报调查对象中有污染物产生的工业企业	季报调查对象	每个季度结束第1个月的前8个工作日内网络报送
季基102	工业企业锅炉/燃气轮机污染物和温室气体排放及治理情况	季报	季报调查对象中有工业锅炉的工业企业，以及所有在役火电厂、热电联产企业及工业企业的自备电厂	同上	同上

表号	表名	期别	统计范围	报送单位	报送日期及方式
季基 103	水泥企业污染排放及治理情况	季报	季报调查对象中有熟料生产工序的水泥企业	同上	同上
季基 104	钢铁与炼焦企业污染排放及治理情况	季报	季报调查对象中有炼焦工序的钢铁冶炼企业和炼焦企业	同上	同上
季基 105	钢铁企业烧结/球团污染排放及治理情况	季报	季报调查对象中有烧结/球团工序的钢铁冶炼企业	同上	同上
季基 106	工业企业有机液体储罐、装载信息	季报	季报调查对象中有有机液体储罐的工业企业	同上	同上
季基 108	工业企业动静密封点及循环冷却塔信息	季报	季报调查对象中有动静密封点、循环冷却塔的工业企业	同上	同上
季基 109	工业企业固体物料堆存信息	季报	季报调查对象中有固体物料堆存的工业企业	同上	同上
季基 110	工业企业污染物产排污系数核算信息	季报	季报调查对象中采用产排污系数法核算污染物产生量和排放量的工业企业	同上	同上
季基 111	工业企业废水监测数据	季报	季报调查对象中采用废水监测数据核算产生量和排放量的工业企业	同上	同上
季基 112	工业企业废气监测数据	季报	季报调查对象中采用废气自动监测数据核算产生量和排放量的工业企业	同上	同上
季基 113	工业企业污染防治项目投运情况调度	季报	季报调查对象中有污染治理投资项目、工程的工业企业	同上	同上
季基 401	污水处理厂运行情况	季报	辖区内城镇污水处理厂	同上	同上

5.2.3 环境统计基层年报表

表 5.13 工业企业污染物和温室气体排放及治理情况

（基 101 表）

	表　号：　基 101 表
统一社会信用代码：□□□□□□□□□□□□□□□□□□	制定机关：生 态 环 境 部
未领取统一社会信用代码的填写原代码□□□□□□□□－□	批准机关：国 家 统 计 局
填报单位详细名称（公章）：	批准文号国统制〔2021〕18 号
曾用名：　20　年	有效期至：　2024 年 3 月

工业企业基本信息

1. 法定代表人	
2. 行政区划代码	□□□□□□
3. 详细地址	________省（自治区、直辖市）________地区（市、州、盟） ________县（区、市、旗）________乡（镇） ________街（村）/门牌号
4. 企业地理位置	中心经度/中心纬度° ′ ″/° ′ ″
5. 联系方式	固定电话：□□□□-□□□□□□□□□　联系人：________ 移动电话：□□□□□□□□□□□　邮政编码：□□□□□□
6. 登记注册类型	（按企业登记注册类型填相应代码）
7. 企业规模	□　1 大型　2 中型　3 小型　4 微型
8. 行业类别	行业名称：行业代码：□□□□
9. 开业时间	□□□□年□□月
10. 排水去向类型	排水去向类型：排水去向代码：□
11. 排入的污水处理厂	排入的污水处理厂名称： 排入的污水处理厂代码：□□□□□□□□□□□□□□□□□□
12. 受纳水体	受纳水体名称： 受纳水体代码：□□□□□□□□□□□□
13. 排污许可证编号	排污许可证编号：
14. 排污登记编号	排污登记编号：

表 5.13（I） 工业企业污染物和温室气体排放及治理情况

（基 101 表续表一）

指标名称	单位	代码	本年实际	指标名称	单位	代码	本年实际
甲	乙	丙	1	甲	乙	丙	1
一、企业基本情况	—	—	—	二、工业废水	—	—	—
工业总产值（当年价格）	万元	01		工业废水排放量	吨	32	
年正常生产时间	小时	02		其中：直接排入环境的	吨	33	
取水量	吨	03		排入污水处理厂的	吨	34	
煤炭消费量	吨	04		工业废水处理量	吨	35	
其中：燃料煤消费量	吨	05		化学需氧量产生量	吨	36	
燃料煤平均含硫量	%	06		化学需氧量排放量	吨	37	
燃料煤平均灰分	%	07		氨氮产生量	吨	38	
燃料煤平均干燥无灰基挥发分	%	08		氨氮排放量	吨	39	
燃料油消费（不含车船用）	吨	09		总氮产生量	吨	40	
燃料油平均含硫量	%	10		总氮排放量	吨	41	
焦炭消费量	吨	11		总磷产生量	吨	42	
焦炭平均含硫量	%	12		总磷排放量	吨	43	
焦炭平均灰分	%	13		石油类产生量	吨	44	
天然气消费量	万立方米	14		石油类排放量	吨	45	
其他燃料消费量	吨标煤	15		挥发酚产生量	千克	46	
用电量	万千瓦时	16		挥发酚排放量	千克	47	
工业锅炉数	台/蒸吨	17		氰化物产生量	千克	48	
其中：20 蒸吨以上的	台/蒸吨	18		氰化物排放量	千克	49	
其中：安装脱硫设施的	台/蒸吨	19		总砷产生量	千克	50	
10～20（含）蒸吨之间的	台/蒸吨	20		总砷排放量	千克	51	
10（含）蒸吨以下的	台/蒸吨	21		总铅产生量	千克	52	
工业炉窑数	座	22		总铅排放量	千克	53	
主要原辅材料用量	—	—	—	总镉产生量	千克	54	
（1）～（5）	—	23		总镉排放量	千克	55	
主要产品生产情况	—	—	—	总汞产生量	千克	56	
（1）～（5）	—	24		总汞排放量	千克	57	
主要生产工艺（以下企业）	—	—	—	总铬产生量	千克	58	
炼钢企业主要炉型	—	25		总铬排放量	千克	59	
再生铜、铝、铅企主要炉型	—	26		六价铬产生量	千克	60	
原生浆造纸企业漂白工艺	—	27		六价铬排放量	千克	61	
镁生产企业主要生产工艺	—	28					
防腐涂料使用量	吨	29					
其中：水性防腐涂料使用量	吨	30					
溶剂型防腐涂料使用量	吨	31					

表 5.13（Ⅱ） 工业企业污染物和温室气体排放及治理情况

（基 101 表续表二）

指标名称	计量单位	代码	本年实际
甲	乙	丙	1
三、工业废气	—	—	—
工业废气排放量	万立方米	62	
二氧化硫产生量	吨	63	
二氧化硫排放量	吨	64	
氮氧化物产生量	吨	65	
氮氧化物排放量	吨	66	
颗粒物产生量	吨	67	
颗粒物排放量	吨	68	
挥发性有机物（VOCs）产生量	千克	69	
挥发性有机物（VOCs）排放量	千克	70	
砷及其化合物产生量	千克	71	
砷及其化合物排放量	千克	72	
铅及其化合物产生量	千克	73	
铅及其化合物排放量	千克	74	
镉及其化合物产生量	千克	75	
镉及其化合物排放量	千克	76	
汞及其化合物产生量	千克	77	
汞及其化合物排放量	千克	78	
铬及其化合物产生量	千克	79	
铬及其化合物排放量	千克	80	
四、污染治理设施情况	—	—	—
废水治理设施数	套	81	
废水治理设施处理能力	吨/日	82	
废水治理设施运行费用	万元	83	
废气治理设施数	套	84	
废气治理设施处理能力	立方米/时	85	
废气治理设施运行费用	万元	86	

表 5.13（III） 工业企业污染物和温室气体排放及治理情况

（基 101 表续表三）

指标名称	计量单位	代码	本年实际					
			1#	2#	3#	4#	5#	6#
甲	乙	丙	1	2	3	4	5	6
废水治理设施	—	—						
废水治理设施名称	—	87						
处理的废水类型	—	88						
废水治理设施处理能力	吨/日	89						
废水处理设施运行费用	万元	90						
废水处理量	吨	91						
废气治理设施	—	—						
废气治理设施名称	—	92						
对应的排放口名称	—	93						
废气治理设施处理能力	立方米/时	94						
废气治理设施运行费用	万元	95						
五、工业固体废物	—	—						
一般工业固体废物名称/代码	—	96						
一般工业固体废物产生量	吨	97						
一般工业固体废物综合利用量	吨	98						
其中：综合利用往年贮存量	吨	99						
一般工业固体废物处置量	吨	100						
其中：处置往年贮存量	吨	101						
一般工业固体废物贮存量	吨	102						
一般工业固体废物倾倒丢弃量	吨	103						
危险废物名称	—	104						
危险废物代码	—	105						

指标名称	计量单位	代码	本年实际					
			1#	2#	3#	4#	5#	6#
危险废物上年末贮存量	吨	106						
危险废物产生量	吨	107						
危险废物利用处置量	吨	108						
其中：利用处置往年贮存量	吨	109						
其中：送持证单位量	吨	110						
危险废物本年末贮存量	吨	111						
危险废物倾倒丢弃量	吨	112						
内部利用处置方式	—	113						
内部年利用处置能力	吨	114						
六、温室气体	—	—						
二氧化碳排放量	吨	115						

单位负责人：　统计负责人：　填表人：　联系电话：　报出日期：20　年　月　日

基101表说明：

1. 审核关系：

4≥5，17=18+20+21，32=33+34，40≥38，41≥39，58≥60，59≥61，97=98-99+100-101+102+103，98≥99，100≥101，106+107=108+111+112，108≥109，108≥110。

2. 填报温室气体行业暂为火电行业，仅统计二氧化碳直接排放量，核算方法为《企业温室气体排放核算方法与报告指南 发电设施》，石化化工、建材、钢铁、有色、造纸等重点行业温室气体排放待相应行业核算方法与报告指南发布后需要增加核算。

3. 主要原辅材料和产品各填写本单位主要的5种。

4. 污染物产生量指标均应≥排放量指标；粉煤灰产生量应＜颗粒物产生量。

5. 废气治理设施名称：

（1）脱硫（酸）设施；（2）脱硝设施；（3）除尘设施；（4）挥发性有机物治理设施；（5）其他废气污染物治理设施。

6. 废气治理设施对应的排放口名称：

（1）工业锅炉排放口；（2）电站锅炉/燃气轮机排放口；（3）水泥窑尾排放口；（4）水泥窑头排放口；（5）焦炉烟囱排放口；（6）装煤地面站排放口；（7）推焦地面站排放口；（8）干法熄焦地面站排放口；（9）烧结机头排放口；（10）球团单元焙烧排放口；（11）烧结机尾排放口；（12）水泥窑一般排放口；（13）钢铁与炼焦一般排放口；（14）烧结/球团一般排放口；（15）其他排放口。

7. 尚未领取统一社会信用代码的填写原组织机构代码号，下同。

表 5.14 工业企业锅炉/燃气轮机污染物和温室气体排放及治理情况

（基 102 表）

	表　　号：　　　基 102 表
统一社会信用代码：□□□□□□□□□□□□□□□□□□□□□□	制定机关：生 态 环 境 部
未领统一社会信用代码的填写原代码□□□□□□□□□－□	批准机关：国 家 统 计 局
填报单位详细名称（公章）：	批准文号：国统制〔2021〕18
曾用名：　　　　20　年	有效期至：　2024 年 3 月

指标名称	计量单位	代码	本年实际	
			锅炉/燃气轮机 1	锅炉/燃气轮机 2
甲	乙	丙	1	2
一、电站锅炉/燃气轮机基本信息	—	—	—	—
电站锅炉/燃气轮机编号	—	01		
电站锅炉/燃气轮机类型	—	02		
对应机组编号	—	03		
对应机组装机容量	万千瓦	04		
电站锅炉燃烧方式名称	—	05		
电站锅炉/燃气轮机额定出力	蒸吨/小时	06		
电站锅炉/燃气轮机运行时间	小时	07		
是否采用低氮燃烧技术	—	08		
二、工业锅炉基本信息	—	—	—	—
工业锅炉编号	—	09		
工业锅炉类型	—	10		
工业锅炉用途	—	11	□1 生产 2 采暖 3 其他	□1 生产 2 采暖 3 其他
工业锅炉燃烧方式名称	—	12		
工业锅炉额定出力	蒸吨/小时	13		
工业锅炉运行时间	小时	14		
是否采用低氮燃烧技术	—	15		

指标名称	计量单位	代码	本年实际	
			锅炉/燃气轮机 1	锅炉/燃气轮机 2
甲	乙	丙	1	2
三、产品、燃料信息	—	—	—	—
发电量	万千瓦时	16		
供热量	万吉焦	17		
燃料一类型	—	18		
燃料一消耗量	吨或万立方米	19		
其中：发电消耗量	吨或万立方米	20		
供热消耗量	吨或万立方米	21		
燃料一低位发热量	千卡/千克或千卡/标立方米	22		
燃料一平均收到基含硫量	%或毫克/立方米	23		
燃料一平均收到基灰分	%	24		
燃料一平均干燥无灰基挥发分	%	25		
燃料一单位热值含碳量	吨碳/太焦	26		
燃料一碳氧化率	%	27		

表 5.14（I）　工业企业锅炉/燃气轮机污染物和温室气体排放及治理情况

（基 102 表续表一）

指标名称	计量单位	代码	本年实际	
			锅炉/燃气轮机 1	锅炉/燃气轮机 2
甲	乙	丙	1	2
燃料二类型	—	28		
燃料二消耗量	吨或万立方米	29		
其中：发电消耗量	吨或万立方米	30		
供热消耗量	吨或万立方米	31		
燃料二低位发热量	千卡/千克或千卡/标立方米	32		
燃料二平均收到基含硫量	%或毫克/立方米	33		
燃料二平均收到基灰分	%	34		

指标名称	计量单位	代码	本年实际	
			锅炉/燃气轮机 1	锅炉/燃气轮机 2
甲	乙	丙	1	2
燃料二平均干燥无灰基挥发分	%	35		
燃料二单位热值含碳量	吨碳/太焦	36		
燃料二碳氧化率	%	37		
其他燃料消耗总量	吨标准煤	38		
四、污染物产生排放情况	—	—		
排放口编号	—	39		
排放口地理坐标	—	40		
排放口高度	米	41		
工业废气排放量	万立方米	42		
二氧化硫产生量	吨	43		
二氧化硫排放量	吨	44		
氮氧化物产生量	吨	45		
氮氧化物排放量	吨	46		
颗粒物产生量	吨	47		
颗粒物排放量	吨	48		
挥发性有机物产生量	千克	49		
挥发性有机物排放量	千克	50		
砷及其化合物产生量	千克	51		
砷及其化合物排放量	千克	52		
铅及其化合物产生量	千克	53		
铅及其化合物排放量	千克	54		
镉及其化合物产生量	千克	55		
镉及其化合物排放量	千克	56		
汞及其化合物产生量	千克	57		
汞及其化合物排放量	千克	58		
铬及其化合物产生量	千克	59		
铬及其化合物排放量	千克	60		
五、温室气体	—	—		
二氧化碳排放量	吨	61		

单位负责人：　　统计负责人：　　填表人：　　联系电话：　　报出日期：20　年　月　日

表 5.15　水泥企业污染排放及治理情况

（基 103 表）

	表　　号：　基 103 表
统一社会信用代码：□□□□□□□□□□□□□□□□□□□□□□□	制定机关：生 态 环 境 部
未领取统一社会信用代码的填写原代码□□□□□□□□□－□	批准机关：国 家 统 计 局
填报单位详细名称（公章）：	批准文号：国统制〔2021〕18
曾用名：　　　　　　　　　　20　　年	有效期至：　2024 年 3 月

指标名称	计量单位	代码	本年实际	
甲	乙	丙		
主要产品	—	—	—	
水泥产量	万吨	01		
			熟料生产线 1	熟料生产线 2
甲	乙	丙	1	2
一、炉窑基本信息	—	—	—	—
设备编号	—	02		
设备类型	—	03		
设备年运行时间	小时	04		
生产能力	万吨/年	05		
二、炉窑燃料消耗情况	—	—	—	—
煤炭消费量	吨	06		
煤炭低位发热量	千卡/千克	07		
煤炭平均收到基含硫量	%	08		
煤炭平均收到基灰分	%	09		
煤炭平均干燥无灰基挥发分	%	10		
三、原料信息	—	—		
石灰石用量	万吨	11		
四、产品信息	—	—	—	—
熟料产量	万吨	12		
其中：电石渣熟料产量	万吨	13		
熟料中氧化钙含量	%	14		
熟料中氧化镁含量	%	15		
五、污染物产生排放情况	—	—	—	—
窑尾排放口	—	—	—	—
排放口编号	—	16		
排放口地理坐标	—	17	经度___度___分___秒 纬度___度___分___秒	经度___度___分___秒 纬度___度___分___秒
排放口高度	米	18		
是否采用低氮燃烧技术	—	19	□　1 是　2 否	□　1 是　2 否
工业废气排放量	万立方米	20		
二氧化硫产生量	吨	21		
二氧化硫排放量	吨	22		

表 5.15（I） 水泥企业污染排放及治理情况

（基 103 表续表一）

指标名称	计量单位	代码	本年实际	
			熟料生产线 1	熟料生产线 2
甲	乙	丙	1	2
氮氧化物产生量	吨	23		
氮氧化物排放量	吨	24		
颗粒物产生量	吨	25		
颗粒物排放量	吨	26		
挥发性有机物产生量	千克	27		
挥发性有机物排放量	千克	28		
砷及其化合物产生量	千克	29		
砷及其化合物排放量	千克	30		
铅及其化合物产生量	千克	31		
铅及其化合物排放量	千克	32		
镉及其化合物产生量	千克	33		
镉及其化合物排放量	千克	34		
汞及其化合物产生量	千克	35		
汞及其化合物排放量	千克	36		
铬及其化合物产生量	千克	37		
铬及其化合物排放量	千克	—		
窑头排放口	—	38	—	—
排放口编号	—	39		
排放口地理坐标	—	40	经度：___度___分___秒 纬度：___度___分___秒	经度：___度___分___秒 纬度：___度___分___秒
排放口高度	米	41		
工业废气排放量	万立方米	42		
颗粒物产生量	吨	43		
颗粒物排放量	吨	44		
一般排放口及无组织	—	—	—	—
颗粒物产生量	吨	45		
颗粒物排放量	吨	46		

单位负责人：　统计负责人：　填表人：　联系电话：　报出日期：20　年　月　日

说明：1. 本表由辖区内有熟料生产工序的水泥企业填报；

2. 排放口地理坐标中“秒”指标最多保留 2 位小数，产生量、排放量指标保留 3 位小数。

表 5.16　钢铁与炼焦企业污染排放及治理情况（基 104 表）

	表　　号：　　　基 104 表
统一社会信用代码：□□□□□□□□□□□□□□□□□□	制定机关：生 态 环 境 部
未领统一社会信用代码的填写原代码□□□□□□□□－□	批准机关：国 家 统 计 局
填报单位详细名称（公章）：	批准文号：国统制〔2021〕18
曾用名：　　　　　　　　　　　　20　　年	有效期至：　2024 年 3 月

指标名称	计量单位	代码	本年实际	
			炼焦生产线 1	炼焦生产线 2
甲	乙	丙	1	2
一、基本信息	—	—	—	—
炼焦炉编号	—	01		
炼焦炉型	—	02	□	□
熄焦工艺	—	03	□	□
炭化室高度	米	04		
年生产时间	小时	05		
生产能力	万吨/年	06		
二、燃料信息	—	—	—	—
煤气消费量	万立方米	07		
煤气低位发热量	千卡/标准立方米	08		
煤气平均收到基含硫量	毫克/立方米	09		
其他燃料消耗总量	吨标准煤	10		
三、原辅材料及产品信息	—	—		
煤炭消费量	万吨	11		
焦炭产量	万吨	12		
硫酸产量	万吨	13		
硫黄产量	万吨	14		
煤气产生量	万立方米	15		
煤焦油产量	万吨	16		
四、污染物产生排放情况	—	—	—	—
主要排放口类型	—	—		
排放口编号	—	17		
排放口地理坐标	—	18	经度：___度___分___秒 纬度：___度___分___秒	经度：___度___分___秒 纬度：___度___分___秒
排放口高度	米	19		
工业废气排放量	万立方米	20		
二氧化硫产生量	吨	21		
二氧化硫排放量	吨	22		
氮氧化物产生量	吨	23		
氮氧化物排放量	吨	24		
颗粒物产生量	吨	25		

表 5.16（I） 钢铁与炼焦企业污染排放及治理情况

（基 104 表续表一）

指标名称	计量单位	代码	本年实际	
			炼焦生产线 1	炼焦生产线 2
甲	乙	丙	1	2
颗粒物排放量	吨	26		
挥发性有机物产生量	千克	27		
挥发性有机物排放量	千克	28		
一般排放口及无组织	—	—	—	—
工业废气排放量	万立方米	29		
二氧化硫产生量	吨	30		
二氧化硫排放量	吨	31		
氮氧化物产生量	吨	32		
氮氧化物排放量	吨	33		
颗粒物产生量	吨	34		
颗粒物排放量	吨	35		
挥发性有机物产生量	千克	36		
挥发性有机物排放量	千克	37		

单位负责人： 统计负责人： 填表人： 联系电话： 报出日期：20 年 月 日

说明：

1. 本表由辖区内有炼焦工序的钢铁冶炼企业和炼焦企业填报。
2. 排放口类型：（1）焦炉烟囱排放口；（2）装煤地面站排放口；（3）推焦地面站排放口；（4）干法熄焦地面站排放口，若数量超过 1 个的，可自行复印表格填报。
3. 排放口的地理坐标中“秒”指标最多保留 2 位小数，产生量、排放量指标保留 3 位小数。

表 5.17　工业企业固体物料堆存信息

（基 109 表）

			表　　号：	基 109 表
统一社会信用代码：□□□□□□□□□□□□□□□□□□			制定机关：	生 态 环 境 部
未领取统一社会信用代码的填写原代码□□□□□□□□－□			批准机关：	国 家 统 计 局
填报单位详细名称（公章）：			批准文号：	国统制〔2021〕18
曾用名：　　20　　年			有效期至：	2024 年 3 月

指标名称	计量单位	代码	本年实际	
			堆场 1	堆场 2
甲	乙	丙	1	2
一、基本信息	—	—	—	—
堆场编号	—	01		
堆场名称	—	02		
堆场类型	—	03	□	□
堆存物料	—	04	□□	□□
堆存物料类型	—	05	□	□
占地面积	平方米	06		
二、运载信息	—	—	—	—
年物料运载车次	车	07		
单车平均运载量	吨/车	08		
三、控制设施及污染物产生排放情况	—	—	—	—
颗粒物控制措施	—	09	□	□
颗粒物产生量	吨	10		
颗粒物排放量	吨	11		

单位负责人：　统计负责人：　填表人：　联系电话：　报出日期：20　年　月　日

说明：

1. 本表由辖区内有固体物料堆存的工业企业填报；
2. 产生量、排放量保留 3 位小数。

表 5.18　工业企业污染物产排污系数核算信息

（基 110 表）

			表　　号：	基 110 表	
统一社会信用代码：□□□□□□□□□□□□□□□□□□			制定机关：	生 态 环 境 部	
未领统一社会信用代码的填写原代码□□□□□□□□－□			批准机关：	国 家 统 计 局	
填报单位详细名称（公章）：			批准文号：国统制〔2021〕18 号		
曾用名：　20　年			有效期至：	2024 年 3 月	
指标名称	代码	核算环节 1	核算环节 2	核算环节 3	…
甲	乙	1	2	3	…
对应的表号	01				
对应的排放口名称/编号	02				
核算环节名称	03				
原料名称	04				
产品名称	05				
工艺名称	06				
生产规模等级	07				
产品产量	08				
产品产量的计量单位	09				
原料/燃料用量	10				
原料/燃料用量的计量单位	11				
污染物名称	12				
污染物产污系数及计量单位	13				
污染物产污系数中参数取值	14				
污染物产生量及计量单位	15				
污染物处理工艺名称	16				
污染物去除效率	17				
污染治理设施实际运行参数一名称	18				
污染治理设施实际运行参数一数值	19				
污染治理设施实际运行参数一计量单位	20				
污染治理设施实际运行参数二名称	21				
污染治理设施实际运行参数二数值	22				
污染治理设施实际运行参数二计量单位	23				
污染治理设施实际运行参数三名称	24				
污染治理设施实际运行参数三数值	25				
污染治理设施实际运行参数三计量单位	26				
污水治理设施污染物排放强度	27				
污染物排放量	28				
污染物排放量计量单位	29				

单位负责人：　　统计负责人：　　填表人：　　联系电话：　　报出日期：20　年　月　日

说明：本表由采用产排污系数法核算污染物产生量和排放量，或采用排污许可执行报告排放量的工业企业填报。

表 5.19　工业企业废气监测数据

（基 112 表）

			表　　号：			基 112 表
统一社会信用代码：□□□□□□□□□□□□□□□□□□			制定机关：			生 态 环 境 部
未领取统一社会信用代码的填写原代码 □□□□□□□□□－□			批准机关：			国 家 统 计 局
填报单位详细名称（公章）：			批准文号：国统制〔2021〕18 号			
曾用名：　　　　　　　　　　　　20　　年			有效期至：　　2024 年 3 月			
指标名称	计量单位	代码	本年实际			
甲	乙	丙	1	2	3	4
对应的表号	—	01				
对应的排放口名称/编号	—	02				
平均流量	立方米/小时	03				
年排放时间	小时	04				
二氧化硫进口浓度	毫克/立方米	05				
二氧化硫出口浓度	毫克/立方米	06				
氮氧化物进口浓度	毫克/立方米	07				
氮氧化物出口浓度	毫克/立方米	08				
颗粒物进口浓度	毫克/立方米	09				
颗粒物出口浓度	毫克/立方米	10				
砷及其化合物进口浓度	毫克/立方米	11				
砷及其化合物出口浓度	毫克/立方米	12				
铅及其化合物进口浓度	毫克/立方米	13				
铅及其化合物出口浓度	毫克/立方米	14				
镉及其化合物进口浓度	毫克/立方米	15				
镉及其化合物出口浓度	毫克/立方米	16				
汞及其化合物进口浓度	毫克/立方米	17				
汞及其化合物出口浓度	毫克/立方米	18				
铬及其化合物进口浓度	毫克/立方米	19				
铬及其化合物出口浓度	毫克/立方米	20				

单位负责人：　　统计负责人：　　填表人：　　联系电话：　　报出日期：20　年　月　日

说明：

1. 本表供采用监测数据法（仅限自动监测数据）核算污染物产生量或排放量的企业使用，01-02 指标由企业填报，其余指标按照模板上传自动监测数据，由系统自动生成本表，每个排放口监测点位上传 1 张原始监测数据表。

2. 废气治理设施对应的排放口名称：（1）工业锅炉排放口；（2）电站锅炉/燃气轮机排放口；（3）水泥窑尾排放口；（4）水泥窑头排放口；（5）焦炉烟囱排放口；（6）装煤地面站排放口；（7）推焦地面站排放口；（8）干法熄焦地面站排放口；（9）烧结机头排放口；（10）球团单元焙烧排放口；（11）烧结机尾排放口；（12）一般排放口；（13）其他排放口。

3. 挥发性有机物可用非甲烷总烃等可以表征挥发性有机物的监测指标代替。

表 5.20 污水处理厂运行情况

（基 401 表）

	表　　号：　　　　基 401 表
统一社会信用代码：□□□□□□□□□□□□□□□□□□	制定机关：　　生 态 环 境 部
未领统一社会信用代码的填写原代码□□□□□□□□－□	批准机关：　　国 家 统 计 局
单位名称（公章）：	批准文号：国统制〔2021〕18 号
运营单位名称：　　　　20　　年	有效期至：　　2024 年 3 月

污水处理厂基本情况

1. 法定代表人	
2. 行政区划代码	□□□□□□
3. 详细地址	__________省（自治区、直辖市）__________地区（市、州、盟） __________县（区、市、旗）__________乡（镇） __________街（村）/门牌号
4. 企业地理位置	中心经度/中心纬度____°____′____″/____°____′____″
5. 联系方式	固定电话：□□□□-□□□□□□□□□　　联系人：________ 移动电话：□□□□□□□□□□□□□　　邮政编码：□□□□□□
6. 污水处理设施类型	□ 1 城镇污水处理厂　　2 工业废水集中处理厂 3 农村集中式污水处理设施　　4 其他污水处理设施
7. 建成时间	□□□□年□□月
8. 污水处理方法（1）	名称：　　代码：□□□□
污水处理方法（2）	名称：　　代码：□□□□
污水处理方法（3）	名称：　　代码：□□□□
9. 排水去向类型	排水去向类型：　排水去向代码：□
10. 受纳水体	受纳水体名称： 受纳水体代码：□□□□□□□□□□□□□
11. 污泥厌氧消化装置	□　1 有　2 无
12. 执行排放标准	标准号：　　标准分级：
13. 排污许可证编号	排污许可证编号：
14. 排污登记编号	排污登记编号：

表 5.20（Ⅰ）　污水处理厂运行情况

（基 401 表续表一）

指标名称	计量单位	代码	本年实际
甲	乙	丙	1
运行天数	天	01	
累计完成投资	万元	02	
新增固定资产	万元	03	
运行费用	万元	04	
用电量	万千瓦时	05	
污水处理能力	吨/日	06	
污水实际处理量	万吨	07	
其中：生活污水处理量	万吨	08	
工业废水处理量	万吨	09	
其他来水处理量	万吨	10	
再生水生产量	万吨	11	
再生水利用量	万吨	12	
其中：工业用水量	万吨	13	
市政用水量	万吨	14	
景观用水量	万吨	15	
污泥产生量	吨	16	
污泥含水率	%	17	
污泥处理量	吨	18	
其中：土地利用量	吨	19	
填埋处置量	吨	20	
建筑材料利用量	吨	21	
焚烧处置量	吨	22	
污泥倾倒丢弃量	吨	23	

表 5.20（II） 污水处理厂运行情况（基 401 表续表二）

指标名称	计量单位	代码	年均值	1 月均值	2 月均值	…	12 月均值
甲	乙	丙	1	2	3	…	13
废水排放口编号	—	—		□□□□□			
排水流量	m^3/h	24					
COD 进口浓度	毫克/升	25					
COD 排口浓度	毫克/升	26					
BOD 进口浓度	毫克/升	27					
BOD 排口浓度	毫克/升	28					
总氮进口浓度	毫克/升	29					
总氮排口浓度	毫克/升	30					
氨氮进口浓度	毫克/升	31					
氨氮排口浓度	毫克/升	32					
总磷进口浓度	毫克/升	33					
总磷排口浓度	毫克/升	34					
挥发酚进口浓度	毫克/升	35					
挥发酚排口浓度	毫克/升	36					
氰化物进口浓度	毫克/升	37					
氰化物排口浓度	毫克/升	38					
总砷进口浓度	毫克/升	39					
总砷排口浓度	毫克/升	40					
总铅进口浓度	毫克/升	41					
总铅排口浓度	毫克/升	42					
总镉进口浓度	毫克/升	43					
总镉排口浓度	毫克/升	44					
总铬进口浓度	毫克/升	45					
总铬排口浓度	毫克/升	46					
六价铬进口浓度	毫克/升	47					
六价铬排口浓度	毫克/升	48					
总汞进口浓度	毫克/升	49					
总汞排口浓度	毫克/升	50					

单位负责人： 统计负责人（审核人）： 填表人： 日期：20 年 月 日

说明：

1. 本表由城镇污水处理厂、工业废水集中处理厂、日处理能力≥500 t 农村集中式污水处理设施和其他污水处理设施填写，有条件的地区日处理能力≥20 t 的农村集中式污水处理设施填写；

2. 审核关系：7=8+9+10，11≥12=13+14+15，16=18+23，18=19+20+21+22；

3. 使用监测数据法核算污染物产生量或排放量的，按照模板上传原始监测数据由系统自动生成该表。

5.3　污染源管理

污染源管理

污染源管理是个宽泛的概念，前面章节所说的环境管理法律手段、行政手段、经济手段、技术手段的许多内容都是污染源管理的一部分。以下内容专注于企业内部环境管理，包括排污口的管理，不重复前面章节的内容。

5.3.1　环境管理体系

环境管理体系是企业或单位环境管理的组织、制度和方法流程，是该企业或单位内部管理体系的重要组成部分。

环境管理体系又经常被特指为 ISO 14000 系列标准中环境管理体系（EMS）标准。环境管理体系（EMS）源于环境审计和全面质量管理这两个独立的管理手段。迫于遵守环境义务费用的不断升级，北美和欧洲发达国家的公司在 20 世纪 70 年代研制了环境审计这一管理手段以发现其环境问题。初期目标是为了保证公司遵守环境法规，随后其工作范围扩展到对容易出现环境问题的部位实施的管理措施的监督。而全面质量管理起初是用于减少、消除生产过程中导致不能达到生产规范要求的种种缺陷，目前这一理念已经更多地用于解决环境问题。

1．ISO 14000 系列环境管理标准的产生背景

ISO 14000 系列标准是为了顺应国际环境保护的发展，依据国际经济贸易发展的需要而制定的。具体来说，是为了解决种类繁多、层出不穷的“绿色壁垒”。所谓绿色壁垒是指通过国际国内立法，制定内容繁杂的环境保护公约、法律、法规、标准和标志，以阻止某些外国商品的进口，包括绿色关税制度、绿色市场准入制度、绿色反补贴和绿色反倾销、强制性绿色标志（签）、烦琐的进口检验程序和检验制度、要求回收利用等强制性措施。

为了解决绿色贸易壁垒问题，应有一项统一的、大家认可的国际环境管理标准，ISO 14000 系列标准因此应运而生。ISO 14000 系列标准是由国际标准化组织（ISO）第 207 技术委员会（ISO/TC 207）组织制定的环境管理系列标准，其标准号从 14001 至 14100，共 100 个标准号，统称为 ISO 14000 系列标准。1996 年 9 月 1 日，ISO 组织正式颁布 ISO 14000 系列标准。又于 2005 年 5 月 10 日发布了 ISO 14001 的

2004 版本，于 2005 年 5 月实施。

表 5.21 ISO 14000 系列标准的框架

分类	标准子系统名称	标准号	作用
SC1	环境管理体系 EMS	14001—14009	环境管理体系的规范和指南
SC2	环境审核 EA	14010—14019	为环境管理有效性提供证明
SC3	环境标志 EL	14020—14029	环境标志和环境声明的规则和程序
SC4	环境表现评价 EPE	14030—14039	衡量环境管理体系实施效果好坏
SC5	生命周期评价 LCA	14040—14049	产品生命周期评价指南
SC6	术语和定义 T&D	14050—14059	为了更准确地理解和把握标准
WG1	产品标准中的环境指标	14060	
备用		14060—14100	

ISO 14000 的指导思想：ISO 14000 系列标准应该不增加并消除贸易壁垒，可用于各国对内对外认证、注册，必须摒弃对改善环境无帮助的任何行政干预。

2. ISO 14000 系列标准的构成

ISO 14000 环境管理系列标准按照标准性质分为三个类别：基础标准子系统，即术语标准；基本标准子系统，即环境管理体系标准；支持技术子系统，包括环境审核、环境标志、环境表现评价、生命周期评定等标准。其中，环境管理体系、环境表现评价、环境审核等是评价组织的标准，生命周期评定、环境标志、产品标准中的环境指标等是评价产品的标准。

环境管理体系标准（EMS）是 ISO 14000 系列标准的核心，叙述某单位环境管理体系应具备的要求、规范及使用指南，以及环境管理体系的建立、运行、检查、评审、改善等。其中 ISO 14001 为“环境管理体系：规范及使用指南”是 ISO 14000 系列标准中唯一的规范性标准，是唯一可用于第三方认证的标准。ISO 14001 由环境方针、规划、实施运行、检查和纠正措施、管理评审 5 个基本要素（17 个具体要素）组成。通过有计划地评审和持续改进地循环，保持组织内部环境管理体系的不断完善和提高。

环境审核标准（EA）规定了审核的一般原则、环境管理体系审核原则、审核员资格要求。为组织的环境管理体系是否符合规定技术标准的评审，提供一套标准化的方法和程序。

环境标志标准（EL）通过环境标志对单位的环境表现加以确认。Ⅰ型环境标志是通过第三方认证的环境标志；Ⅱ型环境标志是自我声明的环境标志；Ⅲ型环境标志是产品定量信息或报告卡片式的环境标志。我国Ⅰ型环境标志建立在第三方产品生命周期评价之上，生态环境部的环境认证中心（CEC）是唯一授予该标志的机构，该标识是我国的官方环保标志。

环境表现评价标准（EPE），用于评价某单位的环境表现。通过单位的环境表现指数对单位的现场环境特征、具体排放指标、产品生命周期等环境表现及其影响进行评价，指导选择更为环保的产品以及防治污染、节约资源的管理方案。

生命周期评价标准（LCA），提供产品生命周期评价指南，进行资源消耗环境影响评价、生产过程环境影响评价、分销过程环境影响评价、再生和废物处置环境影响评价。

产品标准中的环境指标，为产品标准制定者提供指南，为产品标准中涉及环境问题提供指导原则。

术语和定义标准，对环境管理术语进行汇总和定义，对环境管理的原则、方法、程序及特殊因素提供指南。类似我国环境标准中的基础标准。

3．ISO 14000 系列标准特点

标准的自愿性。某单位自身环境管理的动力逐渐由政府的强制管理要求转向由于社会的需求、相关方和市场的压力。

标准的灵活性。标准把建立环境行为标准的工作留给了该单位自身，而仅要求该单位在建立环境管理体系时必须遵守国家的法律法规和其他要求。

标准的广泛适用性。适用于任何规模各种类型的单位，并适用于各种地理、文化和社会条件。适用于政府、公益单位、企业事业单位及其他组织。

标准的预防性。突出强调以预防为主，强调从污染的源头削减，强调全过程污染控制，加强企业生产现场的环境因素管理，建立严格的操作控制程序，保证企业环境目标的实现。

标准的兼容性。与其他 ISO 的管理体系标准协调相容，如 ISO 9000 等。

标准的持续改进。持续改进是 ISO 14000 环境管理体系标准的灵魂，也是单位追求的永恒目标。

标准的完整性。ISO 14000 包括七个部分：环境管理体系、环境审核、环境标志、环境行为评价、生命周期评估、术语及定义、产品标准中的环境指标。标准还在不断地修订完善中。

4. ISO 14001 环境管理体系认证对企业的作用

我国已经采用 ISO 14000 的 12 个标准，并以国家标准发布为：GB/T 24000 系列标准。我国 1998 年进行 ISO 14000 标准的试点，开始时推行情况不佳，在企业认识到其作用后推进速度才加快。

（1）提升企业形象，增加企业知名度和影响力。目前 ISO 14001 认证已经成为企业进入国际市场甚至国内市场的条件，成为绿色通行证。

（2）增加企业的链式效应。ISO 14000 标准规定，实施认证的单位要对自己的相关方施加影响，即获得认证的单位应要求相关方实施环境管理体系认证。

（3）改进产品环境性能，推动企业技术进步。企业必须对污染预防作出承诺，并如期实现。

（4）推动了清洁生产技术的应用，节能降耗，合理配置和利用资源。不仅要求识别有关环境污染方面的环境因素，还要识别能源和原材料使用方面的环境因素，要求提高能源和资源的利用水平。

（5）推动企业由粗放型管理向集约型管理转变。通过对企业环境影响、资源、能源利用等进行全面、系统地调查和分析，全面推进企业的管理水平，其作用不仅限于环保管理。

5. 环境管理体系建立的步骤

（1）领导决策与准备。首先，要建立环境管理体系的单位的最高管理者应该对持续改进、污染预防作出承诺，对遵守环境法律法规及其他环保要求作出承诺，并任命环境管理者代表，制定企业的环境方针。例如，某企业环境方针：环境保护，预防污染。清洁生产，节能降耗。遵纪守法，持续改进。美化环境，回报社会。

环境方针的确立是最高管理者的职责。环境方针的字数和形式没有要求，但是，其内容必须包括两个承诺（持续改进和污染预防、遵守环境法律法规）。该环境方针要求公开，可为公众所获取，还应定期评审与修订。若该单位从属于更大的单位，其环境方针还应符合上级的环境方针并得到其认可。

（2）初始环境评审。目的是了解本单位的环境现状及环境管理现状。在建立和实施环境管理体系前，单位对整个系统的环境因素、环境影响、环境行为、相关法律法规等进行全面摸底调查，写成调查报告并提交给决策者。要求六查：查法律法规、查标准、查制度、查国际履约、查相关方、查自身管理。

（3）环境管理体系策划。包括制定本单位的环境方针，制定单位的环境目标和环境指标，编制本单位的环境保护实施方案，确定本单位的环境管理组织结构和职能及其运行机制等。

（4）环境管理体系文件的编制。

（5）环境管理体系的实施，即环境管理体系的试运行。

（6）环境管理体系的内部审核。

（7）环境管理体系申请认证。请有资质的第三方进行外部审核是企业建立和保持环境管理体系的重要组成部分。

6. 环境管理体系的审核

（1）环境管理体系审核的步骤。

建立并保持员工自我评价程序，开展员工自我评价；建立并保持管理者自我评价程序，通常三个月进行一次；建立并保持内部全员审核程序，通过自检检查本单位环境管理体系的符合性、适合性和有效性；建立并保持最高管理评审程序，单位的最高管理者定期对环境管理体系进行评审；第二方（相关方）审核，如顾客对供应商的环境管理体系进行审核；第三方审核，即独立认证机构依据环境管理体系认可制度的要求而实施的，以认可为目的的审核。

（2）环境管理体系的认证审核。

认证审核的策划和准备。要求环境管理体系至少运行一个周期，试运行3～6个月。受审方需要准备好相关的文件与有关记录材料。认证机构安排人员初访，了解相关情况。审核的实施分两个阶段。

第一阶段审核：没有固定形式，由审核组具体确定。第一阶段现场审核的重点是环境管理体系整体策划的合理性和有效性；通过内审反映出的自我监督保障机制是否完备。第一阶段的审核内容主要有：了解该单位的基本情况；结合现场情况对有关体系文件进行补充审核，检查其可操作性和合理性；通过收集资料判断系统整体情况；收集该单位的内审资料；评审该单位识别环境因素程序的合理性及其实施情况；评审该单位环境法律法规的符合性；评审管理评审记录。

第二阶段审核：是环境管理体系认证审核的主要内容。有严格要求遵循的程序：首次会议、现场审核、汇总分析审核结果、确定不符合项、末次会议、编写审核报告。

7. PDCA 循环

PDCA 循环是环境管理体系标准（EMS）的灵魂。PDCA 是美国质量管理专家沃特·阿曼德·休哈特首先提出的，由戴明采纳并广泛宣传，最终获得普及，所以又称戴明环。PDCA 循环的含义是将质量管理分为四个阶段，即 Plan（计划）、Do（执行）、Check（检查）和 Act（处理）。这一工作方法是质量管理的基本方法，也是企业管理各项工作的一般规律。ISO 14001 是 PDCA 循环在环境管理领域的有效应用。

表 5.22 环境管理体系的 PDCA

循环	基本要素（5）	具体要素（17）
P	环境方针	环境方针
	规划	环境因素；法律与其他要求；目标和指标；环境管理方案
D	实施运行	机构和职责；培训、意识与能力；信息交流；环境管理体系文件；文件管理；运行控制；应急准备和响应
C	检查和纠正措施	监测；不符合纠正与预防措施；记录；环境管理体系审核
A	管理评审	管理评审
PDCA 不断循环，螺旋式上升，持续改进		

5.3.2 排污口管理

为进行排污口规范管理，国家和各省（区、市）出台了排污口设置相关规范，如《排污口规范化整治技术要求（试行）》《广东省污染源排污口规范化设置导则》等。在相关污染物排放标准、排污许可制度中也有排污口的规范要求。

规范排污口管理的目的包括：促进排污单位加强经营管理和污染治理；便于加大环境执法力度，防止偷排、瞒报排放数据；实现污染物排放的科学化管理、定量化管理。

直接或间接向环境排放污染物的单位，必须依法向生态环境行政主管部门申报登记排污口数量、位置以及所排放的主要污染物的种类、数量、浓度、排放去向等情况。排污口必须按照规定设置相应的环境保护图形标志牌。

生态环境行政主管部门审批建设项目环境影响评价文件，必须明确排污口的数量、排放去向等要求，并作为项目竣工环保验收的重要内容。

未经生态环境行政主管部门许可，任何单位和个人不得擅自设置、移动、扩大和改变排污口。有下列四种情况之一时，须履行排污口变更申报登记手续，更换标志牌和更改登记注册内容：排放主要污染物种类、数量、浓度发生变化的；排污口位置发生变化的；排污口须拆除或闲置的；排污口须增加、调整、改造或更新的。为此，生态环境行政主管部门应在接到报告之日起二十个工作日内予以批复。

排污者应建立排污口基础资料档案和管理档案。排污者对排污口及其监测计量装置、仪器设备和环保图形标志牌等环境保护设施，要制定相应的管理办法和维护保养制度。排污者现有排污口达不到相关要求的，必须限期整改并报相关部门检查和验收。

排污口设置还应该符合排污单位所执行的排放标准中有关排放口规范化设置的规定要求，要符合不同地区对污染源自动监测系统的配置要求。

排污许可制度要求排污单位进行“排污口规范化情况说明”。2021 年 11 月，为贯彻落实《排污许可管理条例》，完善排污许可技术支撑体系，支持开展固定源精细化、信息化管理，指导和规范排污单位污染物排放口二维码标识管理工作，生态环境部组织起草了《排污单位污染物排放口二维码标识技术规范》。

1. 污水排放口规范化设置

凡生产经营场所集中在一个地点的单位，原则上只允许设污水和“清下水”排污口各一个。确因特殊原因需要增加排污口，须报经生态环境行政主管部门审核同意。排污者已有多个排污口的，必须按照清污分流、雨污分流的原则，进行管网、排污口归并整治。

污水排放口位置应根据实际地形和排放污染物的种类情况确定，原则应设置一段长度不小于 1 m 长的明渠。凡排放含一类污染物的单位，还应在产生该污染物的车间或车间污水处理设施出水口专门增设规范的排污口。

排污口须满足采样监测要求。经生态环境行政主管部门批准允许用暗管或暗渠排污的，要设置能满足采样条件的采样井或采样渠。压力管道式排污口应安装取样阀门。

凡排放一类污染物或日排放污水 100 t 以上的排污单位，必须在一类污染物的排污口和总排污口设置一段与排放污水有明显色差的测流渠（管），以满足测量流量及监控的要求。利用排污渠道排放污水，污水流量宜采用堰槽法进行测量，测量方法应符合《堰槽测流规范》（SL 24—1991）。使用其他方法测流时，可按测流仪器说明进行测量，测流仪器前应设置调节池和平稳过水段，确保水流为稳定流状态，以保证测量精度。利用封闭管道排放污水，污水流量宜采用电磁流量计进行测量。

确因特殊原因无法修建测流段和安装污水流量计的排污者应向环保部门申明原因，其污水流量计算方法应得到环保部门的认可。

2．废气排放口规范化设置

排放同类污染物的两个或两个以上的排气筒（不论其是否属同一生产设备），在不影响生产、技术上可行的条件下，应合并成一个排气筒。当然，排气筒合并不能影响生产、影响烟气净化效果、增加过多运行成本。

执行环境空气质量一级标准的地区不得新建排气筒。

有组织排放废气的排气筒（烟囱）高度应符合国家和地方大气污染物排放标准的有关规定。无组织排放有毒有害气体的，应加装引风装置进行收集、处理，并设置采样点。

排气筒（烟囱）应设置便于采样、监测的采样口和采样监测平台。有净化设施的，应在其进出口分别设置采样口及采样监测平台。采样孔、采样点数目和位置应按《固定污染源排气中颗粒物测定与气态污染物采样方法》（GB/T 16157—1996）和《污染源监测技术规范》的规定设置。因现场条件限制，采样口位置无法满足规定要求的，须报环保部门认可。

根据《大气污染物综合排放标准》，新污染源的排气筒一般不应低于 15 m，若必须低于 15 m 时，其排放速率标准值要按外推计算结果再严格 50%执行；排气筒高度应高出周围 200 m 半径范围的建筑 5 m 以上，不能达到该要求的排气筒，应按其高度对应的表列排放速率标准值严格 50%执行。一些行业标准有不同的规定，比如《锅炉大气污染物排放标准》（GB 13271—2014）要求“燃油、燃气锅炉烟囱不低于 8 米，新建锅炉房的烟囱周围半径 200 米距离内有建筑物时，其烟囱应高出最高建筑物 3 米以上”。

3. 固体废物贮存（处置）场所规范化设置

产生或处置固体废物的单位的固体废物贮存处置场所应符合《一般工业固体废物贮存和填埋污染控制标准》（GB 18599—2020）或《危险废物贮存污染控制标准》（GB 18597—2019）的要求。贮存或处置医疗废物的，还应满足《医疗废物集中处置技术规范》（环发〔2003〕206 号）。不符合国家相关环境保护标准和环境卫生标准的，限期改造。

一般固体废物贮存场、填埋场的位置与周围居民区的距离应依据环境影响评价文件及审批意见确定。贮存（处置）场所的渗滤污水必须处理达到国家和地方规定的排放标准，并定期监控其对大气、土壤、地下水环境的影响。

危险废物填埋场须按规定在其周围设置监测井（孔）监测地下水的水质变化。其他固体废物贮存处置场所有可能对地下水造成污染的，应按环境影响评价文件的批复要求设置地下水监测井（孔），监测井（孔）的设置与监测应符合《地下水环境监测技术规范》（HJ/T 164—2020）。

4. 排污口标志牌设置与制作

排污口标志设置的基本要求：

（1）一切排污者的排污口（源）和固体废物贮存、处置场所，必须按照国家标准《环境保护图形标志》（GB 15562.1—1995、GB 15562.2—1995）的规定，设置与之相适应的环境保护图形标志牌。标志牌按标准制作，各地可按管理需求设置辅助内容，辅助内容由当地环保部门规定。

（2）环境保护图形标志牌应设置在距排污口（源）及固体废物贮存（处置）场所或采样点较近且醒目处，并能长久保留。设置高度一般为：环境保护图形标志牌上缘距离地面 2 m。

排污口标志设置的特别要求：

（1）噪声排放源标志牌应设置在距选定监测点较近且醒目处。固定噪声污染源对边界影响最大处，须按《工业企业厂界噪声测量方法》（GB 12349—90）的规定，设置环境噪声监测点，并在该处附近醒目处设置环境保护图形标志牌。边界上有若干个在声环境中相对独立的固定噪声污染源，应分别设置环境噪声监测点和环境保护图形标志牌。

（2）一般固体废物贮存（处置）场所占用土地面积不小于 1 km^2 的，应在其边界各进出路口设置标志牌；面积大于 100 m^2、小于 1 km^2 的，应在其边界主要路口设置标志牌。面积小于 100 m^2 的应在醒目处设 1 个标志牌。危险废物贮存（处置）场所，无论面积大小，其边界都应采用墙体或铁丝网封闭，并在其边界各进出路口设置标志牌。

（3）一般性污染物排污口（源）或固体废物贮存、处置场所，设置提示性环境保护图形标志牌。排放剧毒、致癌物及对人体有严重危害物质的排污口（源）或危险废物贮存、处置场所，设置警告性环境保护图形标志牌。

表 5.23　排污口标志牌

序号	名称	提示图形符号	警告图形符号	功能
1	污水排放口	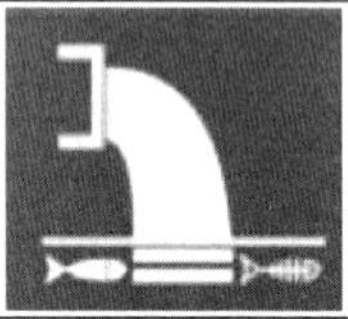		表示污水向水体排放
2	废气排放口			表示废气向大气环境排放
3	噪声排放源			表示噪声向外环境排放
4	一般固体废物			表示一般固体废物贮存、处置场
5	危险废物	—		表示危险废物贮存、处置场

注：提示图形符号绿底，警告图形符号黄底。

5. 污染源编码

《排污单位编码规则》（HJ 608—2017）于2018年3月实施，规范了排污单位固定场所、生产设施、污染治理设施、排放口的编码规则。

表5.24 固定污染源编码

代码数位	1～18位	19～21位	22位
内涵	排污单位统一社会信用代码	同一单位不同场所顺序码	特别标识码P

如河钢股份公司唐山分公司（南区）代码：91130200699229617X001P。其中91130200699229617X是排污单位统一社会信用代码，001是排污单位污染源的内部编号。

表5.25 生产设施编码

代码数位	1～2位	3～6位
内涵	生产设施标识码MF	顺序码

如MF0003应该是某企业编号0003的生产设备。

表5.26 污染治理设施编码

代码数位	1位	2位	3～5位
内涵	污染治理设施标识码T	环境要素标识码	顺序码

其中，环境要素标识码中，A表示气，W表示水，N表示噪声，S表示固体废物，R表示辐射。如TW003应该指某企业编号003的水处理设施。

表5.27 排放口编码

代码数位	1位	2位	3～5位
内涵	排放口标识码D	环境要素标识码	顺序码

如DA001应该是某企业编号001的废气排放口。

6. 加强入河入海排污口监督管理工作

2022 年 1 月 29 日，国务院办公厅发布《关于加强入河入海排污口监督管理工作的实施意见》（国办函〔2022〕17 号），围绕持续改善流域、海域生态环境质量，提出排污口“查、测、溯、治、管”的改革举措。

入河入海排污口是指直接或通过管道、沟、渠等排污通道向环境水体排放污水的口门，是流域、海域生态环境保护的重要节点。根据排污口责任主体所属行业及排放特征，将排污口分为工业排污口、城镇污水处理厂排污口、农业排污口、其他排污口四种类型。其中，工业排污口包括工矿企业排污口和雨洪排污口、工业及其他各类园区污水处理厂排污口和雨洪排污口等；农业排污口包括规模化畜禽养殖排污口、规模化水产养殖排污口等；其他排污口包括大中型灌区排污口、规模以下水产养殖排污口、农村污水处理设施排污口、农村生活污水散排污口等。各地可从实际出发细化排污口类型。

【工作原则】（1）水陆统筹，以水定岸。统筹岸上和水里、陆地和海洋，根据受纳水体生态环境功能，确定排污口设置和管理要求，倒逼岸上污染治理，实现“受纳水体—排污口—排污通道—排污单位”全过程监督管理。（2）明晰责任，严格监督。明确每个排污口责任主体，确保事有人管、责有人负。落实地方人民政府属地管理责任，生态环境部门统一行使排污口污染排放监督管理和行政执法职责，水利等相关部门按职责分工协作。（3）统一要求，差别管理。国家有关部门制定排污口监督管理规定及技术规范，指导督促各地排查整治现有排污口，规范审批新增排污口，加强日常管理。地方结合实际制定方案，实行差别化管理。

【目标任务】2023 年年底前，完成长江、黄河、淮河、海河、珠江、松辽、太湖流域（以下称七个流域）干流及重要支流、重点湖泊、重点海湾排污口排查；推进长江、黄河干流及重要支流和渤海海域排污口整治。2025 年年底前，完成七个流域、近岸海域范围内所有排污口排查；基本完成七个流域干流及重要支流、重点湖泊、重点海湾排污口整治；建成法规体系比较完备、技术体系比较科学、管理体系比较高效的排污口监督管理制度体系。

【排查溯源】（1）组织排污口排查。生态环境部会同相关部门组织开展排污口排查整治试点，指导各地进行排查整治。省级人民政府统筹组织本行政区域内排污口排查整治工作，结合实际制定工作方案。地市级人民政府承担组织实施排污口排查溯源工作的主体责任，制定实施方案，压实生态环境等部门责任；按照“有口皆查、应查尽查”要求，组织开展深入排查，摸清掌握各类排污口的分布及数量、污水排放特征及去向、排污单位基本情况等信息。（2）确定排污口责任主体。各地要按照“谁污染、谁治理”和政府兜底的原则，逐一明确排污口责任主体，建立责任主体清单。对于难以分清责任主体的排污口，属地地市级人民政府要组织开展溯源分析，查清排污口对应的排污单位及其隶属关系，确定责任主体；经溯源后仍无法确定责任主体的，由属地县级或地市级人民政府作为责任主体，或由其指定责任主体。责任主体负责源头治理以及排污口整治、规范化建设、维护管理等。

【依法取缔一批】对违反法律法规规定，在饮用水水源保护区、自然保护地及其他需要特殊保护区域内设置的排污口，由属地县级以上地方人民政府或生态环境部门依法采取责令拆除、责令关闭等措施予以取缔。要妥善处理历史遗留问题，避免“一刀切”，合理制定整治措施，确保相关区域水生态环境安全和供水安全。

【清理合并一批】对于城镇污水收集管网覆盖范围内的生活污水散排口，原则上予以清理合并，污水依法规范接入污水收集管网。工业及其他各类园区或各类开发区内企业现有排污口应尽可能清理合并，污水通过截污纳管由园区或开发区污水集中处理设施统一处理。工业及其他各类园区或各类开发区外的工矿企业，原则上一个企业只保留一个工矿企业排污口，对于厂区较大或有多个厂区的，应尽可能清理合并排污口，清理合并后确有必要保留两个及以上工矿企业排污口的，应告知属地地市级生态环境部门。对于集中分布、连片聚集的中小型水产养殖散排口，鼓励各地统一收集处理养殖尾水，设置统一的排污口。

【规范整治一批】地市级、县级人民政府按照有利于明晰责任、维护管理、加强监督的要求，开展排污口规范化整治。对存在借道排污等情况的排污口，要组织清理违规接入排污管线的支管、支线，推动一个排污口只对应一个排污单位；对确需多个排污单位共用一个排污口的，要督促各排污单位分清各自责任，并在排污许可证中载明。对存在布局不合理、设施老化破损、排水不畅、检修维护难等问题的排污口和排污管线，应有针对性地采取调整排污口位置和排污管线走向、更新维护设施、设置必要的检查井等措施进行整治。排污口设置应当符合相关规范要求并在明显位置树标立牌，便于现场监测和监督检查。

【规划引领】各级生态环境保护规划、海洋生态环境保护规划、水资源保护规划、江河湖泊水功能区划、近岸海域环境功能区划、养殖水域滩涂规划等规划区划，要充分考虑排污口布局和管控要求，严格落实相关法律法规关于排污口设置的规定。规划环境影响评价要将排污口设置规定落实情况作为重要内容，严格审核把关，从源头防止无序设置。

【规范审批】工矿企业、工业及其他各类园区污水处理厂、城镇污水处理厂入河排污口的设置依法依规实行审核制。所有入海排污口的设置实行备案制。对未达到水质目标的水功能区，除城镇污水处理厂入河排污口外，应当严格控制新设、改设或者扩大排污口。环境影响评价文件由国家审批建设项目的入河排污口以及位于省界缓冲区、国际或者国境边界河湖和存在省际争议的入河排污口的设置审核，由生态环境部相关流域（海域）生态环境监督管理局负责实施，并纳入属地环境监督管理体系；上述范围外的入河排污口设置审核，由属地省级生态环境部门负责确定本行政区域内分级审核权限。可能影响防洪、供水、堤防安全和河势稳定的入河排污口设置审核，应征求有管理权限的流域管理机构或水行政主管部门的意见。排污口审核、备案信息要及时依法向社会公开。

5.3.3 环保管家

环保管家制度是一种“合同环境服务”，主要指环保公司为政府、企业、园区提供合同式综合环保服务，并视最终取得的污染治理成效或收益来收费，是新兴的一种治理环境污染的新模式，是让专业的人做专业的事，是新时代污染源管理的一种新模式。

2016 年 4 月 15 日，环境保护部印发了《关于积极发挥环境保护作用促进供给侧结构性改革的指导意见》，要求“推进环境咨询服务业发展，鼓励有条件的工业园区聘请第三方专业环保服务公司作为‘环保管家’，向园区提供监测、监理、环保设施建设运营、污染治理等一体化环保服务和解决方案。”

2017 年 8 月，环境保护部在《关于推进环境污染第三方治理的实施意见》（环规财函〔2017〕172 号）中进一步提出要“鼓励第三方治理单位提供环境综合服务，培育企业污染治理新模式”。正是由于诸多政策的支持，环保服务机构纷纷开始涉足环保管家服务。

在环保执法越来越严的形势下，环保能力也是企业生存发展的必备能力。作为专业的“环保管家”，对企业环保问题“望闻问切”，对环保疑难杂症进行“科学会诊”，既能找准污染治理主要环节和风险隐患突出问题，图文并茂形成“体检报告”，也能开出诊治“药方”，既能有效降低企业治污成本，也能有效提升企业治污能力。帮助企业承担“谁污染、谁治理”的责任。

5.4 环境质量管理

环境质量管理

环境质量管理是指为了保障人类生存与发展，而对自然环境质量和社会环境质量所进行的各类各项管理工作，是环境管理工作的核心内容。包括生态环境行政管理部门制定环境保护法律法规和标准，并组织协调和监督实施；包括利用环境资源和向环境中排放污染物的各生产部门把产品质量管理与环境质量管理紧密结合起来，在生产过程中同时解决产品质量与环境质量两方面的问题；还包括开展环境教育、树立环境道德观，使人们自觉地为维护、改善和提高环境质量作出应有的贡献。前面章节相关内容在此不再重复。

环境质量管理可以有不同的分类。根据环境要素可以分为单要素环境质量管理（如大气环境质量管理、水环境质量管理等）和综合环境质量管理；根据环境管理的范围可以分为部门环境质量管理（如农业环境质量管理等）和区域环境质量管理（如城市环境质量管理、流域环境质量管理等）。

污染源管理是环境质量管理的关键技术。包括污染源的排放控制和污染源的合理规划分布等。环境质量监控是环境质量管理的重要环节。它包括区域环境质量监控、污染源监控和污染事故监控分析等。环境质量评价是环境质量管理的重要内容之一。环境质量评价是按照一定的评价标准和评价方法，对区域的环境质量状况及其变化进行定量的描述、评定以及预测。通过客观评价，使环境管理者全面了解区域环境质量现状、环境质量变化规律和目前存在的环境问题，为解决评价区的主要环境问题、制订环境规划和加强环境质量管理提供依据。环境质量改善是环境管理的目的所在，“十三五”生态环境规划以来，我们以提高环境质量为工作核心，取得了良好的效果。环境质量管理有技术要求，需规范管理，值得我们总结经验，继续努力。

5.4.1 主要污染源和主要污染物

环境质量管理

矛盾有主次之分，我们在想问题办事情的方法论上也应当相应地有重点与非重点之分，要善于抓重点、集中力量解决主要矛盾。主要污染源和主要污染物是环境管理工作的重点。确定主要污染源和主要污染物是区域环境管理的需要。

1. 重点排污单位名录

为贯彻落实《环境保护法》《大气污染防治法》《水污染防治法》，明确重点排污单位筛选条件，规范重点排污单位名录管理，2017 年 11 月环境保护部制定了《重点排污单位名录管理规定（试行）》，规定如下：

重点排污单位名录实行分类管理。按照受污染的环境要素分为水环境重点排污单位名录、大气环境重点排污单位名录、土壤环境污染重点监管单位名录、声环境重点排污单位名录，以及其他重点排污单位名录五类，同一家企业事业单位因排污种类不同可以同时属于不同类别重点排污单位。纳入重点排污单位名录的企业事业单位应明确所属类别和主要污染物指标。

设区的市级地方人民政府环境保护主管部门应当依据本行政区域的环境承载力、环境质量改善要求和本规定的筛选条件，每年会商有关部门筛选污染物排放量较大、排放有毒有害污染物等具有较大环境风险的企业事业单位，确定下一年度本行政区域重点排污单位名录。省级人民政府环境保护主管部门负责统一汇总本行政区域重点排污单位名录。环境保护主管部门应按照《企业事业单位环境信息公开办法》的规定按时公开本行政区域重点排污单位名录。

具备下列条件之一的企业事业单位，纳入水环境重点排污单位名录：①一种或几种废水主要污染物年排放量大于设区的市级环境保护主管部门设定的筛选排放量限值。废水主要污染物指标是指化学需氧量、氨氮、总磷、总氮以及汞、镉、砷、铬、铅等重金属。筛选排放量限值根据环境质量状况确定，排污总量占比不得低于行政区域工业排污总量的 65%。②有事实排污且属于废水污染重点监管行业的所有大中型企业。废水污染重点监管行业包括制浆造纸、焦化、氮肥制造、磷肥制造、有色金属冶炼、石油化工、化学原料和化学制品制造、化学纤维制造、有漂白染色印花洗水后整理等工艺的纺织印染、农副食品加工、原料药制造、皮革鞣制加工、毛皮鞣制加工、羽毛（绒）加工、农药、电镀、磷矿采选、有色金属矿采选、乳制品制造、调味品和发酵制品制造、酒和饮料制造、有表面涂装工序的汽车制造、有表面涂装工序的半导体液晶面板制造等行业。除此以外，各地可根据本地实际情况增加相关废水污染重点监管行业。③实行排污许可重点管理的已发放排污许可证的产生废水污染物单位。④设有污水排放口的规模化畜禽养殖场、养殖小区。⑤所有规模的工业废水集中处理厂、日处理10万t及以上或接纳工业废水日处理2万t以上的城镇生活污水处理厂。各地可根据本地实际情况降低城镇污水集中处理设施的规模限值。⑥产生含有汞、镉、砷、铬、铅、氰化物、黄磷等可溶性剧毒废渣企业。⑦设区的市级以上地方人民政府水污染防治目标责任书中承担污染治理任务的企业事业单位。⑧三年内发生较大及以上突发水环境污染事件或者因水环境污染问题造成重大社会影响的企业事业单位。⑨三年内超过水污染物排放标准和重点水污染物排放总量控制指标被环境保护主管部门予以“黄牌”警示的企业，以及整治后仍不能达到要求且情节严重被环境保护主管部门予以“红牌”处罚的企业。

具备下列条件之一的企业事业单位，纳入大气环境重点排污单位名录：①一种或几种废气主要污染物年排放量大于设区的市级环境保护主管部门设定的筛选排放量限值。废气主要污染物指标是指二氧化硫、氮氧化物、烟粉尘和挥发性有机物。筛选排放量限值根据环境质量状况确定，排污总量占比不得低于行政区域工业排放总量的65%。②有事实排污且属于废气污染重点监管行业的所有大中型企业。废气污染重点监管行业包括火力发电热力生产和热电联产、有水泥熟料生产的水泥制造业、有烧结球团炼铁工艺的钢铁冶炼业、有色金属冶炼、石油炼制加工、炼焦、陶瓷、平板玻璃制造、化工、制药、煤化工、表面涂装、包装印刷业等行业。各地可根据本地实际情况增加相关废气污染重点监管行业。③实行排污许可重点管理的已发放排污许可证的排放废气污染物单位。④排放有毒有害大气污染物（具体参见环境保护部发布的有毒有害大气污染物名录）的企业事业单位、固体废物集中焚烧设施的运营单位。⑤设区的市级以上地方人民政府大气污染防治目标责任书中承担污染治理任务的企业事业单位。⑥环保警示企业、环保不良企业、三年内发生较大及以上突发大气环境污染事件或因大气环境污染问题造成重大社会影响或被各级环境保护主管部门通报处理尚未完成整改的企业事业单位。

具备下列条件之一的企业事业单位，纳入土壤环境污染重点监管单位名录：①有事实排污且属于土壤污染重点监管行业的所有大中型企业。土壤污染重点监管行业包括：有色金属矿采选、有色金属冶炼、石油开采、石油加工、化工、焦化、电镀、制革等行业。各地可根据本地实际情况增加相关土壤污染重点监管行业。②年产生危险废物 100 t 以上的企业事业单位。③持有危险废物经营许可证，从事危险废物贮存、处置、利用的企业事业单位。④运营维护生活垃圾填埋场或焚烧厂的企业事业单位，包含已封场的垃圾填埋场。⑤三年内发生较大及以上突发固体废物、危险废物和地下水环境污染事件，或者因土壤环境污染问题造成重大社会影响的企业事业单位。

具备下列条件之一的企业事业单位，纳入声环境重点排污单位名录：①噪声敏感建筑物集中区域噪声排放超标工业企业。②因噪声污染问题纳入挂牌督办的企业事业单位。

具备下列条件之一的企业事业单位，纳入其他重点排污单位名录：①具有试验、分析、检测等功能的化学、医药、生物类省级重点以上实验室和二级以上医院等污染物排放行为引起社会广泛关注的或者可能对环境敏感区造成较大影响的企业事业单位。②因其他环境污染问题造成重大社会影响、或经突发环境事件风险评估划定为较大及以上环境风险等级的企业事业单位。

我国从 2018 年开始实施重点排污单位名录管理，2017 年以前筛选“重点监控企业”进行主要污染源管理。

2. 等标污染负荷法

不同污染物之间无法相互直接比较环境影响大小。排放量大的不一定危害大，排放浓度大的也不一定危害大。因此，同一污染源的不同污染物不能加和，不同的污染源之间也不能通过排污量和排放浓度进行比较。可以采用等标污染负荷作为统一比较的尺度，对各污染源和各污染物的环境影响大小进行比较。进而可以用等标污染负荷法计算确定本区域的主要污染源和主要污染物。

等标污染负荷是污染物的排放浓度稀释到其相应环境标准时所需的介质量。

该用于稀释的介质量越大，表示污染物原来的危害性、影响度越大。相同介质的等标污染负荷可以加和。各污染源和各污染物可以根据其等标污染负荷值的大小，进行环境影响度的比较。

j 污染源 i 污染物的等标污染负荷（P_{ji}）：

$$P_{ji}=\frac{m_{ji}}{c_{0i}}$$

式中，m_{ji} ——j 污染源 i 污染物的排放量（质量）；

c_{0i} ——i 污染物的评价标准，采用当地环境质量标准，mg/L 或 mg/m^3。

j 污染源所有污染物的等标污染负荷 P_n：

$$P_n=\sum_{i=1}^{n}P_{ji}=\sum_{i=1}^{n}\frac{m_{ji}}{c_{0i}}$$

各污染源按等标污染负荷大小排列，依次计算累计百分比，累计百分比大于 80%（或当地主管部门确定的某值）时的前列污染源为评价区的主要污染源。

同样，某区域的所有 i 污染物的等标污染负荷（P_i）：

$$P_i=\frac{m_i}{c_{0i}}$$

各污染物按等标污染负荷大小排列，计算累计百分比，累计百分比大于 80%（或当地主管部门确定的某值）时的前列污染物为评价区的主要污染物。

【例】某工业评价区的大气污染源调查数据如下表，请用等标污染负荷法筛选该区域的主要大气污染源及主要大气污染物，筛选比例为 80%。忽略周边污染影响。

企业	污染物年排放量/（t/a）				
	SO_2	NO_2	CO	烟尘	氟化物
A	10 490	2 600	100	7 236	6.5
B	586	186	37	653	4.6
C	326	209	0	9 066	29.3
D	545	325	0	276	5.3
E	43.3	21	108	24	7.6
评价标准	60 μg/m^3	40 μg/m^3	4 000 μg/m^3	70 μg/m^3	10 μg/m^3

解：

计算结果见下表：

	P_{SO_2}	P_{NO_2}	P_{CO}	$P_{尘}$	P_F	Σ	负荷比	排序
A	174.8	65	0.03	103.4	0.7	343.93	64.3%	1
B	9.8	4.7	0.01	9.3	0.5	24.31	4.5%	
C	5.4	5.2	0	129.5	2.9	143	26.7%	2
D	9.1	8.1	0	3.9	0.5	21.6	4%	
E	0.7	0.5	0.03	0.3	0.8	2.33	0.4%	
Σ	199.8	83.5	0.07	246.4	5.4	535.17	100%	
负荷比	37.3%	15.6%	0.1%	46%	1%	100%		
排序	2			1				

通过上述计算可知：主要污染源为 A 和 C；主要污染物为烟尘和 SO_2。

5.4.2 超低排放和特别排放限值

要想环境质量达标，采取措施减少相关污染源相关污染物的排放是根本办法。总量控制是行之有效的措施，但目前无法全面展开。“十三五”要求全面达标排放，但是全面达标排放也无法保障区域环境质量达标。考虑到发展的不平衡和各行各业的特殊性，“一刀切”收紧排放标准也不妥当。为此，特别排放限值、超低排放等特殊管理措施相继推出，效果明显。

1. 特别排放限值

特别排放限值指在特别区域、特别时候采取的特别排放标准。一般是针对开发密度高、环境承载力弱、环境容量小、生态脆弱、容易发生严重环境污染的地区，或者是有条件、有必要采取更严排放标准的行业。

2007 年太湖暴发严重蓝藻污染，造成无锡全城自来水污染。生活用水和饮用水严重短缺，超市、商店里的桶装水被抢购一空。造成严重社会影响，成为典型的环境污染事件。2008 年，环境保护部针对太湖地区制定了水污染物特别排放限值。

2010 年，环境保护部要求重点行业、重点区域制定大气污染物特别排放限值，以应对空气污染的严峻形势。

2013 年 2 月，环境保护部根据国务院批复实施的《重点区域大气污染防治“十二五”规划》的相关规定，在重点控制区的火电、钢铁、石化、水泥、有色、化工等六大行业以及燃煤锅炉项目执行大气污染物特别排放限值。执行地区涉及京津冀、长三角、珠三角等“三区”和辽宁中部城市群、山东城市群、武汉及其周边城市群、长株潭城市群等“十群”，共计 19 个省的 47 个城市。重点控制区内各级环保部门要严格按照大气污染物特别排放限值要求，审批所有新建项目，按照“三同时”制度进行管理，确保满足特别排放限值要求。现有火电、钢铁企业不能达到大气污染物特别排放限值要求的，应根据超标情况制订限期治理措施，确保在规定时间内达到特别排放限值要求。限期治理后仍不能达标的，应限产限排或关停，并按相关规定进行处罚。

2018 年 1 月，环境保护部发布《关于京津冀大气污染传输通道城市执行大气污染物特别排放限值的公告》，对京津冀大气污染传输通道城市（“2+26”城市）执行大气污染物特别排放限值。

生态环境部明确特别排放限值应该由省级人民政府公告执行。近年来，各地政府“积极响应”，主动加码，把执行特别排放限值的范围进一步扩大。例如，浙江省决定全面执行国家排放标准大气污染物特别排放限值。对于国家排放标准中已规定大气污染物特别排放限值的行业以及锅炉，新建项目自 2018 年 11 月 1 日起都执行大气污染物特别排放限值，现有企业自 2020 年 7 月 1 日起执行。对于目前国家排放标准中未规定大气污染物特别排放限值的行业，待相应排放标准制修订或修改后，同步执行。

表 5.28　已经发布大气污染物特别排放限值的国家标准

序号	标准名称	标准编号
1	火电厂大气污染物排放标准	GB 13223—2011
2	铁矿采选工业污染物排放标准	GB 28661—2012
3	钢铁烧结球团工业大气污染物排放标准	GB 28662—2012
4	炼铁工业大气污染物排放标准	GB 28663—2012
5	炼钢工业大气污染物排放标准	GB 28664—2012
6	轧钢工业大气污染物排放标准	GB 28665—2012
7	铁合金工业污染物排放标准	GB 28666—2012
8	炼焦化学工业污染物排放标准	GB 16171—2012

序号	标准名称	标准编号
9	石油炼制工业污染物排放标准	GB 31570—2015
10	石油化学工业污染物排放标准	GB 31571—2015
11	合成树脂工业污染物排放标准	GB 31572—2015
12	烧碱、聚氯乙烯工业污染物排放标准	GB 15581—2016
13	硝酸工业污染物排放标准	GB 26131—2010
14	硫酸工业污染物排放标准	GB 26132—2010
15	无机化学工业污染物排放标准	GB 31573—2015
16	铝工业污染物排放标准及修改单	GB 25465—2010
17	铅锌工业污染物排放标准及修改单	GB 25466—2010
18	铜镍钴工业污染物排放标准及修改单	GB 25467—2010
19	镁钛工业污染物排放标准及修改单	GB 25468—2010
20	稀土工业污染物排放标准及修改单	GB 26451—2011
21	钒工业污染物排放标准及修改单	GB 26452—2011
22	锡、锑、汞工业污染物排放标准	GB 30770—2014
23	再生铜、铝、铅、锌工业污染物排放标准	GB 31574—2015
24	水泥工业大气污染物排放标准	GB 4915—2013
25	锅炉大气污染物排放标准	GB 13271—2014

2. 超低排放

超低排放原是单指火电厂燃煤锅炉采用多种污染物高效协同脱除的集成系统技术，使其大气污染物排放浓度基本符合燃气机组排放限值，即烟尘、SO_2、NO_x的排放浓度（基准含氧量 6%）分别不超过 5 mg/m^3、35 mg/m^3、50 mg/m^3，比《火电厂大气污染物排放标准》（GB 13223—2011）中规定的燃煤锅炉重点地区特别排放限值分别下降 75%、30%和 50%，是燃煤发电机组清洁生产水平的新标杆。

表 5.29 火电厂大气污染物排放标准（摘）

污染物项目排放限值	燃煤锅炉	燃煤锅炉重点地区	天然气燃气轮机组
烟尘/（mg/Nm^3）	30	20	5
SO_2/（mg/Nm^3）	200	50	35
NO_x/（mg/Nm^3）	100	100	50
汞及化合物/（μg/Nm^3）	30	30	40

火电行业对于大气污染的影响较大。“超低排放”理念，由浙能集团在 2011 年首次提出。2012 年，浙能集团开始着手广泛调研国内外燃煤机组污染物治理的先进技术。2013 年浙能集团在全国率先启动了“燃煤机组烟气超低排放”项目建设。

2014 年 9 月，国家发展改革委、环境保护部、国家能源局联合印发《煤电节能减排升级与改造行动计划》。要求新建机组应同步建设先进高效脱硫、脱硝和除尘设施，东部地区新建机组基本达到燃气排放限值，中部地区原则上接近或达到燃气排放限值，鼓励西部地区接近或达到燃气排放限值。同时，稳步推进东部地区现役燃煤发电机组实施大气污染物排放浓度基本达到燃气排放限值的环保改造。

2015 年 3 月，第十二届全国人大第三次会议的《政府工作报告》中明确要求“推动燃煤电厂超低排放改造”。2015 年 12 月，国务院常务会议决定，在 2020 年之前对燃煤电厂全面实施超低排放和节能改造。

2015 年 12 月 9 日，国家发展改革委、环境保护部、国家能源局三部门联合下发《关于实行燃煤电厂超低排放电价支持政策有关问题的通知》，从 2016 年 1 月 1 日起，对完成超低排放改造的燃煤发电企业给予上网电价补贴。

2016 年 1 月 15 日，国家能源局、国家发展改革委、环境保护部召开加快推进全国超低排放和节能改造动员大会。

2018 年 4 月，生态环境部发布《燃煤电厂超低排放烟气治理工程技术规范》。

2019 年 4 月，生态环境部等五部委发布《关于推进实施钢铁行业超低排放的意见》，主要目标是全国新建（含搬迁）钢铁项目原则上要达到超低排放水平。推动现有钢铁企业超低排放改造，到 2020 年年底前，重点区域钢铁企业超低排放改造取得明显进展，力争 60%左右产能完成改造，有序推进其他地区钢铁企业超低排放改造工作；到 2025 年年底前，重点区域钢铁企业超低排放改造基本完成，全国力争 80%以上产能完成改造。主要控制指标：烧结机机头、球团焙烧烟气颗粒物、SO_2、NO_x 排放浓度小时均值分别不高于 10 mg/m^3、35 mg/m^3、50 mg/m^3；其他主要污染源颗粒物、SO_2、NO_x 排放浓度小时均值原则上分别不高于 10 mg/m^3、50 mg/m^3、200 mg/m^3。

表 5.30 燃煤锅炉（10 万 kW 以下）排放标准比较

污染物	国家特别排放限值/（mg/m^3）	山东省标准/（mg/m^3）	超低排放标准/（mg/m^3）
颗粒物	30	20	10
SO_2	200	200	50
NO_x	200	300	100

5.4.3 水环境质量管理

环境质量管理

根据《“十三五”国家地表水环境质量监测网设置方案》建立的国家地表水环境质量监测网共布设 1 940 个评价、考核、排名断面（点位），2020 年有 1 937 个断面（点位）实际开展监测，其他 3 个因断流、交通阻断等原因未开展监测。依据《地表水环境质量标准》表 1 中除水温、总氮、粪大肠菌群外的 21 项指标标准限值，分别评价各项指标水质类别，按照单因子方法取水质类别最高者作为断面水质类别。

中国环境监测总站负责的国家地表水水质自动检测实时发布系统，其发布范围包括已经建成并正式投入运行的国家地表水水质自动监测站（国控水站）数据。其发布指标包括水温、pH、溶解氧、电导率、浊度、高锰酸钾指数、氨氮、总磷、总氮共 9 项。

1. 地表水环境质量管理

（1）完善水环境功能区划。

水环境管理要针对具体水域按环境功能区划进行分类管理，对污染源分级控制。对应地表水五类水域功能，将地表水环境质量标准基本项目标准值分为五类，不同功能类别分别执行相应类别的标准值。所以，水环境管理首先要做的是完善水环境功能区划。否则，水污染源管理和水环境管理都难以有效开展。水环境功能区划要细致，规范混合区，重视饮用水取水口等敏感区划和交界断面。

2018 年，将入河排污口设置管理和编制水功能区划职责由相关部门划转至生态环境部，实现了从污染源到排入水体的全链条管理，为加强环境污染治理，打好污染防治攻坚战奠定了重要基础。

为推进山水林田湖草系统治理和水资源、水环境、水生态“三水统筹”，实现水功能区与水环境控制单元区划体系和管控手段的有机融合，构建全国统一的水生态环境管理区划体系、监测体系和考核体系，生态环境部于 2019 年组织开展水功能区与水环境控制单元整合工作，为“十四五”水生态环境管理工作奠定了基础。

（2）水污染物排放控制。

重视水污染物排放监控。第一类水污染物不分行业和污水排放方式，也不分受纳水体的功能类别，一律在车间或车间处理设施排放口采样。第二类水污染物在排污单位排放口采样。第一类污染物是指能在环境或动植物体内蓄积对人体健康产生长远不良影响者。包括 13 种：总汞、烷基汞、总镉、总铬、六价铬、总砷、总铅、总镍、苯并[*a*]芘、总铍、总银、总α放射性、总β 放射性。

排放标准应为环境标准服务。《城镇污水处理厂污染物排放标准》（GB 18918—2002）之一级 A 标准：COD≤50 mg/L，NH_3-N≤5 mg/L；而《地表水环境质量标准》之Ⅲ类水标准：COD≤20 mg/L；NH_3-N≤1 mg/L。也就是说，符合城镇污水处理厂污染物排放最高标准的排放水，要依靠上游来水稀释达到Ⅲ类水标准，现实中并不容易。

2015 年 2 月，中央政治局常务委员会会议审议通过“水十条”，即《水污染防治行动计划》，污水处理厂提标改造提上了议事日程。城镇生活污水处理厂排放标准由原来的一级 B 标准提升为一级 A 或者更高标准。比如，金华市出台污水处理“最严”地方标准，考核指标为 NH_3-N 和 TP 两项。其中，NH_3-N 排放限值为 1 mg/L，总磷 0.35 mg/L。达标则市政府每月奖励污水处理厂 5 万元，连续 12 个月外排废水考核达到“金华标准”的，在月奖基础上另奖 10 万元，还给污水处理厂每吨污水补助运行费用 0.1 元。但是，如果外排废水不达标，每月处罚 5 万元；还要扣除当天 50%的污水处理费。在严格考核下，取得较好的效果。金华市城镇生活污水处理厂出水水质基本达到地表水Ⅲ类水标准，为金华市地表水水质的全面改善提供了有力保障。

（3）加强农村面源管理。

农村面源污染是目前少数缺少监管控制的水污染源之一。如果放任不管，水环境质量要进一步改善就比较困难。

2018 年 11 月，国家发展改革委发布《关于加快推进长江经济带农业面源污染治理的指导意见》，强调以持续改善长江水质为中心，扎实推进水污染治理、水生态修复、水资源保护“三水共治”。明确要求结合乡村振兴战略和农村人居环境整治三年行动方案实施，以严格控制沿江养殖污染为重点，加快推进农业面源污染治理。要求综合防控农田面源污染。推进化肥减施增效，全面推进测土配方施肥，推动有机肥替代化肥。实行农药减量控害，推广农作物病虫害绿色防控技术，大规模开展专业化统防统治。大力开展秸秆肥料化、饲料化、能源化、基料化、原料化利用。加强地膜等废弃物处理利用。

生态环境部办公厅于 2021 年 3 月印发《农业面源污染治理与监督指导实施方案（试行）》。工作目标是：到 2025 年，重点区域农业面源污染得到初步控制。农业生产布局进一步优化，化肥、农药减量化稳步推进，规模以下畜禽养殖粪污综合利用水平持续提高，农业绿色发展成效明显。试点地区农业面源污染监测网络初步建成，监督指导农业面源污染治理的法规政策标准体系和工作机制基本建立。到 2035 年，重点区域土壤和水环境农业面源污染负荷显著降低，农业面源污染监测网络和监管制度全面建立，农业绿色发展水平明显提升。措施如下：

【深入推进农业面源污染防治】根据农业污染源类型分布、地理气候条件、环境质量状况等，确定农业面源污染优先治理区域。优化农业生产空间布局，按照土壤、水和海洋生态环境保护要求，分区分类采取治理措施。在种植业面源污染突出区域，实施化肥农药减量增效行动，优化生产布局，推进“源头减量—循环利用—过程拦截—末端治理”工程。深入实施秸秆综合利用行动，以肥料化、饲料化、燃料化利用为主攻方向，建立一批秸秆综合利用重点县，打造产业化利用典型模式。持续推进农膜回收行动，以标准地膜应用、专业化回收、资源化利用为重点，强化农膜回收利用示范县建设，健全回收网络体系，试点农膜区域性绿色补偿制度，加快可降解农膜应用示范，着力解决农田“白色污染”问题。在养殖业面源污染突出区域，基于土地消纳粪污能力，合理确定养殖规模，促进畜禽粪污还田利用，推动种养循环，改善土壤地力。

【完善农业面源污染防治政策机制】健全法律法规制度。制修订肥料管理等对农业面源污染有重大影响的法律法规。加强化肥农药生产经营管理和使用指导，推动精准施肥、科学用药。以省为单位加强畜禽散养密集区污染治理，明确规模以下畜禽养殖场户污染治理要求和责任，鼓励对畜禽粪污进行无害化处理，达到肥料化利用有关要求后，进行还田利用。规范突发环境事件应急管理工作，防止在处理事故过程中，将废水、废液、固体废物直接排入农田。完善标准体系，适时评估并完善农业面源污染防治与监督监测相关标准。优化经济政策，完善农业面源污染防治设施用电用地政策，落实有机肥产品生产销售、化肥农药减量、有机肥替代化肥等补贴和税收减免政策。建立多元共治模式，通过向社会购买服务等方式，推进农业面源污染治理市场化。充分发挥农业社会化服务机构、农民合作经济组织作用，推广“政府＋协会＋农户”“龙头企业＋协会＋农户”等模式，加强专业技术管理。推动统一生产管理、统一订购农资、实施品牌认证等标准化生产，形成“政府—市场—农户”多元共管共治体系。

【加强农业面源污染治理监督管理】开展农业污染源调查监测，完善化肥农药使用量调查核算方法，在统计、农业农村、市场监督管理等部门工作基础上，逐步摸清化肥、农药使用变化情况。评估农业面源污染环境影响，制定农业面源污染环境监测技术规范，加强农业污染源、入水体污染物浓度与流量监测、受纳水体水质和流量监测，构建全国农业面源污染环境监测“一张网”。加强农业面源污染长期观测，建设农业生态环境野外观测超级站，开展气象、水文、水质、土壤和地下水等野外长期观测和定量分析，结合遥感技术，掌握农业面源污染时空演变规律，逐步实现对农业面源污染环境质量影响的动态评估。建设农业面源污染监管平台。

2. 流域环境管理

流域水环境问题要考虑水量和水质两方面，是一种跨区域的环境管理。通过流域环境综合治理，可以带动区域环境综合治理，促进城市乡镇水污染和生活垃圾污染的防治工作。

流域环境管理原则：整体性原则，上下游作为一个整体协调统一考虑；边界活动控制原则，重视水体沿岸的排污和取水的合理合法性；双赢原则，各用水部门之间协商共赢、合理规划。

国家重视流域环境管理。《重点流域水污染防治“十一五”规划》关注“三河”（海河、淮河、辽河）、“三湖”（太湖、巢湖、滇池）、三峡库区及其上游、松花江、黄河流域、珠江流域。《重点流域水污染防治“十二五”规划》关注松花江、淮河、海河、辽河、黄河中上游、太湖、巢湖、滇池、三峡库区及其上游、丹江口库区及上游10个流域。《重点流域水污染防治“十三五”规划》关注长江、黄河、珠江、松花江、淮河、海河、辽河七大流域，以及浙闽片河流、西南诸河、西北诸河，第一次形成覆盖全国范围的重点流域水污染防治规划。

宏观上，流域环境管理应该设立统一权威的环境管理机构，全流域环境规划优先，规划资金落实，规划有效实施。具体内容上，流域环境管理包括流域污染治理、流域生态保护、流域水资源管理、流域水利工程保护等。

流域水资源管理重点是处理好上下游之间的关系，包括水量分配、水质保障等。多地已探索出上下游生态补偿机制，取得较好效果。2016 年财政部、环境保护部、发展改革委、水利部等四部委联合发文《关于加快建立流域上下游横向生态保护补偿机制的指导意见》。要求到 2020 年，各省（区、市）行政区域内，流域上下游横向生态保护补偿机制基本建立；在具备重要饮用水功能及生态服务价值、受益主体明确、上下游补偿意愿强烈的跨省流域，初步建立横向生态保护补偿机制，探索开展跨多个省份流域上下游横向生态保护补偿试点。到 2025 年，跨多个省份的流域上下游横向生态保护补偿试点范围进一步扩大；流域上下游横向生态保护补偿内容更加丰富、方式更加多样、评价方法更加科学合理、机制基本成熟定型，对流域保护和治理的支撑保障作用明显增强。

上下游生态补偿机制案例：2018 年浙江省诸暨市和浦江县结对，两地以过去三年交界断面水质监测数据的平均值为基数。若年度监测数据好于该基数，下游诸暨市奖励浦江县 800 万元；如年度监测数据劣于该基数，上游浦江县给诸暨市 800 万元。

3．地下水管理

2021 年 11 月，《地下水管理条例》公布，自 2021 年 12 月 1 日起施行。地下水具有重要的资源属性和生态功能，在保障我国城乡生活生产供水、支持经济社会发展和维系良好生态环境中发挥着重要作用。近年来，随着经济社会发展，我国地下水开发利用程度不断加大，导致部分地区地下水超采和污染问题突出。为了加强地下水管理，《地下水管理条例》从调查与规划、节约与保护、超采治理、污染防治、监督管理等方面作出明确规定。

5.4.4 大气环境质量管理

环境质量管理

1．空气质量指数

空气质量指数（AQI）是以 2012 年版《环境空气质量标准》为依据的空气质量评价体系。与空气污染指数 API 相比，增加了 $PM_{2.5}$ 等评价指标。空气质量指数（AQI）是一种反映和评价空气质量的方法，将常规监测的六种空气污染物的浓度简化成为单一的概念性指数形式，并分级表征空气质量状况与空气污染的程度，因此普通百姓易于接受和理解。

2012 年 2 月环境保护部发布《环境空气质量指数（AQI）技术规定（试行）》。

【空气质量指数分级】空气质量指数（AQI）50 点对应的污染物浓度为国家环境空气质量一级标准；AQI 的 100 点对应的污染物浓度为国家环境空气质量二级标准；AQI 更高值段的分级对应于各种污染物对人体健康产生不同影响时的浓度限值。

表 5.31　空气质量指数 AQI

质量指数	质量级别	质量类别	对健康的影响情况
0～50	一级	优	空气质量令人满意
51～100	二级	良	对极少数异常敏感人群健康有较弱影响
101～150	三级	轻度污染	易感人群症状有轻度加剧，健康人群出现刺激症状
151～200	四级	中度污染	进一步加强易感人群症状，可能对健康人群心脏、呼吸系统有影响
201～300	五级	重度污染	心脏病、肺病患者症状显著加剧，健康人群普遍出现症状
≥300	六级	严重污染	健康人运动耐受力降低，有明显强烈症状，提前出现某些疾病

【空气质量指数组成】计入空气质量指数的污染物为：二氧化硫（SO_2）、二氧化氮（NO_2）、一氧化碳（CO）、臭氧（O_3）、可吸入颗粒物（PM_{10}）、可入肺颗粒物（$PM_{2.5}$）。

其中日报时间周期为 24 小时。日报的指标包括 SO_2、NO_2、CO、PM_{10}、$PM_{2.5}$ 的 24 小时平均浓度，以及 O_3 日最大 1 小时平均浓度、O_3 日最大 8 小时滑动平均浓度，共计 7 个指标。

实时报时间周期为 1 小时，每一整点时刻后即可发布监测点位的实时报，滞后不应超过 1 小时。实时报指标包括 SO_2、NO_2、CO、O_3、PM_{10}、$PM_{2.5}$ 的 1 小时平均浓度，以及 O_3 的 8 小时滑动平均浓度和 PM_{10}、$PM_{2.5}$ 的 24 小时滑动平均浓度，共计 9 个指标。

表 5.32 空气质量分指数对应污染物浓度限值

分指数 I	污染物浓度/（μg/m³）									
	SO_2		NO_2		PM_{10}	CO		O_3		$PM_{2.5}$
	日均	时均	日均	时均	日均	日均	时均	时均	8 时均	日均
0	0	0	0	0	0	0	0	0	0	0
50	50	150	40	100	50	2 000	5 000	160	100	35
100	150	500	80	200	150	4 000	10 000	200	160	75
150	475	650	180	700	250	14 000	35 000	300	215	115
200	800	800	280	1 200	350	24 000	60 000	400	265	150
300	1 600	（2）	565	2 340	420	36 000	90 000	800	800	250
400	2 100	（2）	750	3 090	500	48 000	120 000	1 000	（3）	350
500	2 620	（2）	940	3 840	600	60 000	150 000	1 200	（3）	500
说明	（1）SO_2、NO_2、CO 三项的 1 小时平均浓度限值仅用于实时报，日报用日均值； （2）SO_2 的 1 小时平均浓度超过 800 μg/m³ 后用日均值； （3）O_3 的 8 小时平均浓度超过 800 μg/m³ 后用时均值。									

【空气质量指数的计算】用内插法计算各污染物的分指数；取各项污染物分指数中最大者代表该区域的质量指数，即：AQI = max（I_1，I_2，…，I_i，…，I_n）。

AQI＞50 时，分指数最大的污染物为首要污染物。

指数不取平均值，采用最差值，依据的是“水桶原理”。

污染物分指数的计算：

$$I=\frac{I_{大}-I_{小}}{C_{大}-C_{小}}(C-C_{小})+I_{小}$$

I 为某污染物的分指数（取整），C 为该污染物的浓度。

$C_{大}$与 $C_{小}$：API 分级表（表 5.32）中最贴近 C 值的两个值，$C_{大}$为大于 C 的限值，$C_{小}$为小于 C 的限值。

$I_{大}$与 $I_{小}$：在 API 分级表（表 5.32）中最贴近 I 值的两个值，$I_{大}$为大于 I 的值，$I_{小}$为小于 I 的值。

【例】某市某日测得污染物 SO_2、NO_2、CO、PM_{10}、$PM_{2.5}$ 的 24 小时平均浓度分别为 0.9 mg/m³、0.27 mg/m³、26 mg/m³、0.36 mg/m³、0.28 mg/m³，以及 O_3 日最大 1 小时平均浓度、O_3 日最大 8 小时滑动平均浓度分别为 0.18 mg/m³、

0.12 mg/m^3。请计算该日的空气质量指数，并确定首要污染物。

解：

$$I_{SO_2}=\frac{(300-200)(0.9-0.8)}{1.6-0.8}+200=212.5\approx 213$$

$$I_{NO_2}=\frac{(200-150)(0.27-0.18)}{0.28-0.18}+150=195$$

$$I_{PM_{10}}=\frac{(300-200)(0.36-0.35)}{0.42-0.35}+200=214.3\approx 215$$

$$I_{CO}=\frac{(300-200)(26-24)}{36-24}+200=215.4\approx 216$$

$$I_{O_3}^{1}=\frac{(100-50)(0.18-0.16)}{0.2-0.16}+50=75$$

$$I_{O_3}^{8}=\frac{(100-50)(0.12-0.1)}{0.16-0.1}+50=67$$

$$I_{PM_{2.5}}=\frac{(400-300)(0.28-0.25)}{0.35-0.25}+300=330$$

该日的空气质量指数为 330，首要污染物为 $PM_{2.5}$。

2. 空气质量预报

环境质量管理

环境监测部门和气象部门会商，对未来空气质量做出预报，用于向公众提供健康指引，用于区域环境应急管理。气象部门提供气象数据，环境监测部门提供污染源排放数据，专职预报部门通过大气污染过程模拟分析得出预报结果。

中国环境监测总站根据国务院《大气污染防治行动计划》要求和环境保护部《全国环境空气质量预报预警实施方案》（环办函〔2015〕330 号）工作部署，发布各省（自治区、直辖市）、省会城市和计划单列市环境空气质量预报预警信息。包括“全国及重点区域空气质量形势预报”“省域空气质量形势预报”和“城市空气质量预报”。

发布内容包括未来 24 小时、48 小时空气质量指数范围、空气质量等级、首要污染物等预报信息，转发当地政府发布的预警信息，并根据能力建设进展发布空气质量形势预报等更多精细化的城市预报内容。对省（区、市）和区域发布内容包括辖区省域空气质量形势预报信息，转发当地政府发布的预警信息，并根据能力建设进展发布区域空气质量形势图等更多其他详细预报信息。

空气质量预报技术的发展，有利于针对重污染天气采取预防措施，有利于敏感人群采取个体防护措施。

3. 大气污染联防联控

考虑到大气污染具有明显的区域性、流动性和开放性特点，大气污染治理和改善空气质量一定要改变“各扫门前雪”的做法。从中央到地方要统筹区域大气污染治理，建立有效的联防联控机制。

2010 年 5 月，环境保护部、发展改革委、科技部、工业和信息化部、财政部、住房和城乡建设部、交通运输部、商务部、能源局等联合发布《关于推进大气污染联防联控工作改善区域空气质量的指导意见》。要求以科学发展观为指导，以改善空气质量为目的，以增强区域环境保护合力为主线，以全面削减大气污染物排放为手段，建立统一规划、统一监测、统一监管、统一评估、统一协调的区域大气污染联防联控工作机制，扎实做好大气污染防治工作。

2018 年 10 月修正的《大气污染防治法》明确规定，由国家建立重点区域大气污染联防联控机制，统筹协调区域内大气污染防治工作。

京津冀地区是我国大气污染最严重的区域之一。大气污染的流动性、跨区域特征，使三地各自为政的话难以独善其身，联防联控成为必然选择。2013 年，环境保护部等部委联合印发了《京津冀及周边地区落实大气污染防治行动计划实施细则》。2016 年、2017 年，环境保护部组织制定了《京津冀大气污染防治强化措施（2016—2017 年）》《京津冀及周边地区 2017 年大气污染防治工作方案》《京津冀及周边地区 2017—2018 年秋冬季大气污染综合治理攻坚行动方案》。这些顶层设计方案，为推进京津冀及周边地区大气污染联防联控提供了重要的行动依据和方案引领。

京津冀及周边地区，包含北京市，天津市，河北省石家庄、唐山、邯郸、邢台、保定、沧州、廊坊、衡水市以及雄安新区，山西省太原、阳泉、长治、晋城市，山东省济南、淄博、济宁、德州、聊城、滨州、菏泽市，河南省郑州、开封、安阳、鹤壁、新乡、焦作、濮阳市等。京津冀及周边 6 省、市总面积仅占全国 7.2%，却消耗了全国33%的煤炭，生产了全国43%的钢铁、45%的焦炭、31%的平板玻璃、19%的水泥、60%的原料药、40%的农药，原油加工量占全国的28%。其污染具有客观性的理由。

2018年7月，京津冀及周边地区大气污染防治协作小组更名为领导小组，标志着京津冀及周边地区大气污染防治工作将进入一个领导更权威、组织更严密、决策更科学、统筹更有力的新阶段。领导小组由国务院牵头，领导小组的主要职责包括贯彻落实党中央、国务院关于京津冀及周边地区大气污染防治的方针政策和决策部署；组织推进区域大气污染联防联控工作，统筹研究解决区域大气环境突出问题；研究确定区域大气环境质量改善目标和重点任务，指导、督促、监督有关部门和地方落实，组织实施考评奖惩等。从2018年开始，生态环境部每年制定《秋冬季大气污染综合治理攻坚行动方案》，联防联控成效明显，重大活动空气质量保障成效明显，区域空气质量明显改善。

2021年生态环境部印发实施《2021—2022年秋冬季大气污染综合治理攻坚方案》，秋冬季攻坚范围在京津冀及周边地区“2+26”城市和汾渭平原城市基础上，增加河北北部、山西北部、山东东部和南部、河南南部等部分城市。主要目标是，秋冬季期间（2021年10月1日至2022年3月31日），各城市$PM_{2.5}$平均浓度同比下降4.0%，重污染天数平均每个城市减少2.0天。强调坚决遏制“两高”项目盲目发展，以石化、化工、煤化工、焦化、钢铁、建材、有色、煤电等行业为重点，全面梳理排查拟建、在建和存量“两高”项目，对“两高”项目实行清单管理，进行分类处置、动态监控，严厉打击“两高”企业无证排污、不按证排污等各类违法行为。

5.4.5 噪声环境质量管理

环境质量管理

噪声污染有鲜明的特点：主观性，噪声是感觉性公害，环境噪声限值昼间和夜间不同；没有污染物；不积累，不持久；局限性，衰减传播距离有限；分散多发性。

噪声源的控制是治本的方法。运转的机械设备和交通运输工具是造成噪声污染的主要来源；设备选型、设计、制造、安装各环节尽可能降低源强。用吸声、隔声、减振、安装消声器等技术，做成低噪声整机。也可以采取吸声、消声、隔声、隔振、阻尼等控制技术在传播途径上控制噪声。

工业噪声和建筑噪声由环保部门监督管理。交通运输噪声由公安、交通、铁路、民航等行业主管部门和港务监督机构监督管理。固定场所的社会噪声由环保部门监管。公安机关负责对商业经营活动中使用高音喇叭，违反规定组织娱乐、集会造成的噪声以及家庭内发出严重干扰周围居民生活的噪声进行监督管理。

鉴于噪声污染没有污染物、不积累、不持久、局限性的特点。噪声管理的重点是通过规划解决问题。噪声管理原则总结为以下几条：

（1）规划优先原则。现实生活中的噪声污染有许多都是由于过去制订区域发展规划时，没有考虑噪声污染的防治，没有进行声环境功能区的规划和建设，或者虽进行了区域规划但没有认真执行、违反区域功能规划随意进行建设造成的。为此，噪声污染防治的第一要务就是坚持规划优先原则。在城市区域发展规划中，明确不同区域的声环境功能，不同区域要分开，区域与区域之间要有噪声缓冲区，使区域与区域之间互不干扰。在实际工作中必须严格按规划办事，对违反区域发展规划，擅自改变声环境功能区的行为要追究行政和经济责任。

（2）先入为主原则。以此原则确定噪声污染的责任。噪声污染与水污染、气污染不一样，没有污染物积累和后续效应。因此，造成噪声污染的责任不能“一刀切”地统统归于噪声发生者，而应由后进入一方承担责任。因为发出噪声的企业和单位在噪声影响区域内没有受害者时，不需要承担责任。如果一些单位如规划部门、住宅开发商等违反区域规划，事后在发出噪声的企业周边建设住宅等，产生噪声的企业不应负责。反之，如在已建的住宅、学校周边新建工业企业造成噪声污染的，必须由新建的企业负责消除噪声污染，规划部门亦应负连带责任。

（3）过失责任原则。由对造成噪声污染后果有过失的一方承担噪声污染治理和消除的责任，而不是完全由产生噪声的一方负责。比如，一个产生噪声的企业在工业区域内，其噪声影响相对较小。如果规划部门或开发商在此企业噪声影响区内建住宅、学校和医院，因此产生了噪声污染事故，不应该由企业负责。若要改变此区域原有的环境功能，企业需新增加的噪声防治设施费用或企业的搬迁费用，也应由规划部门或开发商负责。

（4）无污染免责原则。按《噪声污染防治法》的规定，当噪声超过国家规定的噪声排放标准，并干扰他人正常生活、工作和学习时，才是噪声污染。因此，若一个企业的环境噪声虽然超过排放标准，但是在其周边没有被影响对象时，并没有造成实际的环境污染，可以考虑适当减轻或免除其承担降低噪声的责任。噪声无污染免责原则体现的是对企业的法律公正和科学管理。

（5）分类指导原则。不同类别的噪声具有不同污染特性，因此，在污染防治方面不能搞“一刀切”。在不同的阶段其管理的侧重点不一样，有的应侧重于通过合理规划进行事先控制，有的应侧重于噪声的强度控制，有的应侧重于空间地域的控制，有的应侧重于施工时间的控制，有的应侧重于操作规程的控制。这样才能真正有效地控制不同类型的噪声污染。

【案例 5.1　超标排放大气污染物案】

2020 年 3 月 18 日，天津市津南区生态环境局将天津市某供热有限公司纳入津南区生态环境监督执法正面清单。2021 年 1 月，在线监控数据显示该公司在线废气氮氧化物数据超标。津南区执法人员立即对该公司进行现场检查，经监测，该单位一排放口排放的废气中氮氧化物的浓度为 118 mg/m^3，超过天津市《锅炉大气污染物排放标准》（DB 12/151—2020）规定排放限值 1.36 倍。1 月 19 日，津南区生态环境局依据《大气污染防治法》第十八条、第九十九条第（二）项的规定，对该公司下达责令改正违法行为决定书。2 月 2 日，依据《大气污染防治法》及《天津市环境行政处罚裁量基准》的相关规定，津南区生态环境局下达行政处罚决定书，对该公司处以 30 万元的罚款。同时，津南区生态环境局根据相关规定发布公告，决定自 3 月 1 日起将该公司移出津南区生态环境监督执法正面清单。

【案例 5.2　通过逃避监管方式排放水污染物案】

2020 年 7 月 24 日，琼海市生态环境资源行政执法大队接到群众投诉琼海某橡胶加工厂偷排水污染物后，立即派人员联合市环境监测站到现场进行调查处理。通过现场勘查，发现位于琼海市万泉镇的某橡胶厂利用罐车抽取曝气池内的污泥，在抽取污泥的过程中，废水流到雨水管网及地面上。该橡胶厂并未将污水收集处理后排放，而是用清水冲洗地面，将污水不经过处理设施，直接利用雨水管道排放。市环境监测站对直接排放废水进行现场采样，经监测分析，其化学需氧量浓度为 126 mg/L，氨氮浓度为 117 mg/L，超过《污水综合排放标准》（GB 8978—1996）要求的排放标准。琼海某橡胶加工厂涉嫌不正常运行水污染防治设施，通过逃避监管的方式排放水污染物。执法人员对违法事实进行了拍照取证并制作了《调查询问笔录》《现场勘查笔录》等。

琼海某橡胶厂将部分污水不经过处理设施，利用雨水管道直接排放的行为，根据《水污染防治法》第八十三条第三项应该“责令改正或者责令限制生产、停产整治，并处十万元以上一百万元以下的罚款；情节严重的，报经有批准权的人民政府批准，责令停业、关闭”；根据《环境保护法》第六十三条第三项应该“由县级以上人民政府环境保护主管部门或者其他有关部门将案件移送公安机关，对其直接负责的主管人员和其他直接责任人员，处十日以上十五日以下拘留；情节较轻的，处五日以上十日以下拘留”。主管部门于 2020 年 8 月 26 日下达《行政处罚决定书》，对该厂处罚款人民币 10 万元。9 月 19 日，将案件移送公安机关对相关责任人行政拘留，琼海市公安局依法对违法行为人李某处行政拘留五日。同时，根据海南省生态环境保护厅《关于实行水污染物排放企业“红黄牌”管理工作的通知》的规定，对该厂进行“黄牌”警示。

【案例 5.3 违反污染管控限产要求案】

2021 年 3 月 7 日夜，唐山市生态环境局乐亭县分局执法人员对唐山某板材有限公司现场检查发现：该企业 1 号、2 号、3 号烧结机均处于正常生产状态，未执行唐山市秋冬季大气污染防治管控限产 50%的要求，涉嫌违反《唐山市大气污染防治若干规定》第十六条第二款的规定。唐山市生态环境局乐亭县分局依据规定，责令其立即改正违法行为，处罚款 100 万元，并将案件移送公安机关。唐山市公安局乐亭县分局对该公司负责人违反《治安管理处罚法》的行为，作出行政拘留的行政处罚。

《唐山市大气污染防治若干规定》第十六条：本市实行大气环境质量管控制度。市生态环境主管部门根据本市大气环境质量改善目标，会同相关部门制定按照绩效分级的差别化管控方案，报市人民政府批准后组织实施。各县（市、区）人民政府应当制定本级管控方案，组织生态环境、工业和信息化、住房和城乡建设、公安、交通运输等部门按照各自职责督促工业企业和相关单位落实减排要求。企业事业单位和个人拒不执行市、县级人民政府停产、限产等管控措施的，由县级人民政府确定的监督管理部门按照各自职责，处十万元以上二十万元以下罚款；情节较重的，处二十万元以上五十万元以下罚款；情节严重的，处五十万元以上一百万元以下罚款。

【思考题】

1．为什么我国环境规划主要为五年规划？

2．为环境规划进行环境现状调查和评价的目的是什么？

3．为环境规划进行环境预测与分析的目的是什么？

4．大气环境规划为什么要进行能流分析？

5．*A*-*P* 值法的内涵是什么？

6．环境统计基层报表的填报对象有哪些？

7．怎样用等标污染负荷法确定主要污染源和主要污染物？

8．噪声管理注重通过规划解决问题的原因是什么？

9．举例说明流域环境管理的整体性原则。

10．如何确定某市的水环境重点排污单位？

11．某市某日测得污染物 SO_2、NO_2、CO、PM_{10}、$PM_{2.5}$ 的日均浓度分别为 0.1 mg/m^3、0.13 mg/m^3、2.6 mg/m^3、0.12 mg/m^3、0.08 mg/m^3，以及 O_3 日最大 1 小时平均浓度、O_3 日最大 8 小时滑动平均浓度分别为 0.28 mg/m^3、0.22 mg/m^3。请计算该日的空气质量指数，并确定首要污染物。

12．某开发区建有五个厂，污水排入同一条河流，污水排放量及其污染物监测结果如下表所示，请用等标污染负荷法筛选该水域的主要水污染物和主要水污染源，筛选比例为 80%。

企业	A	B	C	D	E	评价标准/（mg/L）
污水量/（m^3/s）	0.87	0.42	0.63	0.23	0.16	—
挥发酚/（mg/L）	0.35	0.15	0.08	0.35	1.15	0.01
COD/（mg/L）	4.58	15.65	12.32	47.7	6.75	30
氨氮/（mg/L）	6.36	1.88	1.20	2.35	3.06	1.5
硫化物/（mg/L）	4.62	0.01	0.11	1.23	2.16	0.5

13. 有 A、B、C 三个化工厂每天分别产生水污染物 W 660 kg、160 kg、230 kg，三个化工厂对 W 净化处理后排放到同一条河流，该河流流入一个湖泊。生态环境部门要求进入湖泊的 W 不超过 200 kg/d。已知三个化工厂排放的 W 到达入湖口时的降解率分别为 40%、35%、45%；三个化工厂 W 处理成本分别为 1.2 万元/kg、1.0 万元/kg、1.5 万元/kg。求既能达到湖泊污染物控制要求，又使总处理费用最小化的方案，并确定各厂的 W 净化率（已知当时当地污染物 W 处理工艺有甲、乙两种，甲工艺净化率为 60%，乙工艺净化率为 90%）。

第 6 章　环境管理的教育手段

环境管理的教育手段是指运用各种形式开展环境保护的宣传教育，以增强大众的环境意识，增加环境保护知识，包括学历教育、基础教育、公众教育、成人教育等。环境管理教育手段通过各种方式宣传环境保护的意义、内容和要求，激发民众保护环境的积极性，培育环境保护的人才。环境意识的形成和提高是一个积累的过程，这决定了环境教育具有后效性。

环境管理的教育手段

6.1　环境教育目标

环境管理的基本任务包括两个方面：一是培育人类社会的环境保护观念；二是为了保护环境调整人类的社会行为。行为的调整是较低层次上的调整，观念的转变才是根本性的。文化观念在深层次上影响着人类的行为，只有转变了过去那种视环境为征服对象的文化，才能从根本上解决环境问题。

环境管理的两项任务是一体的，相互补充不可偏废。其中环境文化的建设（环保意识的广泛形成）是根本性的任务。但文化建设是一项长期的任务，不一定适用于具体环境问题的快速解决；而行为的调整则可以比较快地见效，以法律法规、行政命令快速解决具体的环境问题。同时，行为调整也可以促进文化建设。综上所述，环境管理是通过对人们自身的思想观念和行为进行调整，以求达到人类的发展与自然环境的承载能力相协调。

环境管理的两项任务都需要通过环境教育来实现，也是环境教育的目标。环境教育帮助人们转变一系列旧观念，不断提高公众的环境保护意识；环境教育帮助社会调整人们的行为，保护环境，防治污染。

随着我国生态文明建设的进一步推进，公众环境保护意识不断提高，加强环境管理，提升环境宣传教育能力水平迫在眉睫，充分利用新媒体的宣传优势，引导群众有序参与环境保护工作，是改善环保管理水平的重要举措。

6.2 环境公众教育

环境公众教育是指通过新闻媒体和公众宣传，对大众开展的不同形式和内容的环保教育。主要为了改变大家的观念，提高人们的环保意识。环境公众教育面向社会全体公民，是一种全面的终身教育。

环境公众教育的内容包括可持续发展、环保常识、环保政策法规、环境污染危害、环境公害历史、环境信息公开、鼓励支持公众参与等。

以往的环境公众教育由政府主导和实施。例如，1996 年 12 月，国家环境保护局、中宣部、国家教委等联合发布《全国环境宣传教育行动纲要》。2009 年 9 月，环境保护部、中共中央宣传部、教育部联合发文《关于做好新形势下环境宣传教育工作的意见》。2016 年 3 月，环境保护部、中宣部、中央文明办、教育部、共青团中央、全国妇联等六部门联合编制了《全国环境宣传教育工作纲要（2016—2020 年）》。

传统媒体在过去的半个世纪中，在环境公众教育方面发挥了重要作用。然而，宣传形式单一、缺乏创新性，适应不了新时代的新要求，因此公众参与度不高。当前，应该充分利用新媒体加强环境宣传教育，丰富环境信息传播渠道，提高信息传播的速度，打破地理局限性，通过综合利用不同的媒介组合，做好宣传教育工作。结合自媒体平民化的特点，改变传统的宣传教育工作方法，在宣传教育过程中避免说教，采取实用简单、通俗易懂的语言，使环境宣传教育活动更贴近群众，增强公众参与的趣味性、互动性。

环境公众教育还应该引导、规范环保志愿者和环保民间组织有序开展环境宣传教育、环境维权、参与环保行动。2021 年 6 月，生态环境部和中央文明委联合发布《关于推动生态环境志愿服务发展的指导意见》，从生态文明思想理论宣讲、生态环境宣传教育和科学普及、生态环境社会监督、绿色低碳实践参与和国际交流合作五个方面，明确了生态环境志愿服务的主要内容和形式。从动员整合志愿服务队伍、发展培育志愿服务组织两个方面，提出了加强志愿服务队伍建设的重点工作。

党的十九大报告指出，建设生态文明是中华民族永续发展的千年大计，群众基础是做好生态文明建设工作的关键，环境宣传工作者，应充分认识到环境宣传教育的紧迫性，进一步开拓思维、转变方式，结合信息时代发展的要求，充分运用现代化媒体提升环境宣教水平，为推动生态文明和经济建设作贡献。

6.3　环境基础教育

环境基础教育是指在中小学中开展的环保科普教育。我国学校的环境教育起步较晚。1979年，中国环境科学学会环境教育委员会召开了第一次会议，此后各级各类学校的环境教育方始展开，从幼儿园、小学到中学，都在相应课程中添加了环境教育内容。

2003年10月，教育部发布《中小学环境教育实施指南（试行）》，指出：环境保护以教育为本，加强中小学环境教育，是贯彻落实我国环境保护基本国策，提高全民族的环境意识和科学文化素质的奠基工程，也是为我国培养21世纪合格人才，实施可持续发展战略，建设现代化强国的一项根本性的措施。

2013年8月，环境保护部、教育部联合制定了《全国中小学环境教育社会实践基地申报与管理办法》，规范各中小学环境教育社会实践基地的建设和管理，探索建立利用社会资源开展中小学社会实践的机制。

6.3.1　环境基础教育的主要特点

（1）综合性：从学习内容看，环境教育兼有自然科学与人文社会科学的内涵；从学习过程看，环境教育帮助学生从多种角度全面理解环境系统，掌握社会环境与生态环境及其内部各组成要素之间的密切联系和相互作用。环境教育既可以跨学科的方式融入各科教学和学校管理中，也可以通过综合实践活动或依托社区来开展，还可以单独设立环境教育课。

（2）实践性：环境教育强调学生在亲身体验中发现和创造知识；在解决现实环境问题的过程中发展创新能力及批判与反思能力；在参与中增进交流与理解，

形成正确的环境价值观；促进学生社会实践能力的发展，形成与环境和谐相处的健康的生活习惯，增强积极参与有关环境和可持续发展决策与行动的意识。

6.3.2 环境基础教育的基本理念

（1）引导学生认识世界是普遍联系和相互依存的。生态环境的各组成要素之间、全球生态环境与区域生态环境之间不是孤立的，它们相互作用，共同构成相互依存的整个自然生态系统。个人、家庭、社区以及国家相互之间，人类社会的经济、政治、文化等活动之间，同样也存在紧密的相互依存关系。而人类社会与自然生态环境之间也是相互影响、相互作用的。因此认识和尊重自然规律，实现人与自然之间的和谐共处，对人类的生存和发展至关重要。

（2）引导学生珍视生物多样性，关注不同文化对环境的影响。生物多样性是自然生态环境的活力和潜能的重要表征；文化多样性是人类文明进步的基石。生物多样性与文化多样性之间具有相互依存、相互促进的关系。保持生物多样性与尊重文化多样性是实现可持续发展的重要前提。在全球化进程中，尤其应该重视维护不同物种的生存环境和生存权利，尊重各民族在不危害人类共同利益和环境的前提下，为适应和保护自身生存环境而采取的多样化生活方式和发展模式。

（3）引导学生理解可持续发展的内涵。生态环境的承载力取决于自然生态系统的自我恢复潜能和地球资源的再生潜能。社会环境的健康发展受到自然、经济、文化、政治等多种因素的影响。人类应当了解自身行为对环境所产生的正面与负面的影响，在发展的过程中减少乃至避免对环境造成破坏。可持续发展强调人类在精神和物质方面的协调发展，要求不同国家和地区在资源利用和环境管理上加强交流、理解与合作，在满足当代人需求的同时保护好作为人类后代及其他生命生存和发展基础的资源与环境。

（4）引导学生主动参与解决环境问题，培养学生的环境责任感。引导学生参与解决身边的环境问题是培养学生环境责任感的重要途径。学生一方面获得对环境的敏感性和关于环境的知识，另一方面认识环境问题的复杂性，培养其解决环境问题的能力和责任感。同时，应帮助学生了解人类活动会对环境造成不同性质和程度的影响，增强忧患意识，对影响环境的行为采取审慎的态度。

6.4　学历教育

环境保护学历教育主要指高等院校培养专业环保人才的教育。

浙江大学环境科学系成立于 1993 年，环境化学专业建于 1980 年，在我国起步较早。中国环境管理干部学院是 1981 年经国家城乡建设环境保护部批准、教育部备案的一所培养环境保护专业人才为主的全日制高等院校，也是我国最早开展环境教育的高校之一。

高校环保专业人才培养就是为满足社会对环保技术人才的需求，高等职业教育的环保专业群可按“监测、评价、治理、修复”产业链条需求进行专业群建设布局。

环保产业将是我国未来的支柱产业之一，社会对环保技术人员的需求将持续增长。根据生态环境部的数据，2004—2019 年，全国环保产业营业收入从 606 亿元增长到 1.78 万亿元，增长了 29 倍，年均增长 25.5%，预计 2025 年将达到 3 万亿元。

环境保护的成人教育是在职岗位培训或继续教育，包括非环保专业技术人员的环境教育、环保岗位职工的在职技术进修、其他社会人员的环境专业教育等，也是环境保护学历教育的重要组成部分。

6.5　环保世界观

环境管理的教育手段

环保意识的全面、广泛形成和发展，事实上形成了一种带有明显“环保”印记的世界观。这个环保世界观可以理解为是绿色发展观的一部分。

【环保消费观】健康消费，节约消费，不使用或少使用对环境有害的设备、产品、工具，消费残余合理处置利用，生活垃圾规范分类，出行首选公共交通工具，消费广告符合环保要求等。现在提倡的“低碳生活”就是一种个人的环保消费观，日常生活坚持节能减排原则，节约就是“低碳生活”的内在要求。

【环保伦理道德观】以破坏和牺牲子孙后代的生存条件为耻、为不道德，这是讲人类代际伦理道德。还有人和自然的和谐伦理，我国古人讲的“天人合一”“道法自然”，这也是生态伦理学的一种有效的实现形式。

【环境价值观】自然环境是人类生存和发展的物质基础。环境资源有限，并非“取之不尽，用之不竭”。环境容量也是有限的。我们要放弃“征服自然”的思维，承认自然的权利和价值，人与自然是和谐共存的共同体。

【环保科技观】以往科技的发展和应用造成了环境污染、生态失衡，现在解决环境问题又要依靠科学技术，对于生态环境而言，科技是一把“双刃剑”。科学技术发展不能只为追求单一的经济效益，或者只为了某项技能的突破，要利用科技创造更好的生态环境。

【环保发展观】从可持续发展、科学发展到绿色发展，都以环境保护为基础。绿色发展是建立在生态环境容量和资源承载力的约束条件下，将环境保护作为实现可持续发展重要支柱的一种新型发展模式。具体来说包括以下几个要点：一是承认环境资源是社会经济发展的内在要素；二是把实现经济、社会和环境的可持续发展作为绿色发展的目标；三是把经济活动过程和结果的“绿色化”“生态化”作为绿色发展的主要内容和途径。环保发展理念以人与自然和谐为价值取向，以绿色低碳循环为主要原则，以生态文明建设为基本抓手。

【资料 6.1　我国历年“六五环境日”主题】

2004 年　碧海行动，我们对海洋的承诺

2005 年　人人参与，创建绿色家园

2006 年　生态安全与环境友好型社会

2007 年　污染减排与环境友好型社会

2008 年　绿色奥运与环境友好型社会

2009 年　减少污染——行动起来

2010 年　低碳减排 • 绿色生活

2011 年　共建生态文明，共享绿色未来

2012 年　绿色消费，你行动了吗？

2013 年　同呼吸 • 共奋斗

2014 年　向污染宣战

2015 年　践行绿色生活

2016 年　改善环境质量，推动绿色发展

2017 年　绿水青山就是金山银山

2018 年　美丽中国，我是行动者

2019 年　美丽中国，我是行动者

2020 年　美丽中国，我是行动者

2021 年　人与自然和谐共生

【思考题】

1．如何评价当下国民的环保意识？

2．你对高等职业技术学院的环保类专业有何建议？

3．如何评价绿色发展中环境保护的地位？

附录 1　排污许可管理条例

经 2020 年 12 月 9 日国务院第 117 次常务会议通过，现予公布，自 2021 年 3 月 1 日起施行。

第一章　总 则

第一条　为了加强排污许可管理，规范企业事业单位和其他生产经营者排污行为，控制污染物排放，保护和改善生态环境，根据《中华人民共和国环境保护法》等有关法律，制定本条例。

第二条　依照法律规定实行排污许可管理的企业事业单位和其他生产经营者（以下称排污单位），应当依照本条例规定申请取得排污许可证；未取得排污许可证的，不得排放污染物。

根据污染物产生量、排放量、对环境的影响程度等因素，对排污单位实行排污许可分类管理：

（一）污染物产生量、排放量或者对环境的影响程度较大的排污单位，实行排污许可重点管理；

（二）污染物产生量、排放量和对环境的影响程度都较小的排污单位，实行排污许可简化管理。

实行排污许可管理的排污单位范围、实施步骤和管理类别名录，由国务院生态环境主管部门拟订并报国务院批准后公布实施。制定实行排污许可管理的排污单位范围、实施步骤和管理类别名录，应当征求有关部门、行业协会、企业事业单位和社会公众等方面的意见。

第三条　国务院生态环境主管部门负责全国排污许可的统一监督管理。

设区的市级以上地方人民政府生态环境主管部门负责本行政区域排污许可的

监督管理。

第四条 国务院生态环境主管部门应当加强全国排污许可证管理信息平台建设和管理，提高排污许可在线办理水平。

排污许可证审查与决定、信息公开等应当通过全国排污许可证管理信息平台办理。

第五条 设区的市级以上人民政府应当将排污许可管理工作所需经费列入本级预算。

第二章 申请与审批

第六条 排污单位应当向其生产经营场所所在地设区的市级以上地方人民政府生态环境主管部门（以下称审批部门）申请取得排污许可证。

排污单位有两个以上生产经营场所排放污染物的，应当按照生产经营场所分别申请取得排污许可证。

第七条 申请取得排污许可证，可以通过全国排污许可证管理信息平台提交排污许可证申请表，也可以通过信函等方式提交。

排污许可证申请表应当包括下列事项：

（一）排污单位名称、住所、法定代表人或者主要负责人、生产经营场所所在地、统一社会信用代码等信息；

（二）建设项目环境影响报告书（表）批准文件或者环境影响登记表备案材料；

（三）按照污染物排放口、主要生产设施或者车间、厂界申请的污染物排放种类、排放浓度和排放量，执行的污染物排放标准和重点污染物排放总量控制指标；

（四）污染防治设施、污染物排放口位置和数量，污染物排放方式、排放去向、自行监测方案等信息；

（五）主要生产设施、主要产品及产能、主要原辅材料、产生和排放污染物环节等信息，及其是否涉及商业秘密等不宜公开情形的情况说明。

第八条 有下列情形之一的，申请取得排污许可证还应当提交相应材料：

（一）属于实行排污许可重点管理的，排污单位在提出申请前已通过全国排污许可证管理信息平台公开单位基本信息、拟申请许可事项的说明材料；

（二）属于城镇和工业污水集中处理设施的，排污单位的纳污范围、管网布置、最终排放去向等说明材料；

（三）属于排放重点污染物的新建、改建、扩建项目以及实施技术改造项目的，排污单位通过污染物排放量削减替代获得重点污染物排放总量控制指标的说明材料。

第九条 审批部门对收到的排污许可证申请，应当根据下列情况分别作出处理：

（一）依法不需要申请取得排污许可证的，应当即时告知不需要申请取得排污许可证；

（二）不属于本审批部门职权范围的，应当即时作出不予受理的决定，并告知排污单位向有审批权的生态环境主管部门申请；

（三）申请材料存在可以当场更正的错误的，应当允许排污单位当场更正；

（四）申请材料不齐全或者不符合法定形式的，应当当场或者在 3 日内出具告知单，一次性告知排污单位需要补正的全部材料；逾期不告知的，自收到申请材料之日起即视为受理；

（五）属于本审批部门职权范围，申请材料齐全、符合法定形式，或者排污单位按照要求补正全部申请材料的，应当受理。

审批部门应当在全国排污许可证管理信息平台上公开受理或者不予受理排污许可证申请的决定，同时向排污单位出具加盖本审批部门专用印章和注明日期的书面凭证。

第十条 审批部门应当对排污单位提交的申请材料进行审查，并可以对排污单位的生产经营场所进行现场核查。

审批部门可以组织技术机构对排污许可证申请材料进行技术评估，并承担相应费用。

技术机构应当对其提出的技术评估意见负责，不得向排污单位收取任何费用。

第十一条 对具备下列条件的排污单位，颁发排污许可证：

（一）依法取得建设项目环境影响报告书（表）批准文件，或者已经办理环境影响登记表备案手续；

（二）污染物排放符合污染物排放标准要求，重点污染物排放符合排污许可证申请与核发技术规范、环境影响报告书（表）批准文件、重点污染物排放总量控制要求；其中，排污单位生产经营场所位于未达到国家环境质量标准的重点区域、流域的，还应当符合有关地方人民政府关于改善生态环境质量的特别要求；

（三）采用污染防治设施可以达到许可排放浓度要求或者符合污染防治可行技术；

（四）自行监测方案的监测点位、指标、频次等符合国家自行监测规范。

第十二条 对实行排污许可简化管理的排污单位，审批部门应当自受理申请之日起20日内作出审批决定；对符合条件的颁发排污许可证，对不符合条件的不予许可并书面说明理由。

对实行排污许可重点管理的排污单位，审批部门应当自受理申请之日起30日内作出审批决定；需要进行现场核查的，应当自受理申请之日起45日内作出审批决定；对符合条件的颁发排污许可证，对不符合条件的不予许可并书面说明理由。

审批部门应当通过全国排污许可证管理信息平台生成统一的排污许可证编号。

第十三条 排污许可证应当记载下列信息：

（一）排污单位名称、住所、法定代表人或者主要负责人、生产经营场所所在地等；

（二）排污许可证有效期限、发证机关、发证日期、证书编号和二维码等；

（三）产生和排放污染物环节、污染防治设施等；

（四）污染物排放口位置和数量、污染物排放方式和排放去向等；

（五）污染物排放种类、许可排放浓度、许可排放量等；

（六）污染防治设施运行和维护要求、污染物排放口规范化建设要求等；

（七）特殊时段禁止或者限制污染物排放的要求；

（八）自行监测、环境管理台账记录、排污许可证执行报告的内容和频次等要求；

（九）排污单位环境信息公开要求；

（十）存在大气污染物无组织排放情形时的无组织排放控制要求；

（十一）法律法规规定排污单位应当遵守的其他控制污染物排放的要求。

第十四条 排污许可证有效期为5年。

排污许可证有效期届满，排污单位需要继续排放污染物的，应当于排污许可证有效期届满60日前向审批部门提出申请。审批部门应当自受理申请之日起20日内完成审查；对符合条件的予以延续，对不符合条件的不予延续并书面说明理由。

排污单位变更名称、住所、法定代表人或者主要负责人的，应当自变更之日起30日内，向审批部门申请办理排污许可证变更手续。

第十五条 在排污许可证有效期内，排污单位有下列情形之一的，应当重新申请取得排污许可证：

（一）新建、改建、扩建排放污染物的项目；

（二）生产经营场所、污染物排放口位置或者污染物排放方式、排放去向发生变化；

（三）污染物排放口数量或者污染物排放种类、排放量、排放浓度增加。

第十六条 排污单位适用的污染物排放标准、重点污染物总量控制要求发生变化，需要对排污许可证进行变更的，审批部门可以依法对排污许可证相应事项进行变更。

第三章 排污管理

第十七条 排污许可证是对排污单位进行生态环境监管的主要依据。

排污单位应当遵守排污许可证规定，按照生态环境管理要求运行和维护污染防治设施，建立环境管理制度，严格控制污染物排放。

第十八条 排污单位应当按照生态环境主管部门的规定建设规范化污染物排放口，并设置标志牌。

污染物排放口位置和数量、污染物排放方式和排放去向应当与排污许可证规定相符。

实施新建、改建、扩建项目和技术改造的排污单位，应当在建设污染防治设施的同时，建设规范化污染物排放口。

第十九条 排污单位应当按照排污许可证规定和有关标准规范，依法开展自行监测，并保存原始监测记录。原始监测记录保存期限不得少于5年。

排污单位应当对自行监测数据的真实性、准确性负责，不得篡改、伪造。

第二十条 实行排污许可重点管理的排污单位，应当依法安装、使用、维护污染物排放自动监测设备，并与生态环境主管部门的监控设备联网。

排污单位发现污染物排放自动监测设备传输数据异常的，应当及时报告生态环境主管部门，并进行检查、修复。

第二十一条 排污单位应当建立环境管理台账记录制度，按照排污许可证规定的格式、内容和频次，如实记录主要生产设施、污染防治设施运行情况以及污染物排放浓度、排放量。环境管理台账记录保存期限不得少于 5 年。

排污单位发现污染物排放超过污染物排放标准等异常情况时，应当立即采取措施消除、减轻危害后果，如实进行环境管理台账记录，并报告生态环境主管部门，说明原因。超过污染物排放标准等异常情况下的污染物排放计入排污单位的污染物排放量。

第二十二条　排污单位应当按照排污许可证规定的内容、频次和时间要求，向审批部门提交排污许可证执行报告，如实报告污染物排放行为、排放浓度、排放量等。

排污许可证有效期内发生停产的，排污单位应当在排污许可证执行报告中如实报告污染物排放变化情况并说明原因。

排污许可证执行报告中报告的污染物排放量可以作为年度生态环境统计、重点污染物排放总量考核、污染源排放清单编制的依据。

第二十三条　排污单位应当按照排污许可证规定，如实在全国排污许可证管理信息平台上公开污染物排放信息。

污染物排放信息应当包括污染物排放种类、排放浓度和排放量，以及污染防治设施的建设运行情况、排污许可证执行报告、自行监测数据等；其中，水污染物排入市政排水管网的，还应当包括污水接入市政排水管网位置、排放方式等信息。

第二十四条　污染物产生量、排放量和对环境的影响程度都很小的企业事业单位和其他生产经营者，应当填报排污登记表，不需要申请取得排污许可证。

需要填报排污登记表的企业事业单位和其他生产经营者范围名录，由国务院生态环境主管部门制定并公布。制定需要填报排污登记表的企业事业单位和其他生产经营者范围名录，应当征求有关部门、行业协会、企业事业单位和社会公众等方面的意见。

需要填报排污登记表的企业事业单位和其他生产经营者，应当在全国排污许可证管理信息平台上填报基本信息、污染物排放去向、执行的污染物排放标准以及采取的污染防治措施等信息；填报的信息发生变动的，应当自发生变动之日起 20 日内进行变更填报。

第四章 监督检查

第二十五条 生态环境主管部门应当加强对排污许可的事中事后监管，将排污许可执法检查纳入生态环境执法年度计划，根据排污许可管理类别、排污单位信用记录和生态环境管理需要等因素，合理确定检查频次和检查方式。

生态环境主管部门应当在全国排污许可证管理信息平台上记录执法检查时间、内容、结果以及处罚决定，同时将处罚决定纳入国家有关信用信息系统向社会公布。

第二十六条 排污单位应当配合生态环境主管部门监督检查，如实反映情况，并按照要求提供排污许可证、环境管理台账记录、排污许可证执行报告、自行监测数据等相关材料。

禁止伪造、变造、转让排污许可证。

第二十七条 生态环境主管部门可以通过全国排污许可证管理信息平台监控排污单位的污染物排放情况，发现排污单位的污染物排放浓度超过许可排放浓度的，应当要求排污单位提供排污许可证、环境管理台账记录、排污许可证执行报告、自行监测数据等相关材料进行核查，必要时可以组织开展现场监测。

第二十八条 生态环境主管部门根据行政执法过程中收集的监测数据，以及排污单位的排污许可证、环境管理台账记录、排污许可证执行报告、自行监测数据等相关材料，对排污单位在规定周期内的污染物排放量，以及排污单位污染防治设施运行和维护是否符合排污许可证规定进行核查。

第二十九条 生态环境主管部门依法通过现场监测、排污单位污染物排放自动监测设备、全国排污许可证管理信息平台获得的排污单位污染物排放数据，可以作为判定污染物排放浓度是否超过许可排放浓度的证据。

排污单位自行监测数据与生态环境主管部门及其所属监测机构在行政执法过程中收集的监测数据不一致的，以生态环境主管部门及其所属监测机构收集的监测数据作为行政执法依据。

第三十条 国家鼓励排污单位采用污染防治可行技术。国务院生态环境主管部门制定并公布污染防治可行技术指南。

排污单位未采用污染防治可行技术的，生态环境主管部门应当根据排污许可证、环境管理台账记录、排污许可证执行报告、自行监测数据等相关材料，以及生态环境主管部门及其所属监测机构在行政执法过程中收集的监测数据，综合判断排污单位采用的污染防治技术能否稳定达到排污许可证规定；对不能稳定达到排污许可证规定的，应当提出整改要求，并可以增加检查频次。

制定污染防治可行技术指南，应当征求有关部门、行业协会、企业事业单位和社会公众等方面的意见。

第三十一条　任何单位和个人对排污单位违反本条例规定的行为，均有向生态环境主管部门举报的权利。

接到举报的生态环境主管部门应当依法处理，按照有关规定向举报人反馈处理结果，并为举报人保密。

第五章　法律责任

第三十二条　违反本条例规定，生态环境主管部门在排污许可证审批或者监督管理中有下列行为之一的，由上级机关责令改正；对直接负责的主管人员和其他直接责任人员依法给予处分：

（一）对符合法定条件的排污许可证申请不予受理或者不在法定期限内审批；

（二）向不符合法定条件的排污单位颁发排污许可证；

（三）违反审批权限审批排污许可证；

（四）发现违法行为不予查处；

（五）不依法履行监督管理职责的其他行为。

第三十三条　违反本条例规定，排污单位有下列行为之一的，由生态环境主管部门责令改正或者限制生产、停产整治，处 20 万元以上 100 万元以下的罚款；情节严重的，报经有批准权的人民政府批准，责令停业、关闭：

（一）未取得排污许可证排放污染物；

（二）排污许可证有效期届满未申请延续或者延续申请未经批准排放污染物；

（三）被依法撤销、注销、吊销排污许可证后排放污染物；

（四）依法应当重新申请取得排污许可证，未重新申请取得排污许可证排放污染物。

第三十四条　违反本条例规定，排污单位有下列行为之一的，由生态环境主管部门责令改正或者限制生产、停产整治，处20万元以上100万元以下的罚款；情节严重的，吊销排污许可证，报经有批准权的人民政府批准，责令停业、关闭：

（一）超过许可排放浓度、许可排放量排放污染物；

（二）通过暗管、渗井、渗坑、灌注或者篡改、伪造监测数据，或者不正常运行污染防治设施等逃避监管的方式违法排放污染物。

第三十五条 违反本条例规定，排污单位有下列行为之一的，由生态环境主管部门责令改正，处5万元以上20万元以下的罚款；情节严重的，处20万元以上100万元以下的罚款，责令限制生产、停产整治：

（一）未按照排污许可证规定控制大气污染物无组织排放；

（二）特殊时段未按照排污许可证规定停止或者限制排放污染物。

第三十六条 违反本条例规定，排污单位有下列行为之一的，由生态环境主管部门责令改正，处2万元以上20万元以下的罚款；拒不改正的，责令停产整治：

（一）污染物排放口位置或者数量不符合排污许可证规定；

（二）污染物排放方式或者排放去向不符合排污许可证规定；

（三）损毁或者擅自移动、改变污染物排放自动监测设备；

（四）未按照排污许可证规定安装、使用污染物排放自动监测设备并与生态环境主管部门的监控设备联网，或者未保证污染物排放自动监测设备正常运行；

（五）未按照排污许可证规定制定自行监测方案并开展自行监测；

（六）未按照排污许可证规定保存原始监测记录；

（七）未按照排污许可证规定公开或者不如实公开污染物排放信息；

（八）发现污染物排放自动监测设备传输数据异常或者污染物排放超过污染物排放标准等异常情况不报告；

（九）违反法律法规规定的其他控制污染物排放要求的行为。

第三十七条 违反本条例规定，排污单位有下列行为之一的，由生态环境主管部门责令改正，处每次5千元以上2万元以下的罚款；法律另有规定的，从其规定：

（一）未建立环境管理台账记录制度，或者未按照排污许可证规定记录；

（二）未如实记录主要生产设施及污染防治设施运行情况或者污染物排放浓度、排放量；

（三）未按照排污许可证规定提交排污许可证执行报告；

（四）未如实报告污染物排放行为或者污染物排放浓度、排放量。

第三十八条 排污单位违反本条例规定排放污染物，受到罚款处罚，被责令改正的，生态环境主管部门应当组织复查，发现其继续实施该违法行为或者拒绝、阻挠复查的，依照《中华人民共和国环境保护法》的规定按日连续处罚。

第三十九条 排污单位拒不配合生态环境主管部门监督检查，或者在接受监督检查时弄虚作假的，由生态环境主管部门责令改正，处 2 万元以上 20 万元以下的罚款。

第四十条 排污单位以欺骗、贿赂等不正当手段申请取得排污许可证的，由审批部门依法撤销其排污许可证，处 20 万元以上 50 万元以下的罚款，3 年内不得再次申请排污许可证。

第四十一条 违反本条例规定，伪造、变造、转让排污许可证的，由生态环境主管部门没收相关证件或者吊销排污许可证，处 10 万元以上 30 万元以下的罚款，3 年内不得再次申请排污许可证。

第四十二条 违反本条例规定，接受审批部门委托的排污许可技术机构弄虚作假的，由审批部门解除委托关系，将相关信息记入其信用记录，在全国排污许可证管理信息平台上公布，同时纳入国家有关信用信息系统向社会公布；情节严重的，禁止从事排污许可技术服务。

第四十三条 需要填报排污登记表的企业事业单位和其他生产经营者，未依照本条例规定填报排污信息的，由生态环境主管部门责令改正，可以处 5 万元以下的罚款。

第四十四条 排污单位有下列行为之一，尚不构成犯罪的，除依照本条例规定予以处罚外，对其直接负责的主管人员和其他直接责任人员，依照《中华人民共和国环境保护法》的规定处以拘留：

（一）未取得排污许可证排放污染物，被责令停止排污，拒不执行；

（二）通过暗管、渗井、渗坑、灌注或者篡改、伪造监测数据，或者不正常运行污染防治设施等逃避监管的方式违法排放污染物。

第四十五条 违反本条例规定，构成违反治安管理行为的，依法给予治安管理处罚；构成犯罪的，依法追究刑事责任。

第六章 附 则

第四十六条 本条例施行前已经实际排放污染物的排污单位，不符合本条例规定条件的，应当在国务院生态环境主管部门规定的期限内进行整改，达到本条例规定的条件并申请取得排污许可证；逾期未取得排污许可证的，不得继续排放污染物。整改期限内，生态环境主管部门应当向其下达排污限期整改通知书，明确整改内容、整改期限等要求。

第四十七条 排污许可证申请表、环境管理台账记录、排污许可证执行报告等文件的格式和内容要求，以及排污许可证申请与核发技术规范等，由国务院生态环境主管部门制定。

第四十八条 企业事业单位和其他生产经营者涉及国家秘密的，其排污许可、监督管理等应当遵守保密法律法规的规定。

第四十九条 飞机、船舶、机动车、列车等移动污染源的污染物排放管理，依照相关法律法规的规定执行。

第五十条 排污单位应当遵守安全生产规定，按照安全生产管理要求运行和维护污染防治设施，建立安全生产管理制度。

在运行和维护污染防治设施过程中违反安全生产规定，发生安全生产事故的，对负有责任的排污单位依照《中华人民共和国安全生产法》的有关规定予以处罚。

第五十一条 本条例自 2021 年 3 月 1 日起施行。

附录 2　突发环境事件应急管理办法

《突发环境事件应急管理办法》是为了预防和减少突发环境事件的发生，控制、减轻和消除突发环境事件引起的危害，规范突发环境事件应急管理工作，保障公众生命安全、环境安全和财产安全而制定的法规，2015 年 3 月 19 日，环境保护部部务会议通过，2015 年 4 月 16 日环境保护部令第 34 号公布，自 2015 年 6 月 5 日起施行。

第一章　总 则

第一条　为预防和减少突发环境事件的发生，控制、减轻和消除突发环境事件引起的危害，规范突发环境事件应急管理工作，保障公众生命安全、环境安全和财产安全，根据《中华人民共和国环境保护法》《中华人民共和国突发事件应对法》《国家突发环境事件应急预案》及相关法律法规，制定本办法。

第二条　各级环境保护主管部门和企业事业单位组织开展的突发环境事件风险控制、应急准备、应急处置、事后恢复等工作，适用本办法。

本办法所称突发环境事件，是指由于污染物排放或者自然灾害、生产安全事故等因素，导致污染物或者放射性物质等有毒有害物质进入大气、水体、土壤等环境介质，突然造成或者可能造成环境质量下降，危及公众身体健康和财产安全，或者造成生态环境破坏，或者造成重大社会影响，需要采取紧急措施予以应对的事件。

突发环境事件按照事件严重程度，分为特别重大、重大、较大和一般四级。

核设施及有关核活动发生的核与辐射事故造成的辐射污染事件按照核与辐射相关规定执行。重污染天气应对工作按照《大气污染防治行动计划》等有关规定执行。

造成国际环境影响的突发环境事件的涉外应急通报和处置工作，按照国家有关国际合作的相关规定执行。

第三条 突发环境事件应急管理工作坚持预防为主、预防与应急相结合的原则。

第四条 突发环境事件应对，应当在县级以上地方人民政府的统一领导下，建立分类管理、分级负责、属地管理为主的应急管理体制。

县级以上环境保护主管部门应当在本级人民政府的统一领导下，对突发环境事件应急管理日常工作实施监督管理，指导、协助、督促下级人民政府及其有关部门做好突发环境事件应对工作。

第五条 县级以上地方环境保护主管部门应当按照本级人民政府的要求，会同有关部门建立健全突发环境事件应急联动机制，加强突发环境事件应急管理。

相邻区域地方环境保护主管部门应当开展跨行政区域的突发环境事件应急合作，共同防范、互通信息，协力应对突发环境事件。

第六条 企业事业单位应当按照相关法律法规和标准规范的要求，履行下列义务：

（一）开展突发环境事件风险评估；

（二）完善突发环境事件风险防控措施；

（三）排查治理环境安全隐患；

（四）制定突发环境事件应急预案并备案、演练；

（五）加强环境应急能力保障建设。

发生或者可能发生突发环境事件时，企业事业单位应当依法进行处理，并对所造成的损害承担责任。

第七条 环境保护主管部门和企业事业单位应当加强突发环境事件应急管理的宣传和教育，鼓励公众参与，增强防范和应对突发环境事件的知识和意识。

第二章 风险控制

第八条 企业事业单位应当按照国务院环境保护主管部门的有关规定开展突发环境事件风险评估，确定环境风险防范和环境安全隐患排查治理措施。

第九条 企业事业单位应当按照环境保护主管部门的有关要求和技术规范，

完善突发环境事件风险防控措施。

前款所指的突发环境事件风险防控措施，应当包括有效防止泄漏物质、消防水、污染雨水等扩散至外环境的收集、导流、拦截、降污等措施。

第十条 企业事业单位应当按照有关规定建立健全环境安全隐患排查治理制度，建立隐患排查治理档案，及时发现并消除环境安全隐患。

对于发现后能够立即治理的环境安全隐患，企业事业单位应当立即采取措施，消除环境安全隐患。对于情况复杂、短期内难以完成治理，可能产生较大环境危害的环境安全隐患，应当制定隐患治理方案，落实整改措施、责任、资金、时限和现场应急预案，及时消除隐患。

第十一条 县级以上地方环境保护主管部门应当按照本级人民政府的统一要求，开展本行政区域突发环境事件风险评估工作，分析可能发生的突发环境事件，提高区域环境风险防范能力。

第十二条 县级以上地方环境保护主管部门应当对企业事业单位环境风险防范和环境安全隐患排查治理工作进行抽查或者突击检查，将存在重大环境安全隐患且整治不力的企业信息纳入社会诚信档案，并可以通报行业主管部门、投资主管部门、证券监督管理机构以及有关金融机构。

第三章 应急准备

第十三条 企业事业单位应当按照国务院环境保护主管部门的规定，在开展突发环境事件风险评估和应急资源调查的基础上制定突发环境事件应急预案，并按照分类分级管理的原则，报县级以上环境保护主管部门备案。

第十四条 县级以上地方环境保护主管部门应根据本级人民政府突发环境事件专项应急预案，制定本部门的应急预案，报本级人民政府和上级环境保护主管部门备案。

第十五条 突发环境事件应急预案制定单位应当定期开展应急演练，撰写演练评估报告，分析存在问题，并根据演练情况及时修改完善应急预案。

第十六条 环境污染可能影响公众健康和环境安全时，县级以上地方环境保护主管部门可建议本级人民政府依法及时公布环境污染公共监测预警信息，启动应急措施。

第十七条 县级以上地方环境保护主管部门应当建立本行政区域突发环境事件信息收集系统，通过“12369”环保举报热线、新闻媒体等多种途径收集突发环境事件信息，并加强跨区域、跨部门突发环境事件信息交流与合作。

第十八条 县级以上地方环境保护主管部门应当建立健全环境应急值守制度，确定应急值守负责人和应急联络员并报上级环境保护主管部门。

第十九条 企业事业单位应当将突发环境事件应急培训纳入单位工作计划，对从业人员定期进行突发环境事件应急知识和技能培训，并建立培训档案，如实记录培训的时间、内容、参加人员等信息。

第二十条 县级以上环境保护主管部门应当定期对从事突发环境事件应急管理工作的人员进行培训。

省级环境保护主管部门以及具备条件的市、县级环境保护主管部门应当设立环境应急专家库。

县级以上地方环境保护主管部门和企业事业单位应当加强环境应急处置救援能力建设。

第二十一条 县级以上地方环境保护主管部门应当加强环境应急能力标准化建设，配备应急监测仪器设备和装备，提高重点流域区域水、大气突发环境事件预警能力。

第二十二条 县级以上地方环境保护主管部门可以根据本行政区域的实际情况，建立环境应急物资储备信息库，有条件的地区可以设立环境应急物资储备库。

企业事业单位应当储备必要的环境应急装备和物资，并建立完善相关管理制度。

第四章 应急处置

第二十三条 企业事业单位造成或者可能造成突发环境事件时，应当立即启动突发环境事件应急预案，采取切断或者控制污染源以及其他防止危害扩大的必要措施，及时通报可能受到危害的单位和居民，并向事发地县级以上环境保护主管部门报告，接受调查处理。

应急处置期间，企业事业单位应当服从统一指挥，全面、准确地提供本单位与应急处置相关的技术资料，协助维护应急秩序，保护与突发环境事件相关的各项证据。

第二十四条 获知突发环境事件信息后，事件发生地县级以上地方环境保护主管部门应当按照《突发环境事件信息报告办法》规定的时限、程序和要求，向同级人民政府和上级环境保护主管部门报告。

第二十五条 突发环境事件已经或者可能涉及相邻行政区域的，事件发生地环境保护主管部门应当及时通报相邻区域同级环境保护主管部门，并向本级人民政府提出向相邻区域人民政府通报的建议。

第二十六条 获知突发环境事件信息后，县级以上地方环境保护主管部门应当立即组织排查污染源，初步查明事件发生的时间、地点、原因、污染物质及数量、周边环境敏感区等情况。

第二十七条 获知突发环境事件信息后，县级以上地方环境保护主管部门应当按照《突发环境事件应急监测技术规范》开展应急监测，及时向本级人民政府和上级环境保护主管部门报告监测结果。

第二十八条 应急处置期间，事发地县级以上地方环境保护主管部门应当组织开展事件信息的分析、评估，提出应急处置方案和建议报本级人民政府。

第二十九条 突发环境事件的威胁和危害得到控制或者消除后，事发地县级以上地方环境保护主管部门应当根据本级人民政府的统一部署，停止应急处置措施。

第五章 事后恢复

第三十条 应急处置工作结束后，县级以上地方环境保护主管部门应当及时总结、评估应急处置工作情况，提出改进措施，并向上级环境保护主管部门报告。

第三十一条 县级以上地方环境保护主管部门应当在本级人民政府的统一部署下，组织开展突发环境事件环境影响和损失等评估工作，并依法向有关人民政府报告。

第三十二条 县级以上环境保护主管部门应当按照有关规定开展事件调查，查清突发环境事件原因，确认事件性质，认定事件责任，提出整改措施和处理意见。

第三十三条 县级以上地方环境保护主管部门应当在本级人民政府的统一领导下，参与制定环境恢复工作方案，推动环境恢复工作。

第六章 信息公开

第三十四条 企业事业单位应当按照有关规定，采取便于公众知晓和查询的方式公开本单位环境风险防范工作开展情况、突发环境事件应急预案及演练情况、突发环境事件发生及处置情况，以及落实整改要求情况等环境信息。

第三十五条 突发环境事件发生后，县级以上地方环境保护主管部门应当认真研判事件影响和等级，及时向本级人民政府提出信息发布建议。履行统一领导职责或者组织处置突发事件的人民政府，应当按照有关规定统一、准确、及时发布有关突发事件事态发展和应急处置工作的信息。

第三十六条 县级以上环境保护主管部门应当在职责范围内向社会公开有关突发环境事件应急管理的规定和要求，以及突发环境事件应急预案及演练情况等环境信息。

县级以上地方环境保护主管部门应当对本行政区域内突发环境事件进行汇总分析，定期向社会公开突发环境事件的数量、级别，以及事件发生的时间、地点、应急处置概况等信息。

第七章 罚 则

第三十七条 企业事业单位违反本办法规定，导致发生突发环境事件，《中华人民共和国突发事件应对法》《中华人民共和国水污染防治法》《中华人民共和国大气污染防治法》《中华人民共和国固体废物污染环境防治法》等法律法规已有相关处罚规定的，依照有关法律法规执行。

较大、重大和特别重大突发环境事件发生后，企业事业单位未按要求执行停产、停排措施，继续违反法律法规规定排放污染物的，环境保护主管部门应当依法对造成污染物排放的设施、设备实施查封、扣押。

第三十八条 企业事业单位有下列情形之一的，由县级以上环境保护主管部门责令改正，可以处一万元以上三万元以下罚款：

（一）未按规定开展突发环境事件风险评估工作，确定风险等级的；

（二）未按规定开展环境安全隐患排查治理工作，建立隐患排查治理档案的；

（三）未按规定将突发环境事件应急预案备案的；

（四）未按规定开展突发环境事件应急培训，如实记录培训情况的；

（五）未按规定储备必要的环境应急装备和物资；

（六）未按规定公开突发环境事件相关信息的。

第八章　附 则

第三十九条　本办法由国务院环境保护主管部门负责解释。

第四十条　本办法自 2015 年 6 月 5 日起施行。

参考文献

[1] 丁忠浩. 环境规划与管理[M]. 北京：机械工业出版社，2006.

[2] 郭怀成，尚金城，张天柱. 环境规划学[M]. 北京：高等教育出版社，2001.

[3] 张明顺. 环境管理[M]. 武汉：武汉理工大学出版社，2003.